软土地下工程施工新技术

白 云 周 松 主编

中国建筑工业出版社

图书在版编目（CIP）数据

软土地下工程施工新技术/白云，周松主编. —北京：中国建筑工业出版社，2018.12
ISBN 978-7-112-22590-3

Ⅰ.①软…　Ⅱ.①白…②周…　Ⅲ.①软土地区-地下工程-工程施工　Ⅳ.①TU471.8

中国版本图书馆 CIP 数据核字（2018）第 200867 号

　　本书系统地介绍了目前常见的软土地下工程施工技术，重点阐述软土地下工程的施工工艺过程和施工要点。全书共分为 10 章，包括绪论、土的基本知识及基坑工程、钢筋混凝土工程施工、地下连续墙施工、特殊混凝土的施工、沉井施工、隧道掘进机施工、顶管法施工、预制管段沉放施工、管幕-箱涵顶进施工。

　　本书可供从事地下工程设计、施工及管理人员及高校相关专业师生参考。

责任编辑：王　梅　杨　允
责任校对：王雪竹

软土地下工程施工新技术
白　云　周　松　主编

*

中国建筑工业出版社出版、发行（北京海淀三里河路 9 号）
各地新华书店、建筑书店经销
霸州市顺浩图文科技发展有限公司制版
北京建筑工业印刷厂印刷

*

开本：787×1092 毫米　1/16　印张：16¾　字数：418 千字
2018 年 11 月第一版　　2018 年 11 月第一次印刷
定价：**50.00 元**
ISBN 978-7-112-22590-3
（32682）

前　言

　　软土地下工程是指为开发利用地下空间资源所建造的在软土地层中的土木工程，如：地铁、过街地下通道、地下商场、地下共同沟、水下隧道、地下水库等。软土一般是指天然含水量高、孔隙比大、压缩性高、抗剪强度低的软弱地层。

　　软土地层在我国沿海一带分布较广，如：长江三角洲、珠江三角洲、渤海湾，以及浙江省和福建省的沿海地区等。这些地区的土层以海相沉积为主。我国内陆地区的软土属于湖相沉积，主要分布在洞庭湖、洪泽湖、太湖及滇池等湖泊的周围。位于各大河流中下游的软土属河滩沉积，如东北的三江平原等。而在我国的经济发展历史进程中，沿海城市交通便利，发挥着重大作用。当今，随着沿海城市的进一步发展，软土地下工程施工技术也得到了相应进步。

　　与岩相地层相比较，软土地层的岩土工程性质具有承载力低、开挖后易发生变形和受地下水影响较大的特点，而位于市区的地下工程常常需要在周围建筑物密集或地下管线密布的环境中建造，给软土地下工程的施工带来更大的难度。近几十年来，随着现代化城市建设规模的逐渐扩大和城市地下空间利用的日益发展，人们对软土地下施工工程技术也提出了更新和更严的要求，如：大型超深基坑开挖，长距离顶管，以及控制盾构施工对周边环境的扰动等。

　　本书较系统地介绍了目前常见的软土地下工程施工技术，重点阐述了沉井、盾构、地下连续墙、顶管、箱涵、预制管段沉放、特殊混凝土和管幕法施工等施工技术。

　　针对培养卓越土木工程师的目标，本教材较详尽地讲述了最新的软土地下工程施工工艺过程，有利于立志将来从事软土地下工程专业的本科生和研究生今后的工作。

　　本书主编：白　云　周　松
　　参加本书编写和审阅的有：
　　第一章　　白　云　蔡国栋　　　　编写　　　周　松　审阅
　　第二章　　白　云　冯　源　　　　编写　　　吴惠明　审阅
　　第三章　　白　云　王少纯　　　　编写　　　王吉云　审阅
　　第四章　　周　松　陈立生　　　　编写　　　王吉云　审阅
　　第五章　　白　云　寇　磊　　　　编写　　　周　松　审阅
　　第六章　　陈立生　葛金科　　　　编写　　　吴惠明　审阅
　　第七章　　吴列成　李　刚　范　杰　编写　　周　松　审阅
　　第八章　　李　刚　张荣辉　徐连刚　编写　　白　云　审阅
　　第九章　　王吉云　张智博　　　　编写　　　周　松　审阅
　　第十章　　陈立生　张　振　　　　编写　　　葛金科　审阅
　　由于我们的水平有限，书中难免有不妥之处，恳请读者批评指正。

目　　录

第一章　绪　论

第一节　盾构施工技术

盾构施工技术是一项系统科学，100 多年来世界各国同行从设计、研究、制造、施工等各方面对盾构施工技术进行不断的革新，形成了当前具有丰富内容的研究领域。

一、国外盾构施工技术发展概述

1. 人工开挖盾构的发明

1806 年，法国人 Marc Brunel 在蛀虫钻孔并用分泌物涂在四周的现象启示下，最早提出了盾构掘进隧道的原理并注册了专利（图 1-1）。布鲁诺尔专利盾构由不同的单元格组成，每一个单元格可容纳一个工人独立工作并对工人起到保护作用，所有的单元格牢靠地安装在盾壳上。当一段隧道挖完后，由液压千斤顶将整个盾壳向前推进。1818 年，Marc Brunel 完善了盾构结构的机械系统，设计成用全断面螺旋式开挖的封闭式盾壳，衬砌紧随其后，如图 1-2 所示。

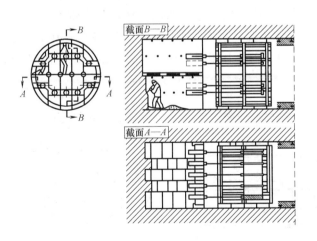
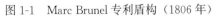

图 1-1　Marc Brunel 专利盾构（1806 年）

图 1-2　Marc Brunel 螺旋盾构（1818 年）

世界上第一条人工开挖盾构隧道也是由 Marc Brunel 和他的儿子 Isambart Brunel 一起在伦敦泰晤士河下建成的。该盾构形状为矩形（11.6m 宽，7m 高），总长度为 366m 的隧道耗时 23～25 年才完成，施工过程中出现了很多困难，发生过 5 次以上的涌水事故（见图 1-3）。

1869 年，James Herry Greathhead 采用圆形敞开式盾构在泰晤士河下再建了一条外

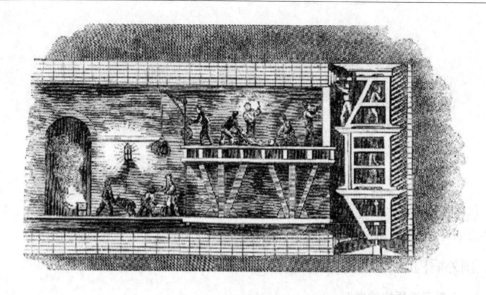

图 1-3　第一条人工开挖盾构隧道（伦敦，1846 年）

径为 2.18m 的行人隧道，该隧道衬砌采用的是铸铁管片，隧道在不透水的黏土层中掘进，无地下水威胁，因而施工进展相对顺利。1886 年，Greathhead 在建造伦敦地铁时首次使用了压缩空气盾构，解决了在含水地层中修建隧道的问题。

2. 机械化盾构的问世

第一台机械化盾构的专利出现在 1876 年，由英国的 John Dickinson Brunton 和 George Brunton 合作申请。如图 1-4 所示，第一台机械化盾构的设想是用由几块板构成的半球状刀盘旋转切削土体，然后靠径向转动的土斗将切削下来的土体运到皮带输送机上。1896 年，J. Price 的专利（图 1-5）比第一台盾构有较大改进，它第一次将 Greathhead 圆形盾构与旋转刀盘结合在一起，在幅条式刀盘上装有切削工具，刀盘通过一根长轴由电机驱动，其外形也与现代盾构较为接近。

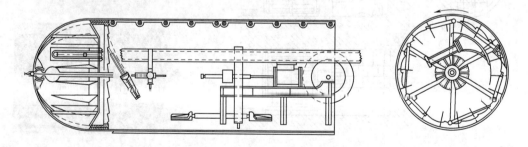

图 1-4　第一台机械化盾构（1876 年）

早期的盾构技术在英国发明并得到发展，虽然是偶然的事件，但又包含了必然的客观因素。19 世纪和 20 世纪上半叶，英国是全球最强盛的工业化国家，且对于隧道掘进来说，伦敦的黏土地层是相对理想的地层，因此，由当时最发达的国家率先在较理想的土层中发展盾构技术是合乎技术发展的逻辑的。

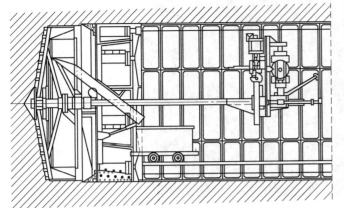

图 1-5　Price 机械化盾构（1896 年）

3. 削土密封式压力平衡盾构的出现

1965 年，日本首先制造了泥水盾构（Slurry Shield），其基本原理是用液体（水或加膨润土的水）平衡开挖面的土体。与压缩空气盾构相比，泥水盾构不需要人员在压缩空气条件下工作，但泥水处理系统比较复杂，泥水盾构虽然也可用于黏土地层，但绝大多数情况是在含水砂层中使用。

1974 年，日本的 Sato Kogyo 有限公司发明了土压平衡盾构（Earth Pressure Balanced Shield）。在此之前，虽然压缩空气盾构和泥水盾构已能克服含水层中的施工问题，但压缩空气对人体的危害和泥水对环境的不利影响促使日本的隧道专家寻找一个更好的解决问题的办法，土压平衡盾构便应运而生了（见图 1-6 和图 1-7）。

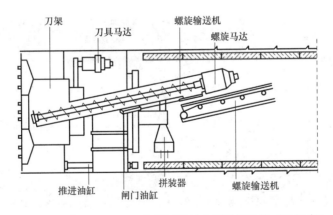

图 1-6　日本 Sato Kogyo 公司开发的土压平衡盾构（1963 年）

泥水盾构和土压平衡盾构同属削土密封式压力平衡盾构。日本能够在现代盾构技术的发展中独领风骚也有其客观原因，首先，日本从 20 世纪 60 年代中期开始步入现代化国家行列，其科学水平已逐步接近欧美国家，这为日本发展现代盾构技术提供了强有力的技术支持。其次，人口众多、土地贫乏、多岛，不得不开发地下空间，而一些大城市（如东京）的软弱地层条件又给日本隧道专家带来了很多困难，激励着日本隧道专家寻找理想的隧道建造技术，构成了日本隧道施工技术进步的动力。

图1-7 日本第一台使用的土压平衡盾构（IHI公司1974年制造）

4. 盾构技术的发展方向

20世纪进入80年代后，盾构技术发展的主流大致从以下两个方面延伸：

（1）日本人注重开发不同几何形状的盾构技术；

（2）欧洲各国（特别是德国）致力于研究能适合不同地层的多功能盾构技术（Combined Shields）。

日本致力于研究异形盾构的客观背景是：近二十多年来日本不仅科技水平在世界上处于领先地位，而且城市的地下空间利用率已经达到相当高的程度，如何在有限的地下空间中建造更多的隧道已经摆到了日本地下工程工作者的议事日程上。此外，地面建筑物的高度拥挤又迫使日本人构想诸如竖井隧道一体化的施工模式，从而使日本人研究出了各种类型的盾构（图1-8～图1-13）。

图1-8 DOT双圆盾构　　　　　　　　图1-9 泥水加压型多圆盾构

欧洲幅员辽阔，地层条件复杂多变，为满足欧洲一体化发展的需要，在建造长距离隧道工程中，常常会遇到不同的地层条件，于是就产生了各种各样的多功能盾构。

1985年，Wsyss&Freytay公司和海瑞克公司申请了混合式盾构的专利。它以Wsyss&Freytay公司拥有专利的泥水盾构为基础，有其独特的沉浸墙/压力隔板结构。通过转换，可以以土压平衡或压缩空气盾构模式运行。

1993年9月，第1台外径为7.4m的多模式混合盾构用在巴黎一段长1600m、穿过3

图 1-10 矩形盾构

图 1-11 可变断面盾构

图 1-12 球形盾构

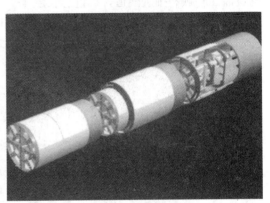

图 1-13 母子式盾构机

种完全不同地层的隧道，它可以从泥水式转换到土压平衡式或敞开式。混合式盾构可以根据土层地质和水文条件作调整，其本质上是对开挖面支撑方式以及刀具布置、排土机构进行调整。混合式盾构的组合模式有压缩空气/敞开式、泥水式/敞开式、土压平衡式/敞开式、泥水式/土压平衡式、敞开式/泥水式/土压平衡式等（图 1-14）。

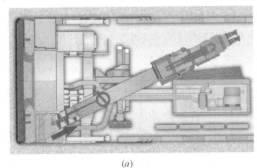

(a)

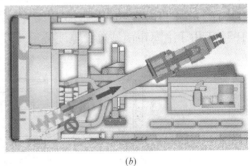

(b)

图 1-14 泥水/土压可转换盾构

二、中国盾构技术发展概述

1. 手掘式盾构的开发与应用

我国盾构的开发与应用始于 1953 年，东北阜新煤矿用手掘式盾构修建了直径 2.6m

的疏水巷道。1957 年在北京市下水道工程中也曾用过直径为 2.0m 和 2.6m 的盾构。

系统性地开发我国的盾构技术可认为是始于 1963 年上海隧道公司在浦东塘桥第四纪软弱含水地层进行的 $\phi4.2$m 盾构隧道试验。该盾构是手掘式，衬砌为钢筋混凝土管片，试验中采用降水法和气压法来稳定粉砂层及软黏土地层。隧道掘进长度 68m，试验获得成功，并采集了大量的盾构法隧道数据资料。

2. 网格挤压式盾构的开发与应用

1965 年，由上海隧道工程设计院设计、江南造船厂制造的 2 台直径 $\phi5.8$m 的网格挤压盾构，于 1966 年完成了 2 条平行的隧道，隧道长 660m，地面最大沉降达 10cm。1966 年，中国第一条水底公路隧道——上海打浦路越江公路隧道工程主隧道采用江南造船厂制造的直径 $\phi10.22$m 网格挤压盾构施工，见图 1-15，辅以气压稳定开挖面，在水深为 16m 的黄浦江底顺利掘进隧道，掘进总长度 1322m，见图 1-16。打浦路隧道于 1970 年年底建成通车，标志着我国盾构法越江隧道施工实现零的突破。

图 1-15 $\phi10.22$m 网格挤压盾构   图 1-16 上海打浦路隧道工程施工

3. 土压平衡盾构的引进和开发

1984 年上海隧道工程公司（英文缩写名：STEC）用日本进口的 $\phi4.33$m 小刀盘土压平衡盾构，建造了内径为 3.6m 的下水道总管。

1987 年，STEC 成功研制了我国第一台 $\phi4.35$m 加泥式土压平衡盾构，见图 1-17，并于 1988 年用于上海市南站过江电缆隧道工程，穿越黄浦江底粉砂层，掘进长度 583m。

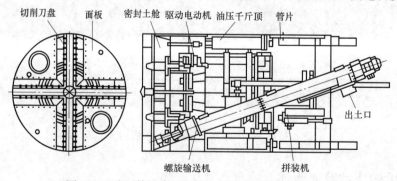

图 1-17 我国第一台加泥式土压平衡盾构（1987 年）

1991 年，STEC 使用以法国 FCB 公司为主制造的 $\phi6.34$m 土压平衡盾构（见图 1-18）施工了上海地铁 1 号线的大部分区间隧道，为后来的城市轨道交通建设发展积累了经验。

广州地铁1号线工程的成功建设，为我国复合型盾构的研究和施工提供了参考，也开创了我国复合型盾构施工的先河，见图1-19。

图1-18 上海市地铁1号线施工采用的土压平衡盾构　　图1-19 广州地铁1号线工程采用的复合式盾构

图1-20 上海外滩通道工程土压盾构

上海市的外滩隧道（ϕ14.27m土压平衡盾构）（图1-20）以及迎宾三路隧道（ϕ14.27m土压平衡盾构）等大直径隧道的建设则标志着我国土压平衡盾构施工技术已经达到了较高的水平。

4. 泥水盾构的引进和开发

1995年，上海隧道公司使用以日本制造为主的ϕ11.22m泥水盾构建造了上海黄浦江下的延安路南线隧道，见图1-21，不仅填补了我国泥水平衡盾构施工的空白，也为我国超大直径、超长距离越江公路隧道的建设创造了条件。

近十年来，随着上海上中路隧道（ϕ14.87m泥水平衡盾构）、上海长江隧道（ϕ15.43m泥水平衡盾构）、纬七路南京长江隧道（ϕ14.93m泥水平衡盾构）、上海军工路隧道（ϕ14.87m泥水平衡盾构）、杭州钱江隧道（ϕ15.43m泥水平衡盾构）等一系列重大工程的顺利实施，我国目前在软土地区泥水平衡盾构施工已积累了大量经验，施工技术也已经跻身国际先进水平的行列。无论是从盾构直径，还是隧道承受的水压，近年来中国同行修建的盾构隧道，都突破了有史以来的记录，标志着中国盾构隧道施工技术在国际上的领先水平。

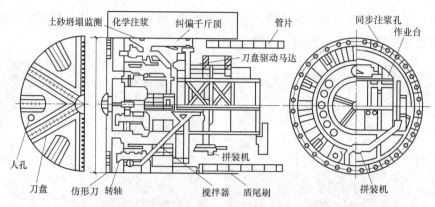

图 1-21　用于上海延安东路隧道南线工程施工的 11.22m 日本泥水盾构

5. 异形盾构的发展

2003 年，上海轨道交通 8 号线首次运用双圆盾构进行掘进施工，见图 1-22，并获得成功。这对我国异形盾构的研究和施工具有重要的参考价值，它使我国成为继日本之后，世界上第二个掌握此项施工技术的国家。

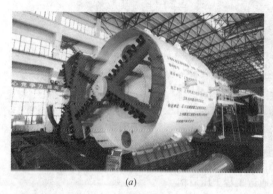

(a)

(b)

图 1-22　上海市地铁 8 号线使用的双圆盾构

2015 年，宁波市轨道交通集团联合上海隧道股份等单位，在国内首次开展类矩形盾构的研究与应用，研发了一台 11.83m×7.267m 类矩形土压平衡盾构机（图 1-23），并成功应用于宁波市轨道交通 3 号线一期陈婆渡站—姜山车辆段区间。施工中摸索和积累了丰富的经验，为我国异形隧道的发展做了技术储备工作。

6. 下沉式竖井掘进机（VSM）

2012 年西雅图巴拉德倒虹吸工程采用海瑞克下沉式竖井掘进机技术（VSM），建造位于华盛顿湖运河南岸的工作井，这是北美地区首次采用该技术。该工作井直径 9.14m，深 44.2m。这项技术早在 6～7 年前就已经在欧洲和中东的工程中应用。相比于传统的施工方法，采用该技术可缩短工期 2～3 个月。

图 1-23　宁波类矩形土压平衡盾构机

海瑞克下沉式竖井掘进机是用于各类竖井掘进的全新技术。系统包括能应用于稳定和不稳定土层的下沉设备及竖井掘进设备。其设计理念是：使设备能够在地下水环境中作业，从而大幅度降低工程成本。

VSM 技术在竖井掘进过程中，下沉装置通过钢索与位于地面的下沉机组连接，保证整个掘进过程受监控，从而使竖井能精确地建造在预定位置。VSM 的开挖臂能直接在水下开挖竖井下方的土体、去除障碍物和保证竖井均匀下沉。根据井周边地层情况，井壁采用预置混凝土管片、现浇混凝土和钢管片，对于没有地下水的地区，井壁可采用钢垫和喷射混凝土。竖井开挖时，井内、外地下水压保持平衡，开挖出来的物料通过泥水分离站分离后处置。VSM 机掘进和拼装速度可达到 0.9～4.5m/d。

VSM 下沉式竖井掘进技术建设的竖井应用范围广泛，竖井直径从 4.5～12m，可用作隧道掘进作业的始发井或接收井，交通隧道的通道和通风井，或者所有各类地下建（构）筑物的服务和进出通道。下沉式竖井掘进设备可以安全、快捷、环保地挖掘各类竖井，在地下水以下的困难地质条件以及在施工现场空间狭窄的情况下，VSM 技术的优势更加明显。

第二节　顶管施工技术

直径小于 4m 的地下隧道除了采用盾构法掘进外，还可采用顶管法施工，其机头的掘进方式与盾构相同，但其推进的动力由放在始发井内的后顶装置提供，故其推力要大于同直径的盾构隧道。顶管管道是由整体浇筑预制的管节拼装而成的，一节管节长 2～4m，对同直径的管道工程，采用顶管法施工的成本比盾构法施工的要低。

顶管施工主要用于地下进排水管、煤气管道、通信电缆管等市政管道的施工。欧洲发达国家最早开发应用顶管法，而日本在近 20 年来，对顶管机机头的研究和不同顶管工法的应用取得了瞩目的成果。顶管掘进从最早的手掘式逐渐发展为半机械式、机械式、土压平衡式、泥水加压式等先进的掘进方法，尤其在直径小于 1m 的微型隧道开发应用方面，更是得到迅速的发展。

在我国，顶管技术的应用始于 20 世纪 60 年代，在少数城市的下水道施工中采用手掘式顶管机。进入 80 年代后期，随着城市建设的发展，顶管施工逐渐替代明挖排管的落后工艺。顶管技术近 10 余年得到了迅速的发展，在引进国外先进技术的同时，先后开发了水力机械顶管、反铲顶管机、土压平衡顶管机和泥水平衡顶管机，长距离顶管技术也得到了开发与应用，混凝土管节制作技术和管节防水技术也得到了提高和发展。

上海地区经济发达，人口密集，因而对市政基础设施的需求和要求也较高，在此基础上软土顶管施工技术也较为先进，创造了非常多的施工记录。90 年代上海地区为解决污水排放问题而进行的污水治理一、二期工程中有数十千米管道采用顶管法施工，穿越黄浦江底的 7 条引水和排水管道采用长距离顶管技术，一次能够顶进 600～1400m。1999 年由上海隧道工程股份有限公司承建的奉贤南排 1856m 顶管工程一次顶进成功，创下了国内新纪录。严桥支线工程是青草沙水源地原水工程向上海中心城区输水的主干线，该线是全国自来水行业首次全线采用超大口径、超长距离的钢顶管引水工程。设计管径

DN3600mm 双管，输水规模 440 万 m³/日，单线长 27.1km。南汇支线是青草沙路域管线中最长一段（单线 46km），输水规模 128 万 m³/日。南汇支线在设计上推陈出新，是全国首次三线钢顶管同时并排顶进的工程。上海西藏路电力隧道工程，开创了我国采用非开挖顶管技术施工电力隧道的先河；杨高中路电力隧道，首次采用了大口径长距离曲线顶管对接顶管施工技术；潘广路电力隧道工程一标是目前国内最大口径电力隧道顶管；目前在建的黄浦江连通管工程是目前国内最大口径的原水钢顶管工程，直径 4m。

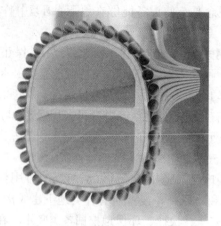

图 1-24　港珠澳大桥拱北隧道管幕顶管设计方案概念图

港珠澳大桥拱北隧道由于地理条件复杂，周边环境敏感，采用"管幕＋冻结法"暗挖通过，管幕由 36 根 φ1620mm 钢顶管组成，其中上层 17 根钢管壁厚 20mm，下层 19 根钢管壁厚 24mm，管间距 35.5～35.8mm，如图 1-24 所示，该工程的顺利实施标志着我国在顶管技术方面所取得的成果已经达到了国际先进水平。

一、局部气压反铲式顶管机

德国较早开发反铲式顶管机技术，开挖面施加气压可用于含水地层，尤其适用于砂性土和混有砾石、卵石的地层。1990 年，上海污水治理一期 3.2 标工程采用德国崔柏林公司 φ4000 反铲顶管机一次顶进 800m。1993 年，上海隧道公司研制的 φ2200 反铲顶管机，用于深圳华侨城排水管道工程，一次顶进 1053m。

二、土压平衡顶管机

日本最早开发土压平衡盾构，并将此技术用于顶管工程。上海隧道公司在 1989 年研制出中国第一台 φ2200 土压平衡顶管机，并开发了土压平衡顶管工法；接着，国内又研制成功了小刀盘土压平衡顶管机，具有制造成本低的优点。土压平衡顶管机具有刀盘切削土体、开挖面土压平衡、对土体扰动小、地面和建筑沉降较小等特点，适用于软黏土地层的城市建筑密集区内进行顶管施工。在砂性土或砾石土地层中采用土压平衡顶管机，应适当加注泥浆使土体塑流。上海隧道公司于 1988 年设计制造的 φ1500 小刀盘土压平衡顶管机用于奉贤污水南排工程，一次顶进 1856m，创国内记录，标志着我国土压平衡顶管机制造和施工技术已达到国际先进水平。

三、泥水平衡顶管机

泥水平衡顶管机可分为泥水机械平衡和泥水加压平衡两类顶管机。日本伊势机公司在泥水平衡顶管机的制造技术方面处于国际领先地位，我国在 1985 年引进伊势机公司 φ800 泥水平衡顶管机用于小口径顶管工程。90 年代，我国相继自主研发了 φ1200、φ1650、φ2460 泥水平衡顶管机，该类顶管机采用大刀盘切削，泥水和机械双重平衡开挖面土压，具有施工速度快，地面沉降小的特点，现已在上海地区广泛应用。

泥水加压顶管机采用泥水加压盾构的原理，以膨润土泥浆充满开挖面密封舱，在开挖面土体接触面形成泥膜，以泥水压力平衡开挖面水土压力。泥水加压顶管机尤其适用于砂性高水压条件下的顶管施工，其安全性好，施工机械化、自动化程度高，但制造和施工成本也较高。上海隧道公司于 1997 年研制出中国第一台 $\phi2200$ 泥水加压顶管机，用于污水治理工程，在黄浦江底埋深 26m 的砂性高水压工况下，掘进了两条 610m 长的管道，使我国在顶管机技术方面上了一个新的台阶。

四、微型顶管机及非开挖技术的发展

非开挖技术施工技术（Trenchless Technology）是指利用各种岩土钻掘技术手段，在地表不开沟槽的条件下铺设、更换和修复各种地下管线的施工新技术，即改传统的"挖槽铺管和修复"施工方式为"钻孔铺管和修复"。与传统的挖槽施工方法相比，非开挖施工技术具有不影响交通、不破坏环境、施工周期短、综合施工成本低、社会效益显著等特点，可广泛应用于穿越高速公路、铁路、建筑物、河流，以及在闹市区、古迹保护区、农作物和植物被保护区进行市政管线的铺设、更换和修复。此外非开挖施工技术还可用于水平降排水工程、隧道工程（管棚）、基础工程、环境治理工程等。

现代非开挖技术是 20 世纪 70 年代末在西方发达国家兴起，并逐渐走向成熟的地下管线铺设、更新和修复的新技术，以其独特的技术优势和广阔的市场前景得到世界各国的重视。

1. 小口径顶管或微型隧道施工工法

微型隧道施工法源于日本，是一种遥控、可导向的顶管施工，主要用于铺设精度要求较高的非进入管道（≤900mm），一般为 50～300mm。

微型隧道施工设备主要有切削系统、激光导向系统、出渣系统、顶进系统、控制系统等组成。视地层条件不同可选择带不同刀具的切削头，如刮刀式和滚刀式；根据激光导向系统测量偏斜数据，可操纵液压纠偏系统，从而实现调节管道方向的目的。出渣系统有两种方式，一是螺旋排渣系统，一般用于不含水地层；另一种为泥浆排渣系统，适用于铺管距离较长和含水地层施工。

根据施工方法和出渣系统的不同，可将微型隧道工法分成以下三种：

（1）先导式微型隧道施工法；

（2）螺旋出土式微型隧道施工法；

（3）泥水平衡式微型隧道施工法。

2. 气动矛施工法

气动矛施工法是使用较为广泛的一种非开挖铺管方法。如图 1-25 所示，施工时，在压气的作用下气动矛内的活塞作往复式运动，不断冲击矛，矛头挤压周围的土体形成钻孔，并带动矛体前进。随着气动矛的前进，可将直径比矛体小的管线拉入孔内，完成管线铺设。根据地层条件也可先成孔，后随着气动矛的后腿将管线拉入，或边扩孔将管线拉入。冲击矛的矛头有多种结构形式，可根据土质条件的不同选择使用，如锥形矛头适用于匀质土层；台阶形矛头可在含砾石层中施工等。

虽然已有可控制的气动矛出现，但绝大多数气动矛仍是不可控的。为保证施工的进度，施工前的校正工作就显得很重要。此外，为保证气动矛受力均匀，并防止因冲击挤压

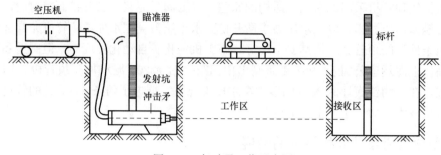

图 1-25　气动矛工作示意图

引起的路面隆起，一般气动矛上方的土层厚度（即管线埋深）应大于矛体外径的 10 倍左右。

3. 夯管施工法

夯管施工法是指利用夯管锤将待铺设的钢管沿设计路线直接夯入地层，实现非开挖穿越铺管。施工时夯管锤的冲击力直接作用在钢管的后端，通过钢管传递到前端的管沿上切削土体，并克服土层与管体之间的摩擦力使钢管不断进入土层。随着钢管的前进，被切削的土砂进入钢管内。待钢管全部夯入后，可用压气、高压水射流、螺旋钻杆等方法将其排出。

由于夯管过程中，钢管要承受较大的冲击力，因此一般使用无缝钢管，而且壁厚要满足一定的要求。钢管直径较大时，为减少钢管与土层之间的摩擦力，可在管顶部表面焊一根小钢管，随着钢管的夯入，注入水或泥浆，以润滑钢管的内外表面。

水平定向钻进技术最初是从石油钻进技术引进的，主要用于穿越河流、湖泊、建筑物而铺设的大口径、长距离石油和污水管道。

如图 1-26 所示，施工时，按照设计的钻孔轨迹（一般为弧形），采用定向钻进技术先

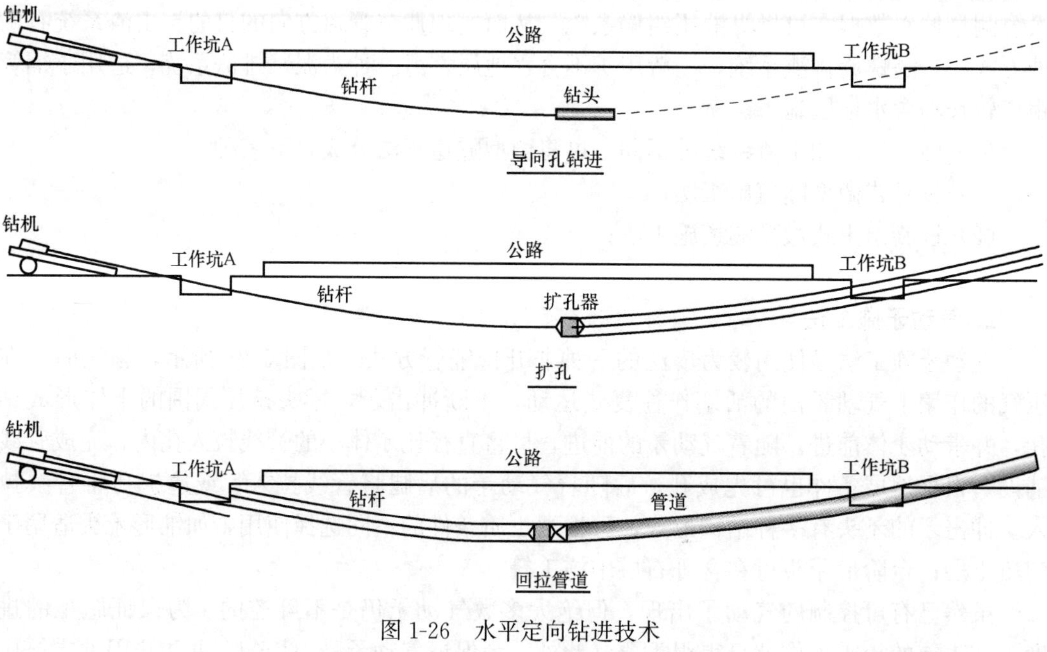

导向孔钻进

扩孔

回拉管道

图 1-26　水平定向钻进技术

施工一个近似水平的先导孔，随后在钻杆柱端部换接大直径的扩孔钻头和直径小于扩孔钻头的待铺设管线，在回拉扩孔的同时，将带铺设的管线拉入钻孔，完成铺管作业。有时根据钻机的能力和带铺设管线的直径大小，可先专门进行一次或二次扩孔后再回拉管线。

钻孔轨迹的监测和调控是水平定向钻进最重要的技术环节。目前一般采用随钻测量的方法来测定钻孔的顶角、方位角和工具面向角，采用弯接头来控制钻进方向。

五、覆膜推进工法

覆膜推进工法是日本 Super-mini 施工法协会于 1990 年开发的适用于大、中口径（DN600～DN3000）的长距离顶管施工法。这一方法飞跃性地提高了一次顶管可能达到的最大距离，从而能用较少的工作井数完成长距离顶管施工[1-4]。

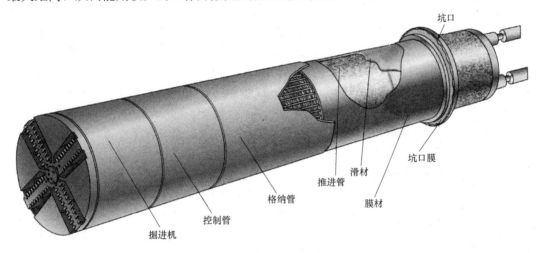

图 1-27　覆膜推进工法示意图

其工作原理为：顶管机的后部安置有一只内藏塑料薄膜的格纳管，顶进过程中薄膜不断地从格纳管中拉出（图 1-27）。施工时在薄膜和管道中间注入润滑浆，使得整条管道都在薄膜中滑动，有效避免了注浆不均和跑浆现象（图 1-28、图 1-29），从而降低摩阻力，在长距离顶进中甚至无须使用中继间。

图 1-28　不透水膜

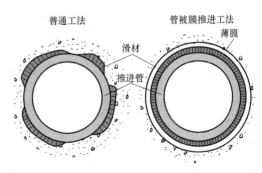

图 1-29　润滑材料注入

覆膜推进工法特别适用于长距离推进，可减少中继间和工作井的数量，减小隧道建设对于环境的不利影响（如噪声、振动等）。

第三节　沉管、沉井施工技术

一、沉管隧道施工技术

1. 沉管法历史

世界沉管技术的研究始于 1810 年首次在伦敦进行的沉管隧道试验，但试验未能解决防水问题。直到 1896 年美国首次利用沉管法建成穿越波士顿港的输水隧洞和 1910 年在美国建成底特律水底铁路隧道才宣告沉管法的成功诞生。荷兰于 1942 年首次建成位于鹿特丹的 Mass 隧道，即世界上首次采用矩形钢筋混凝土管段建成的沉管隧道。1959 年加拿大成功采用水力压接法建成 Deas 隧道。荷兰于 20 世纪 60 年代发明了 Gina 止水带，日本在此基础上又进行了新的研发。基础处理技术方面，丹麦于 20 世纪 40 年代发明喷砂法，瑞典于 60 年代首先采用灌囊法，荷兰于 70 年代推出压注混凝土法和压浆法。日本在抗震设计方面也开展了大量研究，并编写了沉管隧道抗震设计规范。沉管隧道关键技术的突破，使得沉管法很快被世界各国普遍采用。

美国的 FortMcHenry 隧道、荷兰的 Drecht 隧道、中国上海外环隧道和深中沉管隧道为目前世界上车道数量最多的沉管隧道，均为八车道。美国 Bay Area Rapid Transit 隧道全长 5825m，由 58 节管段组成，是世界上最长的沉管隧道之一；中国港珠澳大桥沉管隧道部分长度约为 5.7km，是目前中国最长的沉管隧道；中国深中通道沉管隧道是目前断面尺寸最大的沉管隧道（最宽处超过 55m）；计划于 2017 年开始建设的位于丹麦和德国之间的费马恩海湾沉管隧道的沉管部分长度将达到 17.6km，建成后将大幅度刷新目前世界沉管隧道长度纪录。目前世界上已有约 160 座沉管隧道，其中建造沉管隧道最多的国家为中国、美国、荷兰和日本，均在 20 条左右。

水中悬浮隧道（SFT），在意大利又称阿基米德桥，是在沉管技术基础上发展起来的一种跨越水域的新概念（见图 1-30），水中悬浮隧道允许在极深水中的较浅处施工隧道，

图 1-30　水中悬浮隧道示意图

在这种水体中，其他的替代方案在技术上难度很大或者会导致超高的造价。其基本结构包括悬浮在水面以下一定深度的管状结构、锚固在水下基础的锚索装置、桥体管节之间的连接装置和隧道与两岸相连的构筑物等四个部分。水中悬浮隧道已经被欧洲、美国和日本等地科技界和政府关注，但迄今世界上还没有建成一座水中悬浮隧道，这方面仍处于理论和试验研究阶段。

2. 沉管法在我国的发展

中国的沉管隧道技术研究起步较晚，但发展速度很快。上海在20世纪60年代初首次开展了沉管法的理论研究，并于1976年用沉管法建成了一座排污水下隧洞；1993年年底建成的广州珠江隧道是我国大陆地区首次采用沉管工艺建成的城市道路与地下铁路共管设置的水下隧道，为我国大型沉管工程开创了先例。1995年我国大陆地区第二座沉管法水下隧道在宁波甬江建成，该工程为克服软土地基的不利因素，施工采用分段联体预制法。这两条大型沉管隧道的建成，标志着我国已经完全掌握了用沉管法修建水下隧道的技术，缩小了我国隧道工程技术与世界先进水平的差距。港珠澳大桥沉管隧道的建设，将我国的沉管隧道技术推向了一个新的高度，标志着我国的沉管隧道施工技术已经达到世界前列。

中国沉管隧道一览表　　　　　　　　　　　　　　　　　表 1-1

序号	隧道名称	类型			建成时间
1	宁波甬江隧道	矩形混凝土管节	注浆基础	单孔双车道	1995
2	广州珠江隧道	矩形混凝土管节	灌砂基础	双向四车道两条铁路	1993
3	宁波常洪隧道	矩形混凝土管节	桩基础	双向四车道	2002
4	上海外环线隧道	矩形混凝土管节	灌砂基础	三孔八车道	2003
5	广州仑头-生物岛隧道	矩形混凝土管节	灌砂基础	双向四车道	2010
6	广州生物岛-大学城隧道	矩形混凝土管节	灌砂基础	双向四车道	2010
7	天津中央大道海河隧道	矩形混凝土管节	灌砂基础	双向六车道	2011
8	广州洲头隧道	矩形混凝土管节	灌砂基础	双向六车道	2015
9	广州佛山高铁隧道	矩形混凝土管节	灌砂基础	双向六车道两条铁路	2016
10	舟山沈家门港海底隧道	矩形混凝土管节	灌砂基础	双向人行	2014
11	港珠澳大桥沉管隧道	矩形混凝土管节	复合地基	双向六车道	2017
12	南昌红谷沉管隧道	矩形混凝土管节	灌砂基础	双向六车道	2017
13	香港红磡海底隧道	双圆钢壳管节	砾石基础	双向四车道	1972
14	香港九龙地铁隧道	双圆混凝土管节	砾石基础	双向四车道	1979
15	香港东区海底隧道	矩形混凝土管节	砾石基础	双向四车道两条铁路	1989
16	香港西区海底隧道	矩形混凝土管节	砾石基础	双向四车道两条铁路	1997
17	香港新机场铁路隧道	矩形混凝土管节	砾石基础	两条铁路	1997
18	台湾高雄公路隧道	矩形混凝土管节	砾石基础	双向四车道	1984
19	深中通道	矩形钢壳混凝土管节	复合地基	双向八车道	在建
20	大连湾沉管隧道	矩形钢筋混凝土	砾石基础	双向六车道	在建

截至2017年我国已有18条沉管隧道，数量和施工技术均已达到了世界先进行列见表1-1。我国的内河航运资源十分丰富，多个重要城市均有大江大河通过，目前已有多个越

江工程正在规划修建中，这些大型越江工程中，多数是采用了沉管隧道方案。经济社会的快速发展对交通工程在经济、安全、快捷等方面提出了更高要求，也为沉管隧道的应用开拓了广阔的前景。

二、沉井施工技术

沉井是修建深基础和地下建筑物的一种施工方法，先在地面或地坑内制作开口钢筋混凝土井身，待其达到要求强度后，在井筒内分层挖土运出，随着挖土和井内土面的逐渐降低，沉井筒身借其自重或其他技术措施克服与土壁之间的摩阻力和刃脚反力，不断下沉直至设计标高后封底。

沉井适用于淤泥质地基和砂性地基。沉井（尤其是钢筋混凝土沉井）由于具有占地面积小，开挖土方量少，对邻近构造物及附近地质条件影响小，且施工方便、工期短、工程造价低等特点，广泛地应用于工程实践，如桥梁、水闸、港口等工程中用于基础工程、市政工程中，近年来沉井基础被广泛用于大型桥梁基础，江阴长江公路大桥锚碇基础是世界上最大的沉井，其平面长 69m，宽 51m，下沉深度为 58m，相当于 9 个半篮球场大的 20 层高楼埋进地下；泰州长江大桥水中沉井基础则为国内最大平面尺寸达到了 58m×44m，见图 1-31。

图 1-31 泰州长江大桥水中沉井基础

沉井下沉通常有排水下沉和不排水下沉，在工程实践中也发展了部分降排水下沉施工工艺。排水下沉适用于渗水量不大且稳定的黏性土或者虽渗水量较大但排水并不固结的砂砾土层；不排水下沉则适用于流砂严重的地层中和渗水量大的砂砾地层中使用，且地下水无法排除或大量排水会影响附近建构筑物安全的情况。

上海隧道公司在 1984 年开发的钻井法沉井工法是一种不排水下沉的新工艺，应用在延安东路隧道北线 2 号井施工中，用钻吸机组在沉井底部挖土，使沉井平稳下沉 33m。

德国首创的中心岛法沉井工法采用沿井壁内周遭挖槽、泥浆护壁、中间留岛，带下沉至设计标高时再挖去中间土体，这是一种对周围地表沉降影响较小的新工艺。上海隧道公司也在上海地区应用该工法施工了两座泵房井。

对于小型沉井施工可采用压沉法工艺，即采用在沉井四周打锚桩，用反力架对沉井顶部施加压力，辅助沉井下沉。该工法适用于小型沉井施工。

预制拼装式沉井法在欧洲用得较多，具有操作方便、施工速度快的优点，主要用于圆筒形竖井，在我国用得较少。

　　沉箱施工法是一种不排水下沉工艺，由于要在施加气压条件下挖土，工人作业条件差，因此在我国已很少采用。日本研发的遥控气压沉箱工法，解决了工人在气压条件下作业的问题，在沉箱的下部设置一个气密性高的钢筋混凝土结构工作室，通过气压自动调节装置向工作室内注入压力与刃脚处地下水压力相等的压缩空气，通过远程遥控在无水的环境中实现自动化挖、排土，仅在设备发生故障时，检修工人进入工作室内作业。遥控气压沉箱工法在日本应用已较为成熟，最大下沉深度已达到 70m。我国上海市轨道交通 7 号线 12A标段南浦站—耀华站区间中间风井工程是国内首次采用无人化可遥控式施工工艺进行气压沉箱施工的工程。风井平面尺寸约 25.24m×15.60m，井底埋深约 29.0m，见图 1-32。

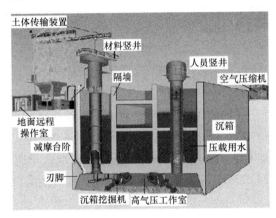

图 1-32　遥控气压沉箱系统示意图

　　沉井施工在施工机械化程度较高的年代仍将是一种十分有效的地下工程施工技术，但在工艺和设备上仍有较大提高空间。

第四节　深基坑围护施工技术

一、我国深基坑工程的发展

　　在我国，深基坑工程是最近 30 年来迅速发展起来的一个领域。以前的几十年中，由于建筑物的高度不高，基础的埋置深度很浅，很少用地下室，基坑的开挖一般仅作为施工单位的施工措施，最多用钢板桩解决问题，没有专门的设计，也并没有引起工程界太多的关注。

　　近 30 多年来，由于高层建筑、地下空间的发展，深基坑工程的规模之大、深度之深，成为岩土工程中事故最为频繁的领域，给岩土工程界提出了许多技术难题。在深基坑工程中，土力学的强度、变形、渗透三大课题集中出现于同一工程；施工因素的影响既巨大而又具有非常的不确定性；各种破坏模式相互交叉，互为因果，使设计计算模式极具不清晰性。因而深基坑工程也是岩土工程中发展最为活跃的领域之一，成为岩土工程的技术热点和难点。

　　按照发展的过程，我国的深基坑工程大致经历了三个阶段：

第一阶段：20世纪80年代，在一些大城市开始兴建高层建筑，深基坑工程问题逐渐出现。那时多数是一层地下室，2～3层地下室比较少。主要的围护结构是水泥搅拌桩的重力式结构，对于比较深的基坑则采用排桩结构，如果有地下水，再加水泥搅拌桩止水帷幕。

这一阶段，地下连续墙用得比较少。SMW工法正在进行研究。由于缺乏经验，深基坑的事故比较多，引起了社会和工程界的关注。开始研究深基坑工程的监测技术与数值计算。编制了一些技术指南，但还没有开始编制基坑工程的规范。

第二阶段：20世纪90年代，总结经验，出现制定基坑规范的第一波，包括武汉、上海、深圳等地方规范和两本行业规范。一些地方政府建立深基坑方案的审查制度。开始出现超深、超大的深基坑工程，基坑面积达到2万～3万 m^2，深度达到20m左右。

在这一阶段，复合式土钉墙在浅基坑中推广使用；SMW工法开始推广使用；地下连续墙也开始大量采用。逆作法施工、支护结构与主体结构相结合的设计方法开始得到重视和运用；商品化的深基坑设计软件大量使用。内支撑出现了大直径圆环的形式和两道支撑合用围檩的方案，最大限度克服了支撑对施工的干扰。

第三阶段：进入新世纪以后，在更多的城市中，大规模地兴建高层建筑和地下铁道，地下工程向更深部发展空间，出现了更深、更大的深基坑工程。

基坑面积方面，天津117大厦9.6万 m^2，上海虹桥综合交通枢纽35万 m^2；就开挖深度而言，苏州东方之门22m，上海世博变电站34m，上海董家渡修复基坑41m，这些工程均具有一定的代表性。

二、地下连续墙围护工法的发展与应用

地下连续墙施工技术起源于欧洲，它是从利用泥浆护壁打石油钻井和利用导管浇灌水下混凝土等施工技术的应用中，引申发展起来的新技术。1950年前后开始用于地下工程，当时在意大利城市米兰用得最多，故有"米兰法"之称。

随着城市建设的发展，高层建筑和深基础工程越来越多，施工条件也越来越受到周围环境的限制，有些深基础工程已不能再用传统的方法去施工。而地下连续墙整体性好、墙体刚度大，可以做到"两墙合一"；能承受较大的水土侧压力，结构变形小；抗渗隔水性能良好，结构耐久性也较好；施工时振动小、噪声低，对相邻建筑物和已有的地下设施影响小；另外，地下连续墙的墙体可以组合为任意多边形和圆弧形，保证功能的同时还能优化结构受力状态，因而地下连续墙围护工法一经问世，便受到工程界的重视和推广，很快被各国用来建设城市中的地下工程。如日本东京地铁的地下五层车站、英国伦敦的地下七层停车场和美国纽约的110层国际贸易中心大厦地下室，都是用地下连续墙围护工法施工的。法国最高的蒙巴纳斯大厦就是采用50m深的地下连续墙将巨大的竖直荷载传到硬质灰岩上去的。

日本作为地下连续墙技术相当成熟的国家，100m以上的大深度地下连续墙在工程中已经得到应用，建设省关东地方建设局外郭放水路采用地下连续墙围护工法施工的立坑，深度已经达到140m。

上海作为国内软土地区的代表，软土地层以及高地下水位的特点使得地下连续墙围护工法成为目前大深度竖井施工时的最合适选择。上海地铁13号线淮海中路站南端头井基

坑埋深达到 32.28m，地下连续墙插入深度达到 62m。

大深度地下连续墙实例 表1-2

工程名称	地下连续墙深度(m)	工程名称	地下连续墙深度(m)
武汉阳逻大桥	62	东京湾横断道路工程	170
上海世博变电站	57.5	日本关东地方建设局外郭放水路立坑	140
上海 4 号线修复工程	65.5	隧道股份宁波儿童公园站试验墙	110
上海地铁 13 号线淮海中路站南端基坑	62	上海建工深隧工程工作井试验墙	150
天津文化中心	70		

目前上海市深层输水隧道工程即将进入实施阶段，对超深地下连续墙技术提出了更高的要求。上海隧道股份在宁波 3 号线儿童公园站进行了 3 幅试验幅地下连续墙的施工，深度达 110m，采用液压抓斗成槽机和德国宝峨 BC40 铣槽机，应用抓铣结合成槽方式，为上海地区超深地下连续墙积累了宝贵的数据和施工经验。同样，上海建工基础集团在北横通道工程中山公园工作井特深地下连续墙试验现场，利用双轮铣槽机套铣及铣接头工艺，成功施作 3 幅 118m 深、垂直精度达 1/1000 以上的地下连续墙。表 1-2 为我国部分大深度地下连续墙实例的汇总。

地下连续墙接缝防水技术是地下连续墙施工技术的关键，由法国开发的 CWS（Coffrage Water Stop）接头不仅在幅间设置了橡胶止水带，防渗性能有很大提高，而且接头板采用后续槽段成槽后侧向去除工艺，既避免了接头长时间浸泡的问题，也有利于接头板起拔。与十字钢板和工字钢接头相比，CWS 成本较低，工效较高，但不适合超深连续墙施工，见图 1-33。

(a)　　　　　　　　　(b)　　　　　　　　　(c)

图 1-33　CWS 接头

上海隧道工程有限公司在 CWS 接头的基础上进一步研究开发了 GXJ 接头箱，与CWS 接头形式相比，其接头防渗曲线更长，防水效果更好；橡胶止水带设置了钢片，总长度达到 15～20cm，进一步强化了防水功能；GXJ 接头箱依靠侧向千斤顶剥离，因此接头箱可以放得更深，因而适用于上海市的深基坑建设，见图 1-34。

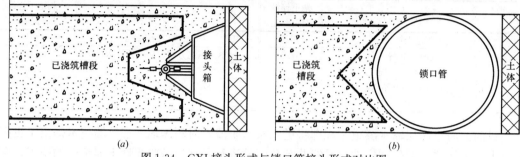

图 1-34　GXJ 接头形式与锁口管接头形式对比图

（a）GXJ 接头形式；（b）锁口管接头形式

参 考 文 献

[1-1]　白云，丁志诚，刘千伟.隧道掘进机施工技术［M］.北京：中国建筑工业出版社，2003.

[1-2]　上海隧道工程股份有限公司编写组.软土地下工程施工技术［M］.上海：华东理工大学出版社，2001.

[1-3]　刘志.上海市深层地下空间利用方法与施工技术研究［D］.上海：同济大学硕士学位论文，2017.

[1-4]　陈学武.覆膜顶管施工法［J］.市政技术，1998，（01）：51-52.

第二章 土的基本知识及基坑工程

第一节 土的基本知识

土的生成是由地表和接近地表的整体岩石（Rock Mass），经过物理、化学和生物风化作用后形成的产物，再经搬运、沉积而成的成分、大小和组成各不相同的松散颗粒的集合体。土体具有三相性特点，即：土体是由颗粒（固相）、水（液相）和气（气相）所组成的三相体系。

为了定量、定性描述土的物质组成，主要方法包括土的三相组成、土的三相指标、黏性土的界限含水率、砂土的密实度和土的工程分类等。

一、土的组成

要了解土性，必须要研究土的颗粒组成、三相的比例指标。在施工实践中可按各类土的土性，制订针对性的技术措施及选择合适的施工设备。

1. 土的固相

土的固相是由不同大小粒径、形状的各种矿物颗粒组成的，这是决定土的物理力学性质的重要因素。土的矿物成分可以分为原生矿物和次生矿物。

1）土的粒度成分（颗粒级配）

固相物质颗粒的粗细，由土的粒度成分表示，即用不同粗细颗粒的重量含量的百分率表示。

自然界中土粒的粒径由粗到细逐渐变化，而土的性质亦相应地发生变化，如土的性质随着粒径的变细可由无黏性变化到有黏性，所以可将土中各不同粒径的土粒，按适当的粒径范围，分为若干的粒径组，各个粒径组随着分界尺寸的不同而呈现出一定质的变化。划分粒径组的分界尺寸称为界限粒径。

（1）粒径组及其划分

根据《岩土工程勘察规范》GB 50021—2001（2009年版），一般将界限粒径分为200、20、2、0.075、0.005mm，对应名称为漂石（块石）颗粒、卵石（碎石）颗粒、圆砾（角砾）颗粒、砂粒、粉粒及黏粒。具体如表2-1所示。

土的粒径组划分　　　　　　　　　表2-1

粒径组名称		粒径范围(mm)	一般特征
漂石（块石）颗粒		＞200	透水性很大，无黏性，无毛细水
卵石（碎石）颗粒		200～20	同上
圆砾（角砾）颗粒	粗	20～10	透水性大，无黏性，毛细水上升高度不超过粒径大小
	中	10～5	
	细	5～2	

续表

粒径组名称		粒径范围（mm）	一般特征
砂粒	粗	2～0.5	易透水，当混入云母等杂质时透水性减小，而压缩性增加；无黏性，遇水不膨胀，干燥时松散；毛细水上升高度不大，但随粒径变小而增大
	中	0.5～0.25	
	细	0.25～0.1	
	极细	0.1～0.05	
粉粒	粗	0.05～0.01	透水性小；湿时稍有黏性，遇水膨胀小，干时稍有收缩；毛细水上升高度较大较快，极易出现冻胀现象
	细	0.01～0.005	
黏粒		<0.005	透水性很小；湿时有黏性，可塑，遇水膨胀大，干时收缩显著；毛细水上升高度很大，但速度较慢

一般地层中土体由各粒径组组成，通常以土中各粒径组的相对含量（各粒径组占土粒总重量的百分数）来表示，称为土的颗粒级配。级配能体现出土体的密实程度，这个指标为在回填土方时控制土源质量提供了标准依据。

小于某粒径重量累计百分数为10%时，相应的粒径称为有效粒径d_{10}，而当小于某粒径的土粒重量百分数为60%时，相应的粒径称为限定粒径d_{60}，d_{60}与d_{10}之比值就反映了级配不均匀的程度，称为不均匀系数。

$$K_u = d_{60}/d_{10} \tag{2-1}$$

从式中可看出，两个粒径差值愈大，土粒愈不均匀，工程上把$K_u < 5$的土看作是均匀的；$K_u > 10$的土则是不均匀的。从工程要求含义来衡量，K_u值大的土是级配良好的土，因为其孔隙比较小。但实际上仅用一个指标K_u来确定土的级配情况是不够的，如果K_u过大，则表示可能缺失中间粒径，属于不连续级配，故还需要同时考察累计曲线的整体形状，曲率系数K_c则是描述累计曲线整体形状的指标。

$$K_c = d_{30}^2/(d_{10} \cdot d_{60}) \tag{2-2}$$

通常把同时满足$K_u > 5$和$K_c = 1～3$两个条件的砾类或砂类土称为级配良好的土。

（2）土的粒度成分对土性质的影响

土的粒径不同，表面积则也不同，单位体积土的表面积总和自然也不一样，细颗粒土比粗颗粒土的表面积大得多，其表面积总和称为比表面。而土粒的表面正是与气、水相互作用的场所，影响着土的性质，所以比表面越大，颗粒与水、气的交界发生的物理化学作用场所也就越大，因而对土的性质影响也越强。

2）土的矿物成分

矿物颗粒主要是岩石风化的产物，岩石经风化后演变为土粒，其矿物成分并不改变，还是原生矿物。不同的矿物成分对土的性质有着不同的影响，其中以细粒土的矿物尤为重要。

土的矿物成分可归纳如下：

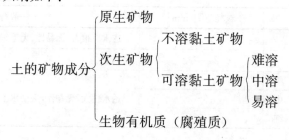

在化学风化时可能发生化学变化，从而使原生矿物演化为次生矿物，次生矿物按其与水作用关系可分为不溶和可溶黏土矿物两种。

次生矿物在进一步风化作用时往往有生物作用（动植物）参与，使土中增加了有机成分，一般称为腐殖质，这对土的性质影响较大。

物理强度高而化学稳定性较弱的原生矿物是构成粒径粗大的矿物成分，而物理强度低、化学稳定性较高的原生矿物大都集中在粉、黏粒径组中。

2. 土的液相

在自然条件下，土中总是含水的，而矿物颗粒，特别是黏土矿物具有极为强力的亲水性，水分子具有很高的极性，所以土体颗粒与水分子之间便产生了更为复杂的电化学作用，从而将直接影响土的性质，对工程施工带来危害。

水在土中可处于液态、固态或气态，土中细粒愈多，土的分散程度愈大，则水对土的质量影响亦愈大。所以研究土质情况必须考虑水在土中存在的状态及其与土粒的相互作用情况。

土中水存在状态大致可表示如下：

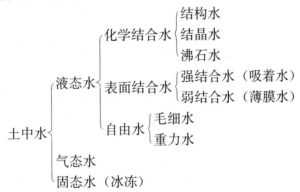

1）化学结合水

化学结合水是矿物的组成部分，它只有在高温下才能化作气态水而与土粒分离。

2）表面结合水

表面结合水是受电分子吸力吸附于土颗粒表面形成水化膜、在外界土压力作用下不能移动的水，其水分子与土粒表面牢固地黏结在一起。

（1）强结合水

强结合水是紧靠土粒表面、没有溶液能力、不能传递静水压力，只有吸热变成蒸汽才能移动，这种水极其牢固地结合在土粒表面，也就是说，黏土只有含强结合水时呈固体状态，磨碎后则呈粉末状态。

（2）弱结合水

弱结合水紧靠于强结合水外围形成一层结合水膜。它仍然不能传递静水压力，但水膜较厚的弱结合水能向邻近较薄的水膜移动，当土中含有较多弱结合水时，土具有一定可塑性。但砂土比表面较小，几乎不具可塑性，而黏土的比表面大，其可塑性范围也大。

离土粒表面愈远的弱结合水，其受到电分子吸引力愈小，它能逐渐过渡到自由水。

3）自由水

自由水存在于表面结合水外，即电场影响范围外，它与普通水性质一样，能传递静水压力,在重力作用下能移动,有溶解能力,冰点为0℃。

自由水可分为重力水和毛细水。

(1)重力水

重力水是指只受重力作用而移动的自由水,重力水存在于地下水的透水土层中,对土颗粒有浮力作用。

重力水具有如下特征:

① 具有传递水压力和产生浮力的能力;

② 运动时服从流体力学的基本定律;

③ 重力水的存在对土的物理力学性质影响较大,特别对黏性土,重力水会使土的强度降低、压缩性增大,易产生基坑土体突涌现象;

重力水流动时能带动土粒一起流动,特别在粉砂粉质土中易产生流砂现象。

(2)毛细水

毛细水是受到水与空气交界面处表面张力作用而移动的自由水。毛细水存在于地下水位以上的透水土层中。

土粒间孔隙是互相连通的,这就形成了毛细管,在表面张力作用下,地下水沿着不规则的毛细管上升,在土层中形成毛细水的上升带。在毛细水上升带范围内,水具有负压力,两土粒间毛细水形成弯液面,由于负压力使两土粒间产生作用力,使两土粒在该作用力下挤紧(图2-1),土因而具有微弱的黏聚力,称为毛细黏聚力(毛细压力)。在施工现场经常可以看到稍湿状态的砂堆,能保持一定高度的垂直陡壁而不坍落,这就是毛细黏聚力作用的缘故,在饱水的砂或干砂中,土粒间毛细压力消失,陡壁就变为斜坡。

一般情况下,粒径大于2mm时,土粒间就无毛细现象。

3. 土的气相

土中的气存在于孔隙未被水占据的地方,在一般情况下,土受压力变形时,气很快跑出,它对土的物理力学性质影响不大。

在细粒径黏土中,常存在与大气隔绝的封闭气泡,土体受压时气体体积缩小,卸荷后体积恢复,这就引起土体的弹性变形量增大,透水性减小。

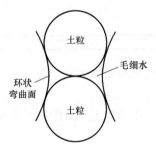

图2-1 毛细压力示意图

含有机质的淤泥土,由于微生物的分解作用,在土中就蓄积了可燃气体(如硫化氢、甲烷等),使土层在自重作用下封闭,长期得不到压密,而形成高压缩性土层。

二、土的物理性质指标

1. 土的三相简图

图2-2为单位体积土的三相组成示意图。

由土的三相组成示意图中可知,土是散体的沉积物,土体可划分为骨架和孔隙两个部分,孔隙被气和水填充,骨架就是各种矿物颗粒。

这些组成部分的性质,以及它们间比例关系和相互作用,决定了土体的物理力学性质。当孔隙完全被水充满时称为饱和土,全部被气充满时即为干土,这两种土称为两相结构体系。

2. 土的孔隙特征指标

1）土的天然孔隙率 n

土中孔隙体积与土的总体积的比值称为孔隙率，以百分数表示，即：

$$n=V_u/V\times100\% \qquad (2-3)$$

2）土的孔隙比 e

土的孔隙比是土中孔隙体积与土的土粒体积之比，以小数表示，即：

$$e=V_u/V_s \qquad (2-4)$$

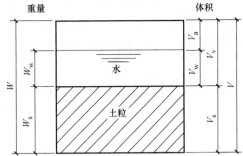

图 2-2 土的三相组成示意图

V_a—土中气的体积；V_w—土中水的体积；
V_s—土粒体积；V_u—土中孔隙体积，$V_u=V_a+V_w$；
V—土的总体积，$V=V_a+V_w+V_s$；
W_w—土中水的重量；W_s—土粒重量；
W—土的总重量 $W=W_w+W_s$。
注：土中空气重量为零。

以上两个指标都反映了土的密实程度，是评价地基土工程性质的重要物理指标。

尤其对无黏性土，往往决定了其工程性质的优劣，一般天然状态的土若 $e<0.6$ 则可认为是建筑物的良好地基，$e>1$ 说明土中孔隙比土粒所占体积还要多，这种土的工程性质极差，决不能作为建筑物的地基。

3. 土的含水特征指标

1）土的天然含水量 w

土中水的重量和土中土粒重量比值称为含水量，用百分数表示，即：

$$w=W_w/W_s\times100\% \qquad (2-5)$$

含水量 w 是标志土的湿度的一个重要物理指标。天然土层的含水量变化范围很大，它与土的种类、埋藏条件及其所处的自然地理环境有着密切的关系。

土的含水量一般采用烘干法测定，在烘箱内维持 $100\sim105℃$ 烘到恒重，干、湿土重量之差即为土中水的重量。

含水量大小对黏性土性质影响很大，随含水量的增大，其物理状态可以由坚硬状态转变为可塑状态，甚至为流塑状态。

2）土的天然饱和度 S_r

土中水的体积和孔隙体积的比值叫饱和度，用百分数表示，即：

$$S_r=V_w/V_u\times100\% \qquad (2-6)$$

饱和度反映了土的潮湿程度：如 $S_r=100\%$ 说明土的孔隙全部充满了水，土就为饱和土；$S_r=0$ 说明土中没有水，是完全干燥的土。

粉砂土、细砂土的饱和程度对其工程性质影响较大，稍湿的粉砂土、细砂土表现有微弱的黏聚性，而饱和时就呈散粒状态，并且易产生流砂现象，这是由土中水移动而产生。

因此在评价粉砂土、细砂土工程性质时，除了确定其密度外，还需考虑其饱和的程度。

4. 土的重量特征指标

1）土的天然重度 γ

单位体积土的重量称为土的重度（单位为 kN/m^3），即：

$$\gamma=W/V \qquad (2-7)$$

不同的土，重度也不同，它与土的密实程度、含水量等因素有关。一般黏性土 $\gamma=18\sim20kN/m^3$；砂土 $\gamma=16\sim20kN/m^3$；腐殖土 $\gamma=15\sim17kN/m^3$。在含水量相当、土质相同的条件下，重度大的土就比较密实。

2）饱和重度 γ_{sat}

当土中孔隙全部充满水、土体饱和时，其重度称为饱和重度，即：

$$\gamma_{sat}=(W_s+W'_w)/V=(W_s+V_u\times\gamma_w)/V \quad (kN/m^3) \tag{2-8}$$

式中 W'——充满土全部孔隙的水重；

γ_w——水的重度（10kN/m³）。

3）浮重度 γ'

在地下水位以下的土受到水的浮力作用时，单位体积土中土粒的有效重量叫浮重度，即：

$$\gamma'=(W_s+W'_w-V\cdot\gamma_w)/V=\gamma_{sat}-\gamma_w=\gamma_{sat}-1 \quad (kN/m^3) \tag{2-9}$$

4）干重度 γ_d

土单位体积中固体颗粒部分的重量，称为土的干重度，即：

$$\gamma_d=W_s/V \tag{2-10}$$

干重度在一定程度上反映了土中土粒排列的紧密程度，因此通常用这指标作为人工填土密实度质量的控制指标，一般当 γ_d 达到 16kN/m³ 以上时比较密实。

5）土粒相对密度 d_s

土粒的重量与同体积的 4℃水的重量之比称为土粒的相对密度，即：

$$d_s=W_s/V_s\times1/\gamma_{w1} \tag{2-11}$$

式中 γ_{w1}——水在 4℃时单位体积的重量，等于 1g/cm³。

土粒相对密度大小，决定于土的矿物成分，它的数值一般为 2.6～2.8；有机质土为 2.4～2.5；同一种类的土，其相对密度变化幅度很小。见表 2-2。

土粒相对密度参考表 表 2-2

土的名称	砂土	一般黏性土		
		黏质粉土	粉质黏土	黏土
土的相对密度	2.65～2.69	2.70～2.71	2.72～2.73	2.74～2.76

5. 基本指标与导出指标的关系

上述三个特征几个指标中，重度 γ、土粒比重 G、含水量 w 三个指标通过试验测定所得，称为基本指标，而其余孔隙率 n、孔隙比 e、饱和度 S_r、干重度 γ_d、饱和重度 γ_{sat} 及浮重度 γ' 等六个指标通过三相图各指标间关系推导而来，称为导出指标。指标间换算公式见表 2-3。

土的三相比例指标推导换算的公式 表 2-3

名称	符号	三相比例表达式	常用换算公式	单位	常见的数值范围
相对密度	d_s	$d_s=w_s/V_s\times1/\gamma_{w1}$	$d_s=(S_r\times e)/w$		一般黏性土：2.7～2.76 砂土：2.65～2.69

名称	符号	三相比例表达式	常用换算公式	单位	常见的数值范围
含水量	w	$w = w_w/w_s \times 100\%$	$w = (S_r \times e)/d_s = \gamma/\gamma_d - 1$		$20\% \sim 60\%$
重度	γ	$\gamma = w/V$	$\gamma = \gamma_d(1+w)$ $\gamma = (d_s + S_r \times e)/(1+e)$	kN/m³	$16 \sim 20$
干重度	γ_d	$\gamma_d = w_S/V$	$\gamma_d = \gamma/(1+w)$ $\gamma_d = d_s/(1+e)$	kN/m³	$13 \sim 18$
饱和重度	γ_{sat}	$\gamma_{sat} = (w_s + V_u\gamma_w)/V$	$\gamma_{sat} = (d_s+e)/(1+e)$	kN/m³	$18 \sim 23$
浮重度	γ'	$\gamma' = (w_s - V_s\gamma_w)/V$	$\gamma' = \gamma_{sat} - 1$ $\gamma' = (d_s-1)/(1+e)$	kN/m³	$8 \sim 13$
孔隙比	e	$e = V_u/V_s$	$e = d_s/\gamma_d - 1$ $e = (d_s(1+w))/\gamma - 1$		一般黏土:$0.4 \sim 1.2$ 砂土:$0.3 \sim 0.9$
孔隙率	n	$n = V_u/V \times 100\%$	$n = e/(1+e)$ $n = 1 - \gamma_d/d_s$		一般黏土: $30\% \sim 60\%$ 砂土:$25\% \sim 45\%$
饱和度	S_r	$S_r = V_w/V_u \times 100\%$	$S_r = wd_s/e$ $S_r = w\gamma_d/n$		$0 \sim 100\%$

三、无黏性土（砂土）的物理特征

1. 无黏性土的密实度

砂土的成分中缺乏黏土矿物，是无黏性的松散体，松散的砂土压缩性和透水性较高，而强度及稳定性很差；密实的砂土具有较高的强度和结构稳定性，压缩性也小，是较为理想的地基。

对于具有颗粒结构的无黏性土，其最重要的物理指标是密实度。可以认为密实度是确定砂土承载能力的主要指标。

2. 无黏性土密实度的评定

1）用 e 来判定

用孔隙比 e 来判定无黏性土的密实度是最简捷的方法。

按孔隙比 e 来评定无黏性砂土的密实度可按表 2-4 进行。

无黏性砂密实度评定表 表 2-4

密实度 土的名称	密实	中密	稍密	松散
砾砂、粗砂、中砂	$e < 0.6$	$0.60 \leqslant e \leqslant 0.75$	$0.75 \leqslant e \leqslant 0.85$	$e > 0.85$
细砂、粉砂	$e < 0.70$	$0.7 \leqslant e \leqslant 0.85$	$0.85 \leqslant e \leqslant 0.95$	$e > 0.95$

2）用相对密实度 D_r 来划分

用孔隙比 e 来评定砂土的密实度有一定的片面性，因为没有考虑到砂土的粒度分布（级配）这一因素，同样密实度的砂土，粒径均匀时 e 较大，而颗粒大小混杂级配良好的砂土其孔隙比 e 较小，用相对密实度 D_r 来判别密实度可克服这一片面性。

$$D_r = (e_{max} - e)/(e_{max} - e_{min}) \tag{2-12}$$

式中 e_{max}——最大孔隙比，即土在最松散状态下的 e 值；

e_{min}——土在压密状态下的最小孔隙比。

将疏松的风干土样，通过长颈漏斗轻轻倒入容器求得最小干重度，再求出孔隙比，这就是最大孔隙比 e_{max}。

将疏松的风干土样倒入金属容器，加以振动、锤击直到密实不变为止，求其最大干重度，然后再求出孔隙比，即为最小孔隙比 e_{min}。

从式（2-12）可以看出，若无黏性土的天然孔隙比 e 接近最小孔隙比 e_{min} 时，相对密实度 D_r 就接近 1，这说明天然土呈密实状态；如当天然孔隙比 e 接近于最大孔隙比 e_{max} 时，则相对密实度接近于 0，天然无黏性土处于松散状态。

根据相对密实度 D_r 值可把砂土的密实度状态划分为下列三种：

$$1 \geqslant D_r > 0.67 \qquad 密实$$
$$0.67 \geqslant D_r > 0.33 \qquad 中密$$
$$0.33 \geqslant D_r > 0 \qquad 松散$$

孔隙比 e 可按以下公式计算：

$$e = G(1+w)/\gamma - 1$$

在测最大、最小孔隙比 e 时，土样均做过风干处理，含水量 w 等于 0。

所以 $\qquad\qquad\qquad\qquad\qquad e = G/\gamma - 1 \qquad\qquad\qquad\qquad\qquad (2-13)$

最大孔隙比 $\qquad\qquad\qquad\qquad e_{max} = G/\gamma_{max} - 1 \qquad\qquad\qquad\qquad (2-14)$

最小孔隙比 $\qquad\qquad\qquad\qquad e_{min} = G/\gamma_{min} - 1 \qquad\qquad\qquad\qquad (2-15)$

式中　γ_{min}——最小重度；

$\qquad\gamma_{max}$——最大重度。

四、黏性土的物理特征

黏性土与砂性土相比，在性质上有很大差异，黏性土的特征主要是由于土中的黏性颗粒与水之间的相互作用而产生。

1. 黏土颗粒的电性质

黏土中的颗粒有极性，黏土颗粒在水中时表面带负电荷，所以在工程施工时利用该现象，采用电渗井点，将表面带负荷的水用正电极吸入井点内，这就是电渗降水。

2. 黏性土的塑性和稠度

黏性土由于其含水量的不同，可分别处于固态、半固态、可塑状态和流动状态。

1）塑性

当土在某一含水量范围内，在外力作用下可以塑成任何形状而不发生裂缝，并当外力消除后，保持已变形状而不恢复原状的一种性质。

2）稠度

黏土颗粒在不同含水量时的活动程度，也可以认为在某一含水量时土的软硬程度，称之为黏土的稠度。

3. 界限含水量

黏土由某一状态转入另一种状态时的分界含水量，叫作界限含水量。它对黏土的分类及工程性质评价有着重要意义。

1）液限

土由流动状态转到可塑状态的界限含水量叫作液限（也称塑性上限含水量或流限），用符号 w_L 表示。

2）塑限

土由可塑状态转到半固态的界限含水量叫作塑限（也称塑性下限含水量），用符号 w_P 表示。

3）缩限

土在半固体状态时不断蒸发水分，体积逐渐缩小，直到体积不再缩小时的界限含水量叫作缩限，用符号 w_s 表示。

液限、塑限、缩限是不同性质黏土的三个特殊含水量值，单位用百分数表示，而其与土的物理状态的关系可见表 2-5。

黏性土的物理状态与含水量关系图　　　　　　　　　　　　　　表 2-5

界限含水量名称	缩限 w_s		塑限 w_P	液限 w_L
土的物理状态	固体	半固态	可塑状态	流动状态
土中水的特点	土中有强结合水	土中有强结合水和部分弱结合水	土中大量弱结合水及部分自由水	土中有大量自由水

4. 黏性土的塑性指数和液性指数

1）塑性指数

工程上将液限与塑限之差值（省去%符号）称之为塑性指数，即土在可塑状态的含水量变化范围，用符号 I_P 表示，即：

$$I_P = w_L - w_P \tag{2-16}$$

从式（2-11）中可看出，液限与塑限差值越大，土处于可塑状态的含水量范围也越大。塑性指数的大小与土中结合水的可能含量有关，即与土的颗粒组成、土粒的矿物成分等有关。从土的颗粒来说，土粒越细，且细颗粒（黏粒）的含量越高，土的比表面、结合水含量越高，因而 I_P 也越大。由于塑性指数在一定程度上能综合反映影响黏性土特征，因此在工程上采用 I_P 值为黏性土分类。一般分为黏土、粉质黏土、黏质粉土三类。黏性土按塑性指数分类见表 2-6。

黏性土按塑性指数分类　　　　　　　　　　　　　　表 2-6

土的名称	黏质粉土	粉质黏土	黏土
塑性指数	$3 < I_P \leqslant 10$	$10 < I_P \leqslant 17$	$I_P > 17$

2）液性指数

液性指数是指黏性土的天然含水量和塑限的差值与塑性指数之比，用符号 I_L 表示。

$$I_L = (w - w_P)/(w_L - w_P) = (w - w_P)/I_P \tag{2-17}$$

从式中可知，当天然含水量 w 小于塑限 w_P 时，液限 I_L 小于 0，天然土处于半固态的坚硬状态；当 w 大于液限 w_L 时，I_L 大于 1，土处于流动状态；当 w 在 w_P 与 w_L 之间时，即 I_L 在 0 到 1 之间，则天然土处于可塑状态。所以液性指数 I_L 描述了黏土所处软硬状态。I_L 愈大，土质愈软；反之，土质愈硬。

黏土根据液性指数值可划分为坚硬、硬塑、可塑、软塑和流塑五种软硬状态，可见表 2-7。

黏性土软硬状态的划分表　　　　　　　　　　　　　　表 2-7

状态	坚硬	硬塑	可塑	软塑	流塑
液性指数	$I_L \leqslant 0$	$0 < I_L \leqslant 0.25$	$0.25 < I_L \leqslant 0.75$	$0.75 < I_L \leqslant 1.0$	$I_L > 1.0$

在工程施工中，当已知天然黏土的物理指标，即可根据土的塑性指数和液性指数判别出该土的名称及其软硬程度。

如：当天然黏土含水量 28%，液限 $w_L = 32\%$，塑限 $w_P = 18\%$，试判别该土的名称及所处状态。

解：
$$I_P = w_L - w_P = 32 - 18 = 14$$
$$I_L = (w - w_P)/I_P = (28 - 18)/14 = 0.71$$

查表 2-6　　$I_P = 14$　　该土为粉质黏土

查表 2-7　　$I_L = 0.71$　　该土处于可塑状态

5. 黏性土的黏性与黏聚力

1）黏性土的黏性

颗粒之间有黏合在一起而不散开的性质，也可以黏附在其他物体表面，这就是黏性。

2）黏聚力

黏聚力是黏性土黏性的来源。

（1）原始黏聚力

由土粒间分子引力产生的黏聚力叫原始黏聚力。

原始黏聚力与土体的结构是否扰动无关，其黏聚力依然存在，扰动土如果夯实到原状土的密实程度，则可恢复其原始的黏聚力。

（2）固化黏聚力

由于化学胶结作用形成的黏聚力叫固化黏聚力。其是在长期的地质年代中逐渐形成的，所以土的生成年代愈久，固化黏聚力亦愈强。但其在土的结构受到扰动后就丧失，且不立即恢复，因其是长期形成的结晶联系，而不能在短期内再生。

6. 黏性土的压实性及最佳含水量

为了提高填土的强度，采取增加土的密实度、降低其透水性和压缩性措施来达到，通常可用分层压实的办法来实施。

实践经验表明，对过湿的土进行夯打或碾压会出现软弹现象（俗称弹簧土），此时土的密实度不再增大；对很干的土进行夯打或碾压，同样达不到土充分压实。所以，要使土的密实效果最好，其含水量一定要适当。

在一定的夯击、碾压能量下使土最容易压实，并能达到最大密实度的含水量，称为土的最佳含水量，用符号 w_y 表示。

实际上各类土的最佳含水量 w_y 要通过现场实际试验来测定，较为困难，但经验告诉我们，一般 w_y 与塑限 w_P 值相近，故在回填土施工中可将 w_P 作为最佳含水量 w_y。

五、地下水

存在于地表下面土和岩石中的孔隙、裂缝或溶洞中的水叫地下水，它可根据其埋藏条件分为：上层滞水、潜水和承压水三种类型，见图 2-3。

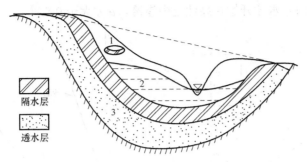

图 2-3 各种类型地下水埋藏示意图
1—上层滞水；2—潜水；3—承压水

上层滞水：埋藏在地表浅处，局部隔水透镜体的上部，且具有自由水面的地下水。它的分布范围有限，其来源主要是由大气降水补给。因此，它的动态变化与气候、隔水透镜体厚度及分布范围等有关。

上层滞水地带只有在融雪或大量降水时方能聚集较多的水，因而只能视作为季节性的或临时性的水源。

潜水：埋藏在地表以下第一稳定隔水层以上的具有自由水面的地下水称为潜水。潜水一般处于第四世松软沉积层及基岩的风化层中。

潜水直接受雨水渗透或河流渗入土中而得到补给，同时也直接由于蒸发或流入河流而排泄，它的分布区与补给区是一致的，因此，潜水水位变化，直接受气候变化条件的影响。

承压水：承压水是指充满于上、下两隔水层之间的含水地层中的地下水。在施工时当上层隔水层承受不了静水压力而破坏时能喷出地表，给工程施工带来一定危害影响。

1. 土的透水性

土的透水性是指水流通过土中孔隙的易难程度。

地下水的补给与排泄条件，以及在土中的渗透速度与土的透水性有关。在计算地基沉降的速率和地下水涌水量时都需要土的透水性能指标。

地下水的运动形式有两种：水在土中孔隙或小裂缝中以不大的速度连续渗透的是层流；在岩石的裂缝或空洞中流动速度快，流线有互相交错现象产生的，是紊流。软土层中水的流动属层流，亦即水在土中渗透。

地下水在土中的渗透速度（图 2-4）可按达西的直线渗透定律计算，其公式如下：

$$v = K \cdot i \tag{2-18}$$

式中　v——水在土中的渗透速度（cm/s），它不是地下水的实际流速，而是在一单位时间（s）内流过一单位截面（cm^2）的水量（cm^3）；

i——水头梯度，$i = (H_1 - H_2)/L$，即土在 A_1 和 A_2 两点的水头差 $H_1 - H_2$ 与其距离 L 之比；

K——土的渗透系数（cm/s），是与土的透水性质有关的待定常数，其值的大小反映了土的透水性强弱。

试验证明，在砂土中水的流动符合达西定律，而在黏性土中只有当水头梯度超过起始梯度后才开始发生渗透。如图 2-5 所示，当水头梯度 i 不大时，渗透速度 v 为 0，只有当

$i>i_1$（起始梯度）时，水才开始在黏性土中渗透，v 才大于 0。

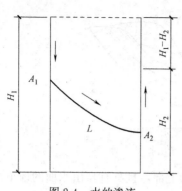
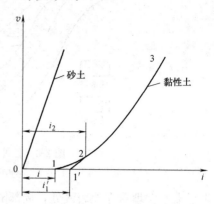

图 2-4　水的渗流　　　　　图 2-5　渗透速度 v 与水头梯度 i 的关系

在黏性土的渗透速度 v 与水头梯度 i 的关系曲线上有 1 和 2 两个特征点，点 1 相应于起始梯度 i_1，在点 1 与 2 之间渗透速度与水头梯度成曲线关系，达到点 2（相应梯度为 i_2）后转为直线关系（图中直线 2-3），该直线与横坐标交于 $1'$。为了简化黏性土的达西定律，采用该直线在横坐标的截距 i_1' 作为计算的起始梯度，则用于黏性土的达西公式为：

$$v=K \cdot (i-i_1') \tag{2-19}$$

土的渗透系数是通过渗透试验或现场抽水试验来测定的。各类土的渗透系数变化范围见表 2-8。

各种土的渗透系数参考值　　　　　　表 2-8

土的名称	渗透系数(cm/s)	土的名称	渗透系数(cm/s)
黏土	$<10^{-7}$	粉砂细砂	$10^{-3}\sim10^{-4}$
黏质粉土	$10^{-6}\sim10^{-7}$	中砂	$10^{-1}\sim10^{-3}$
粉质黏土	$10^{-4}\sim10^{-5}$	粗砂砾石	$10^{2}\sim10^{-1}$

2. 动水压力和流砂

1）动水压力

地下水的渗流对土体单位体积内的骨架产生的压力 G_d（MPa）称为动水压力，它与土体单位体积内渗流水受到土体骨架的阻力 T（kN/m³）大小相等，方向相反。动水压力是一种体积力。

$$G_d=T=\gamma_w \cdot i \tag{2-20}$$

式中　G_d——动水压力；

　　　　T——渗流水受到土体骨架阻力（kN/m³）；

　　　　γ_w——水的重度，近似取 10kN/m³；

　　　　i——水头梯度。

2）流砂

当自下而上的动水压力大于或等于土的浮重度 γ'（kN/m³）时，土粒之间的压力消失，于是土粒处于悬浮状态，土粒随水流动的现象称为流砂。

动水压力等于土的浮重度时的水头梯度叫临界水头梯度 i_{0r}，$i_{0r}=\gamma'/\gamma_w$。土的浮重度一般在 0.8～1.2，因此 i_{0r} 可近似地取 1。

在地下水位以下开挖基坑，并在明沟内直接排水，将导致地下水向上流动，从而产生自下而上的动水压力，引起基坑底的隆起，当水头梯度大于临界值时，就会出现流砂现象，这种现象易在粉砂土、细砂土、粉质黏土中发生，将对工程施工带来极大困难，另外还会影响附近建筑物的地基基础，使其失去稳定而导致建筑物破坏。

六、土的工程分类

从土的工程性质及其地质成因的关系来分类，广义地来讲土可分为岩石、碎石土、砂土、黏性土、人工填土五大类。

1. 岩石

岩体风化后由一种或几种矿物而组成的集合体称为岩石。

露在表面的岩体长期处于自然界的水、空气、湿度的变化，及生物的活动和其他外力的作用和影响，不断发生机械破碎和化学变化叫作风化。

岩石的抗压强度 $R \geq 30$ MPa 时称为硬质岩石，$R < 30$ MPa 时称软质岩石。

一般根据岩石由于风化所造成的特征，包括矿物变异、结构和构造、坚硬程度以及可挖掘性或可钻性等，而将岩石的风化程度划分为微风化、中等风化和强风化三等，如表2-9 所示。

岩石风化程度划分 表2-9

风化分类	坚固性分类	
	硬质岩石	软质岩石
	风化特征	
微风化	岩质新鲜,两面稍有裂缝现象,锤击声清脆,并感觉锤有弹跳,裂隙少,岩块大于 50cm,镐不能挖掘,岩心呈圆柱状	岩石结构、构造清楚,岩体层理清晰,裂缝较发育,岩块为 20～50cm,裂缝中有风化物质填充,锤击沿片理或层理裂开,用镐挖掘较难,岩心柱分裂但可拼成圆柱状
中等风化	岩石的结构、构造清楚,岩体层理清晰,锤击声脆,微有弹跳感。裂缝较发育,岩块为 20～50cm,裂缝中有少量充填物,用镐难挖掘,岩心柱分裂,但可拼成圆柱状	岩石结构、构造及岩体层理尚能辨认。裂缝很发育,岩块为 2～20cm,碎块用手可折断。用镐较易挖掘。岩心柱破碎,不能拼成圆柱状
强风化	岩石的结构、构造及岩体层理都不清晰,矿物成分已显著变化,有次生产矿。锤击为空壳声,块用手易折断。裂缝较发育,岩块为 2～20cm,用镐难挖掘,岩心破碎,不能拼成圆柱状	岩石结构、构造不清楚,岩体层理不清晰。岩质已成疏松的土状,用镐易挖掘,岩心成碎屑状,可用手摇钻钻进

2. 碎石土

粒径大于 2mm 且颗粒含量超过全重 50% 的土叫碎石土。

3. 砂土

粒径大于 2mm 且颗粒含量不超过全重 50%，塑性指数 I_p 不大于 3 的土叫砂土。按其颗粒级配可分为五类，见表2-10。

土的名称	颗粒级配	
砾砂	粒径大于 2mm	占全重 25%～50%
粗砂	粒径大于 0.5mm	超过 50%
中砂	粒径大于 0.25mm	超过 50%
细砂	粒径大于 0.1mm	超过 75%
粉砂	粒径大于 0.1mm	不超过 75%

4. 黏土

塑性指数 I_P 大于 3 的土为黏土，其按塑性指数可分为黏质粉土、粉质黏土、黏土等三种，见表 2-6。

5. 人工填土

人工填筑的地基土称为人工填土。

1）素填土：由碎石、砂土、黏性土等组成的通过分层夯实、压密的填土。

2）杂填土：含有建筑垃圾、工业废料、生活垃圾等杂物的填土。

3）冲填土：由水力冲填泥砂形成的沉积土。

七、土的力学性质

土是由分散的固体颗粒、水与气组成的三相体，由于这三相间的比例关系，以及相互作用使土呈各种不同的状态与物理特性，在上面已作了很多讲述，也就是说土自然存在的性质。

土在外力作用下，呈现出的另一种特性，称为土的力学性质。

充分掌握土的力学性质，对于地基设计和施工是非常必要的。土在外力作用下的变化，除服从一般的力学规律外，由于土是散体颗粒，并具有孔隙，所以还应服从土的孔隙度规律，从而提出了土力学的三个基本定律。

1）土的渗透定律是指水在土中的渗透速度与水的坡度关系。它用于计算建筑物地基沉降和时间的关系。

2）土的压密定律是指土中压力与孔隙比的变化关系。其对计算地基沉降有着重要意义。

3）土的摩擦定律是指土中正应力与土的抗剪强度的关系。因土体的破坏并不是固体颗粒的破裂，而只是破裂面两边的土粒发生相对移动（剪切变形）的结果，这是验算地基强度和地基稳定性，及计算作用在挡土结构上土压力的主要依据。

1. 土的压缩性

1）基本概念

土受到压力作用后，其体积便缩小，这种现象称为土的压缩。

从土的三相组成来看，土体压缩的原因有下述三个：

（1）土体中土粒本身的压缩变形；

（2）孔隙中水和空气的压缩变形；

（3）孔隙中水与空气部分被挤出，使孔隙体积减小。

　　一般土的颗粒在受到 0.1～0.6MPa 的压力时，其体积的压缩变形仅为 1/400，故上述第一原因（土粒本身的压缩变形）可不加考虑，土体压缩变形的主要原因是由于水分挤出（非饱和土还有气体挤出），土的骨架受到压力的作用，使颗粒重新排列以及孔隙体积减小的缘故，所以土的压缩变形需要有一定的时间来完成。

　　土体的压缩量可以认为是土中孔隙中的水、气被挤出的体积，由于水、气被挤出使土体变得紧密，这过程叫土的渗透固结（主固结），而由于土的骨架蠕变所产生的固结压缩叫作次固结。

　　2）压缩系数 a

　　压缩系数是土的主要力学指标之一，其值的大小反映了土的压缩性能的高低，是作为地基沉降计算的参数。

$$a = \Delta e / \Delta P = (e_1 - e_2)/(P_1 - P_2) \tag{2-21}$$

式中　ΔP——作用外力差值（MPa）；

　　　　P_1——外力为 0.1MPa；

　　　　P_2——外力为 0.2MPa；

　　　　e_1——当外力为 0.1MPa 时的孔隙比；

　　　　e_2——当外力为 0.2MPa 时的孔隙比；

　　　　Δe——孔隙比减少值。

　　从式中可看出压缩系数不是常数，这与 P_1，P_2 的大小选定有关，所以一般 P_1 取 0.1MPa，P_2 取 0.2MPa，或 0.3MPa，这样按上式求出的压缩系数用 a_{1-2} 或 a_{1-3} 来表示。而土体变形量与压缩系数成正比。

　　土按压缩系数 a_{1-2} 大小可分为低压缩性土、中压缩性土、高压缩性土三种，见表 2-11。

土压缩性的分类　　　　　　　　　　　　　　　　　　　　　　表 2-11

土的压缩性能	压缩系数 a_{1-2} 值范围（MPa^{-1}）
低压缩性	$a_{1-2} < 0.1$
中压缩性	$0.1 \leqslant a_{1-2} < 0.5$
高压缩性	$a_{1-2} \geqslant 0.5$

　　注：在公式（2-21）$a_{1-2} = (e_1 - e_2)/(P_1 - P_2)$ 中各项指标的另一种含义如下：

　　a_{1-2}——在 P_1、P_2 差值下的土的压缩系数（MPa^{-1}）；

　　P_1——指地基在某深度处土中的竖向应力（MPa）；

　　P_2——地基某深度处自重应力与附加应力之和（MPa）；

　　e_1——相应于 P_1 作用下压缩稳定后的孔隙比；

　　e_2——相应于 P_2 作用下压缩稳定后的孔隙比。

　　3）土的弹性变形和残余变形

　　用土体加力与变形量可做出曲线（图 2-6），这条曲线称为压缩曲线，而卸荷时的卸荷量与变形量也能做出一曲线，这条曲线叫膨胀曲线，见图 2-6。这两条曲线是不重合的，说明土在卸荷后变形虽有恢复，但不能全部恢复，从而可说明土并不是完全弹性体，所以就产生弹性变形和残余变形两个概念。

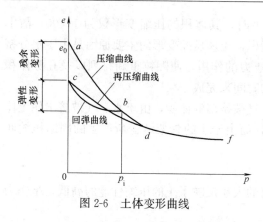

图 2-6　土体变形曲线

2. 土的抗剪强度

1）基本概念

土受到剪切应力作用，土体就产生抗剪能力，就是土的抗剪强度，当剪应力超过抗剪强度时，将引起基础下陷和倾倒、土坡的塌方和滑坡等现象。反之剪应力小于抗剪强度，地基就能支承建筑物的荷载而不破坏。

可以认为土的强度，就是抗剪强度，而土的破坏过程也就是土丧失稳定的过程。

2）土的抗剪强度

土的抗剪强度由内摩擦力和黏聚力构成。

土颗粒之间的表面摩擦力和土颗粒之间的咬合力称为土的内摩擦力。土体单位面积上产生的内摩擦力 F 与作用在该面上的法向应力 σ 成正比（图 2-7），其比例系数称为内摩擦系数 f，f 值等于土的内摩擦角 φ 的正切值，即：

$$f = \tan\varphi \tag{2-22}$$

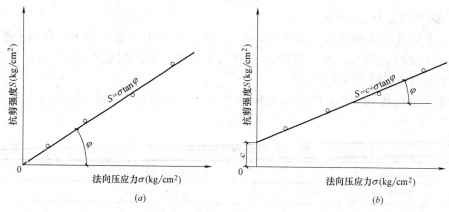

图 2-7　抗剪强度与正应力之间的关系

（a）无黏性土；（b）黏性土

土颗粒间的黏聚力 c，包括原始黏聚力、固化黏聚力、毛细黏聚力三部分。土的颗粒粒径越小、塑性越高，则黏聚力也越大。但在砂土中，只有当湿度在一定范围内才有微小的毛细黏聚力，可忽略不计，所以砂土、黏性土的抗剪强度分别如下：

$$\tau = \sigma \tan\varphi \quad （砂性土） \tag{2-23}$$

$$\tau = c \tan\varphi \quad （黏性土） \tag{2-24}$$

式中　τ——土的抗剪强度（MPa）；

σ——作用在剪切面的正应力（MPa）；

c——土的黏聚力（MPa）；

φ——土的内摩擦角（°）。

从式中可看出，黏聚力 c、内摩擦角 φ 是土的抗剪强度的指标，它代表了土的强度。

3. 土压力

挡土墙土压力的大小及其分布规律受到挡土墙可能移动的方向、墙后填土的种类、填土面形式、墙的截面刚度和地基变形等一系列因素的影响。根据墙的位移情况和墙后土体所处的应力状态，土压力可分为：主动土压力、被动土压力、静止土压力三种。

1）主动土压力

挡土墙在土压力作用下向前移动或转动（图2-8a），随着位移量增加，作用于墙后土压力逐渐减少，当位移量达到某一微小值时，墙后土体达到主动极限平衡状态，此时作用于墙背上的土压力称为主动土压力，用符号E_a表示，一般挡土墙均按主动土压力计算。

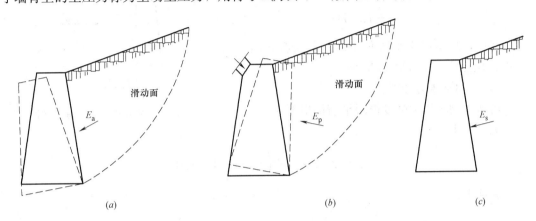

图2-8　挡土墙的三种土压力

（*a*）主动土压力；（*b*）被动土压力；（*c*）静止土压力

2）被动土压力

与产生主动土压力的情况相反，当挡土墙在外力作用下，将挡土墙推向土体时，例如桥台受到桥上荷载传来的推力见图2-8（*b*），这时土体对墙的土压力增大，当位移量足够大时，直到墙后土体处于被动极限平衡状态时，作用于墙背上的土压力称为被动土压力，以符号E_p表示。

3）静止土压力

如果挡土墙在土压力作用下不向任何方向移动或转动，而保持原来的位置（图2-8*c*），则墙后土体处于弹性平稳状态，此时墙背后受到的土压力称为静止土压力，用符号E_0表示。如地下室的墙体可视为受到静止土压力的作用。

土压力的计算理论主要有朗肯理论和库仑理论，自从库仑理论发表以来，人们先后进行过多次、多种的挡土墙模型试验观测和研究，表明在相同条件下，主动土压力小于静止土压力，而静止土压力又小于被动土压力，即$E_a<E_0<E_p$，而且产生被动土压力所需的位移量大大超过产生主动土压力所需的位移量。

4）静止土压力计算

静止土压力可按以下所述方法计算。在填土表面以下任意深度z处取一微小单元体（图2-9），其上作用竖向土的自重压力γz，则该处静止土压力强度可按下式计算：

$$\sigma_0 = K_0 \gamma z \tag{2-25}$$

式中　σ_0——主动土压力强度（kPa）；

K_0——土的侧压力系数，或称静止土压力系数，理论上 $K_0 = \dfrac{\mu}{1-\mu}$（μ 为土体泊松比）；

γ——墙后土的重度（kN/m³）。

由图 2-9 和式（2-25）可知，当 $z=0$ 时，$\sigma_0=0$，而当 $z=H$ 时，$\sigma_0=K_0\gamma H$

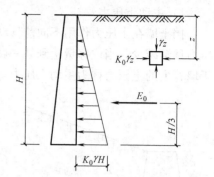

所以静止土压力沿墙高呈三角形分布，假设墙体长度为单位墙长，则作用在墙上的静止土压力为：

$$E_0 = \frac{1}{2}K_0\gamma H^2 \tag{2-26}$$

式中，H 为挡土墙高度（m）；其余符号同上式，E_0 的作用点位于距墙底 $H/3$ 处。

5）主动土压力计算

可从主动土压力强度极限平衡得出下式：

无黏性土：

图 2-9 静止土压力强度分布图

$$\sigma_a = \gamma \cdot z \cdot \tan^2\left(45° - \frac{\varphi}{2}\right) = \gamma z K_a \tag{2-27}$$

黏性土：

$$\sigma_a = \gamma \cdot z \cdot \tan^2\left(45° - \frac{\varphi}{2}\right) - 2 \cdot c \cdot \tan\left(45° - \frac{\varphi}{2}\right) = \gamma z K_a - 2c\sqrt{K_a} \tag{2-28}$$

式中　K_a——主动土压力系数，$K_a = \tan^2\left(45° - \dfrac{\varphi}{2}\right)$；

γ——墙后填土的重度（kN/m³），地下水位以下使用浮重度；

c——填土的黏聚力（kPa）；

z——所计算的点离地面的深度（m）。

由式（2-28）可知：无黏性土的主动土压力强度与 z 成正比，沿墙高压力的分布为三角形，如图 2-10（b）所示，以单位墙长计算，则主动土压力为 E_a

$$E_a = \frac{1}{2}\gamma H^2 K_a \tag{2-29}$$

E_a 通过三角形的形心，即作用于离墙底的 $H/3$ 处。

由式（2-28）可知，黏性土的主动压力强度包括两部分，其一是由土自重引起的土压力强度 $\gamma z K_a$，另一部分是由黏聚力 c 引起的负侧压力强度 $2c\sqrt{K_a}$，这两部分叠加结果为图 2-10（c），其中 ade 部分是负侧压力，对墙背是拉力，实际上负侧压力作用于墙背上很小就会分离，故在计算时可略去不计，因此黏性土的主动压力分布仅是 abc 部分。

a 点离填土面深 z_0 称为临界深度，在填土面无荷载条件可令式（2-28）为零，即：

$$0 = \gamma z_0 K_a - 2c\sqrt{K_a}$$

$$z_0 = \frac{2c}{\gamma\sqrt{K_a}} \tag{2-30}$$

如取单位墙长计算，主动土压力为：

$$E_a = \frac{1}{2}(H-z_0)(\gamma H K_a - 2c\sqrt{K_a})$$

将式（2-30）代入得

$$E_a = \frac{1}{2}\gamma H^2 K_a - 2cH\sqrt{K_a} + \frac{2c^2}{r} \qquad (2-31)$$

主动土压力 E_a 通过三角形 abc 的形心，即作用在离墙底 $(H-z_0)/3$ 处。

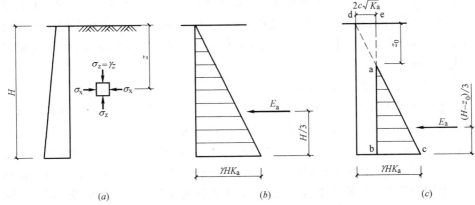

图 2-10　主动土压力强度分布图

(a) 主动土压力的计算；(b) 无黏性土；(c) 黏性土

6）被动土压力计算

被动土压力强度可用以下两式计算：

无黏性土 $\qquad\qquad\qquad \sigma_p = \gamma z K_p \qquad\qquad\qquad\qquad (2-32)$

黏性土 $\qquad\qquad\qquad \sigma_p = \gamma z K_p + 2c\sqrt{K_p} \qquad\qquad (2-33)$

式中，K_p 为被动土压力系数，$K_p = \tan^2\left(45° + \dfrac{\varphi}{2}\right)$。

由上两式可做出被动土压力强度分布图，见图 2-11，无黏性土被动土压力强度呈三角形分布（图 2-11b），黏性土被动土压力强呈梯形分布（图 2-11c），如取单位墙长计算，则被动土压力为：

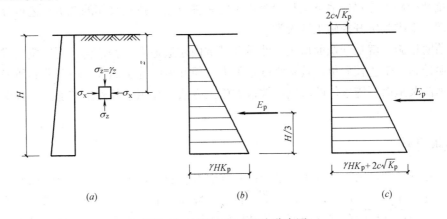

图 2-11　被动土压力强度分布图

(a) 被动土压力的计算；(b) 无黏性土；(c) 黏性土

无黏性土：
$$E_p = \frac{1}{2}\gamma H^2 K_p \tag{2-34}$$

黏性土：
$$E_p = \frac{1}{2}\gamma H^2 K_p + 2cH\sqrt{K_p} \tag{2-35}$$

被动土压力 E_p 通过三角形或梯形的形心。

4. 地基的承载力

地基土的承载力在土力学和地基设计中非常重要，它与以下因素有着密切的关系：

（1）地基土的性质和形成条件：地基土的性质主要指抗剪强度和变形。土的成层特点、组成和结构、均匀性、荷载历史、地下水位变化、地层遭受破坏状况等，都是影响承载力的重要原因；

（2）基础的构造特点：基础的形式、宽度、埋置深度等；

（3）建筑物或构筑物的结构特征：建筑物或构筑物的类型、平面和立面、荷载性质、大小及分布、上部结构对地基不均匀沉降的抵抗能力等；

（4）施工方法：加荷速率对承载力的影响很大。如条件允许，慢速加荷对地基土起到预压作用；盲目加速，则引起过量的不均匀沉降。软土地基的地下水埋深较浅，在粉质黏土、粉砂土层中施工，极易产生流砂现象，这不但使施工复杂化、困难程度增大，而且降低了地基承载力。

地基承载力是指地基上能施加多少荷载而不被破坏的能力。地基达到完全剪切破坏时的最小压力，也叫极限承载力，而在工程设计中使用承载力值时还须除以一个安全系数，就称为容许承载力，用符号 $[R]$ 表示。

土的容许承载力可查阅《建筑地基基础设计规范》GB 50007—2011 得到。

本节小结： 通过上述土力学基本知识的学习，使我们初步掌握土的组成、分类、物理及力学性质等，为今后在工程的设计与施工中应用做好准备工作。

第二节　基坑开挖施工

基坑开挖施工是建造地下工程明挖施工的一种方法，按其具体的施工工艺可分为放坡开挖和围护支撑基坑开挖施工两大类。

所谓明挖施工就是开挖面层土，然后在基坑内建造地下工程结构，而后覆土成为地下工程。明挖施工工艺较简单，技术难度也不大，但开展的施工面大。由于受到所需建造地下工程埋深及地面环境条件的限制，故这类施工方法往往用于郊外空旷地区，且埋深较浅的工程。

一、放坡开挖

放坡开挖主要是用放坡的措施来维持基坑边坡的稳定，所以施工破土面积大，可根据土质及工程情况，选用边坡形式，通常有直线边坡和设平台边坡两种，如图 2-12 所示。

在基坑开挖过程中和进行地下建筑结构施工期间，做好地下水的处理和管理、保持基坑土体干燥是十分重要的，这是保证基坑边坡稳定和坑底土体承载力的主要措施。

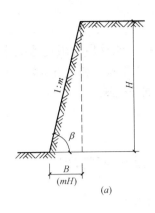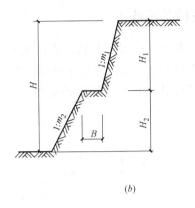

图 2-12　边坡放坡形式

(a) 直线边坡；(b) 设有平台边坡（折线式）

目前上海地区常用的地下水处理方法有三种：明排法（又称表面排水法）；人工降低地下水位法（井点降水及井孔降水法）；设置防渗帷幕（如冻结、搅拌桩、咬合联排灌注桩等）。地下水处理方法必须结合现场条件、结构深度、土质状况及地下水头等因素来决定。坑内明排水可采用明沟将水汇集至集水坑内，然后提升至地面排除，如图 2-13 所示。施工期间对坑底排水一定要加强管理，确实保证坑内无积水。

边坡保护是施工期间另一项十分重要的工作，施工期间加强对边坡稳定的观察，注意坡面变化情况，发现有裂缝应及时用水泥浆填封，防止地面水从缝中渗入促使边坡失稳。有时边坡放置由于受到环境限制，施工时间较长，可采用钢网片加水泥砂浆抹面的办法保护边坡，在实践施工中已普遍应用，效果较好。开挖施工切忌在坑边堆土而增加荷载，危及边坡的稳定，这一点在施工中应引起重视，必要时还应限制重型设备车辆在坑边行驶。

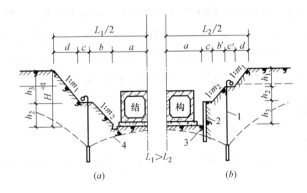

图 2-13　坑内排水示意图

(a) 全放坡开挖基坑断面；(b) 半放坡开挖基坑断面

1—井点；2—钢桩；3—明沟；4—地下水降落曲线

放坡开挖施工是基坑施工方法中最原始、最简单、技术难度最低的一种方法，其特点是土方量大，施工占地面积大，而在施工期间的边坡保护、坑内排水又是施工的关键技术。

二、围护支撑基坑施工

围护支撑基坑开挖实际上就是直槽支护基坑开挖，能够最大限度地减小施工占地面积，即减小大量开挖宽度，适用于环境狭小的地区，便于施工和土方运输，减少大量土方挖掘及回填工程量。图 2-14 所示的即为直槽支护基坑开挖施工。

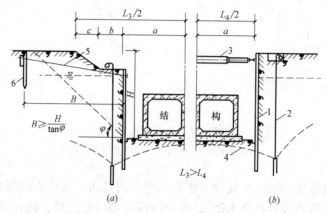

图 2-14　直槽支护基坑开挖断面
（a）拉锚支护；（b）横撑支护
1—钢桩；2—井点；3—顶撑；4—水位曲线；5—拉锚杆；6—锚桩

当采用直槽支护基坑开挖施工时，其地下结构外墙边缘距围护结构表面应留有一定宽度，其值主要考虑灌筑侧墙混凝土及防水层施工方便而定，同时还必须考虑围护结构的施工误差（如垂直度的影响），一般为 50～100cm。但若围护结构当作地下结构外模或结构一部分时，则仅须考虑围护结构施工误差即可，其值为垂直度在底板以上深度的误差值，而该垂直度必须是规范允许或设计规定的范围。

围护结构形式较多，目前上海地区围护结构通常采用横列板、钢板桩、混凝土板桩、地下连续墙、钻孔灌注桩、深层搅拌桩及 SMW 桩等，而具体要根据工程地质情况、工程埋深、结构特点及施工装备和施工单位的技术特长等而定，并应通过方案比较全面权衡。无论采取何种形式，都必须确保工程施工时周边环境的安全与可靠。

三、基坑施工要点

1. 基坑边坡稳定

基坑开挖施工首先应确保边坡稳定，即防止边坡滑动（一般土坡的各部位名称如图 2-15 所示）。

土坡失稳常常是在外界不利因素的影响下触发和加剧的，一般有以下几种原因：

1）土坡上的作用力发生变化：例如坡顶堆放材料、停放大型设备及坡顶上作其他施工、车辆行驶、爆破、地震等改变了平衡状态，使土坡失稳而造成整体沿某一滑动面向下滑动或向外移动；

2）土体抗剪强度的降低：例如坡面排水不良使土体的含水量增加，坡面有裂缝，地面水和雨水从缝中渗入等都将直接影响土体的抗剪强度，特别是水从缝中渗入将对土坡产生侧向压力，从而促使土坡的滑动。所以黏性土坡发生裂缝是对土坡稳定极为不利的，也是滑坡的预兆；

3）降水效果不良：由于降水没有达到设计要求，则土坡就达不到平衡状态，这必然产生土坡滑动；

4）土坡斜率设计计算的差错，即土坡处于不平衡状态。

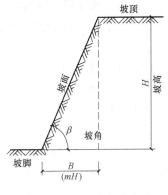

图 2-15 边坡各部位名称

2. 坑底土体承载力保证

作为建筑物的地基，必须确保坑底土体的承载能力，不然将对建后的地下工程带来危害。如地基承载能力不能满足要求，则通过地基加固提高承载能力。

基坑开挖施工扰动了原状土，降低了土层的承载能力，所以在施工中如何少扰动原状土是十分关键的，因此在基坑开挖施工中必须做到以下几点：

1）基坑开挖施工的全过程要做到基坑内不积水，防止坑底土体被水浸泡，促使土体承载能力急剧下降。施工中应按基坑工况条件设置明沟、集水坑排水，以使坑底干燥，发现坑底有超挖现象，应用砂、石填充夯实，切勿采用挖出土体回填；

2）基坑开挖施工要分层进行，每层厚度以机械一次开挖能力为宜，当控制离底标高20cm 时，应采用人工修挖措施，开挖时做到每层面呈向排水明沟落水坡形状；

3）基坑挖到底标高，不宜过长时间搁置，应尽快作结构垫层和底板施工，以减小坑底土体的回弹变形，从而减小结构施工后的坑底土体的压缩变形。

3. 支撑体系安装要求

围护结构支撑基坑开挖施工，其支撑的质量是确保开挖施工顺利进行的前提，为此支撑安装必须做好以下几项工作：

1）围护结构支撑系统中的支撑是压杆，由于支撑的细长比较大，所以拼接后的支撑一定要保证其直线度，以防止压弯变形，造成支撑失效而导致支撑体系的失稳；

2）安装后的支撑，两端的支撑点要在同一水平面上，以保证支撑稳定，不至于受压后产生滑脱现象；

3）支撑必须垂直于被支撑的面，不致造成滑脱失稳；

4）支撑的两端与被支撑的结构物做到密贴，如支撑体系有围檩时，则围檩与围护结构间应做到密贴，如有缝隙，可采用砂浆填充，使支撑体系有一个良好的压力传递条件；

5）各根支撑要按设计计算加预应力，以防止围护结构产生向坑内的位移；

6）为防止由于基坑外的土压力作用，而产生围护结构的微量变形，导致某一支撑有松动现象的出现，在施工中必须做到每根支撑有防坠落措施，一般固定于围护结构的下牛腿或支撑端头的上挂钩；

7）支撑位置要严格按设计布置，防止由于位置的差异，增加围护结构变形，而产生基坑外土层沉降变形，影响附近建筑物的稳定。

一般情况下，支撑点是固定的，但为了实现坑底及时支护，也有尝试移动支撑技术的工程案例。所谓移动支撑就是基于时空效应理论的及时支护体系。这种新技术是使组装后的支架通过特定的预设轨道和专用的提升设备快速稳定地工作并建立起支护体系。运用移动支撑技术，所需建立支撑的时间减少，使得全断面挖掘成为可能。这不仅缩短了施工周期，也缩短了软土固结和蠕变变形发展的时间，从而减小了开挖造成的变形和对周围环境的影响。

4. 施工监测和信息化施工

1）目的与作用

由于围护结构和支撑体系的设计计算，都是以一定的假设条件为基础的，但实际上，地层土质条件是复杂而多变的，施工中又存在许多不利因素，这些因素随着时间的推移将不断发生变化，因此仅依靠理论分析和经验估算是难以保证基坑开挖施工顺利进行的，必须采取施工监测和信息施工。

通过施工监测获得的信息，不仅可以进一步优化设计方案，指导施工，而且可以及时监测边坡的稳定、围护结构的位移等状况，以便及时采取切实可行的措施，防止基坑失稳，带来不必要的损失。

施工监测可以起到以下作用：

（1）客观地反映出基坑土体及受基坑开挖施工影响的邻近建筑和设施的当前状态；

（2）较客观地评价被监测对象的稳定程度；

（3）分析监测数据，找出原因，采取措施，指导施工，可以不断减弱甚至消除各个不利因素，逐步加强有利于基坑稳定的因素；

（4）可以预报险情，以便及时采取措施，防患于未然；

（5）通过测得数据的分析，修正设计方案，以最经济的手段，最大限度地发挥支护能力。

2）施工监测的内容

（1）监测土体所受到的施工影响、各类荷载的大小，以及在这些荷载作用下土体的反应现状：如边坡土体与支护结构之间的接触土压力、边坡土体及基坑底板以下土体的变形、地下水位变化情况以及孔隙水压力大小等；

（2）支护结构的监测，如围护结构的沉降、水平移位、结构件的变形及应力，支撑体系的稳定、支撑轴力等；

（3）深基坑开挖过程和对周围环境影响的监测。

对于具体的工程，施工监测内容要根据工程特点、施工方法、施工环境等来决定。

3）施工监测系统的设计原则

施工监测是一项系统工程，监测工作的成败将取决于监测方法的选取、测点布设的合理程度等，通过以往的监测，可总结归纳出以下几项原则：

（1）可靠性原则

这是监测系统最重要的问题。

① 系统所采用的仪器仪表等一定要可靠；

② 在监测期内必须做好对监测点的保护。

（2）多层次监测原则

① 当监测对象以位移为主时，应辅以其他物理量的监测；

② 在监测方法上以仪器为主，应辅以巡视检查的方法；

③ 在监测仪器选型上，采用多种原理、不同方法的仪器；

④ 分别对地表、基坑土体内部及邻近受影响建筑物进行监测，并可设施布点形式，测点布设要具有一定的覆盖率。

（3）重点监测关键区、点、部位的原则

对稳定性差、容易失稳塌方，甚至影响附近建筑物安全的部位要列为关键区，作为重点监测。

（4）方便实用原则

为减少施工与监测之间的互相干扰，监测系统的安装、测读应尽量达到方便而实用。

（5）经济合理原则

监测工程主要是服务于施工，是一项临时性的设施，所以在监测系统设计时必须尽量考虑实用而低价的监测设备，不过分追求设备的"先进性"，以降低监测费用。

为了确保基坑工程的安全施工，我国已有《建筑深基坑工程施工安全技术规范》，有关施工监测内容节选如下：

10.3　施工监测

10.3.1　施工监测应采用仪器监测与巡视检查相结合的方法。

10.3.2　施工监测应符合以下要求：

1　施工监测应包括以下内容：

1）基坑周边地面沉降；

2）周边重要建筑沉降；

3）周边建筑物、地面裂缝；

4）支护结构裂缝；

5）坑内外地下水位。

2　对安全等级为一级的基坑工程，施工监测的内容尚应包括：

1）围护墙（边坡）顶部水平位移；

2）围护墙（边坡）顶部竖向位移；

3）坑底隆起；

4）支护结构与主体结构相结合时，主体结构的相关监测。

10.3.3　用于监测的仪器应按测量仪器有关要求定期标定。

10.3.4　基坑工程施工过程每天应有专人进行巡视检查，巡视检查宜包括以下内容：

1　支护结构：

1）冠梁、围檩、支撑有无裂缝出现；

2）围护墙、支撑、立柱有无明显变形；

3）止水帷幕有无开裂、渗漏；

4）墙后土体有无裂缝、沉陷和滑移；

5）基坑有无涌土、流砂、管涌。

2　施工工况：

1）土质情况是否与勘察报告一致；

2）基坑开挖分段长度、分层厚度、临时边坡、支锚设置是否与设计要求一致；

3）场地地表水、地下水排放状况是否正常，基坑降水、回灌设施是否运转正常；

4）四周超载是否满足设计要求。

3 周边环境：

1）周边管道有无破损、泄漏情况；

2）周边建筑裂缝发展情况；

3）周边道路开裂、沉陷情况；

4）邻近基坑及建筑的施工状况；

5）收集周边公众反映，为正常施工提前预警。

4 监测设施：

1）基准点、监测点完好状况；

2）监测元件的完好和保护情况；

3）有无影响观测工作的障碍物。

10.3.5 巡视检查宜以目视为主，可辅以锤、钎、量尺、放大镜等工器具以及摄像、摄影等手段进行，并应做好巡视记录、与仪器监测数据进行综合分析，如发现异常情况和危险情况，应及时通知有关各方。

本节小结：基坑开挖施工方法的选用应综合考虑土体条件、基础埋深、施工期、相邻建筑等的影响。施工中确保边坡稳定；当采用围护支撑施工开挖时，须采取施工监测和信息化施工手段以保证基坑开挖施工的顺利进行。

第三节 土 方 回 填

采用明挖施工方法，一旦地下结构施工完成后，对基坑或基槽要作回填土，在特殊情况下，填土还必须填到一定高度作为防水层，土方的回填是建筑工程最为普通的一项工作。填土工程的主要技术质量要求是填土的密实性与稳定性，使回填的土体在承受压力后不致发生坍落，并使沉陷变形量不超过允许值。

一、填土的质量要求

回填的土方不但要有足够的承载能力，还必须确保后期变形量小，在施工中为保证回填土质量，应注意以下几个问题：

1. 正确处理基层

在填土施工前应对基层进行处理，消除淤泥、乱石及抽干填土范围内积水，并在全部填土施工过程中不断排水，不准在水中作回填施工。

2. 填土土源的质量控制

用作填土的土料，应保证具有足够的强度和稳定性，一般选择砂、砾类土，因为这类土的强度大，沉陷变形小，易保证填土质量，而对于要求抗渗的工程，则必须选用透水性差的黏性类土，但不宜采用潮湿黏土、淤泥、可溶性盐土、耕植土和冻土作为回填的土料，因为这些土非常不稳定。

3. 正确选择压实填土的方法

填土工程应分层进行，填土的压实有辗压、夯击、振动等方法，应根据不同的土料和不同的施工条件来选定。

填土工程的质量标准，对黏性土，主要控制其干重度 γ_d，而对非黏性土，则控制其相对密实度 D_r。

二、影响填土压实质量的因素

填土的压实质量与许多因素有关，而影响较大的是压实机械所做的功、土的含水量、土料的颗粒级配、压实厚度与压实遍数。

1. 压实机械所做的功

压实机械所做的功愈大，则压后土重度也愈大，但并不是呈正比例关系的，见图 2-16，从图中可以看出，压实开始时，功稍增大，土的重度就急剧增加，但当土接近极限密实度时，所做的功虽然增加许多，而土的重度变化不大，一般压至土的标准重度 γ_k 即可，说明压实已达到设计标准。土的初始重度不同，要求压实所做的功也不同，初始重度愈大，所做功小，反之初始重度小，所做功就大。

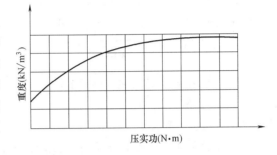

图 2-16 土的重度与压实功

压实厚度愈大，则要求压实遍数要多，但也不成正比例关系，填土厚度应根据所用压实机械的有效压实深度来决定。

2. 土的含水量与压实的关系

土中的水在被压的土体颗粒间起到润滑作用，使土粒间互相移动的阻力（摩擦力与黏结力）减小。如果土的含水量很小，不足以产生润滑作用，压实机械就必须消耗大量的功来克服土粒间移动阻力，显然这样就得不到理想的压实效果。但土料含水量的过高或过低，都得不到最好的压实效果，只有土料在"最优含水量"的情况下，才能获得最优的压实效果。

从被压实的黏性土重度与含水量的关系曲线图上（图 2-17）很清楚看出：开始时，干重度是随含水量的增加而增加，当含水量增加到一定数值时，干重度达到最大值。此时的含水量即称为"最优含水量"，超过最优含水量以后，干重度不再增加，反而减小。

通过试验还表明：土料的最优含水量，不是固定不变的常数，而是随压实机械功能大小而变化的。从图 2-18 可看出，当锤击次数从 25 次增加到 150 次时（即压实功能逐渐增大），最优含水量逐步减小，这就是说：压实机械的功能愈小，则土料的最优含水量愈大。所以在实际施工中的土料最优含水量，一般也把它解释为在指定的压实机械条件下（为使压实后填土达设计干重度而消耗于单位土方量的功能）最小的含水量，称为"最优含水量"。

各种土的最优含水量为：砂土 8%～12%；粉质黏土 9%～15%；黏质粉土 12%～15%；黏土 19%～23%。

为了保证填土在压实过程中的最优含水量，当土料过湿时，可先将土晾干，也可掺入同类干土或吸水性的材料，而当土过干时，则可根据需要洒水湿润。

黏性土压缩性大、透水性小，采取慢速度的压实；非黏性土压缩性小、透水性大，容易压实。

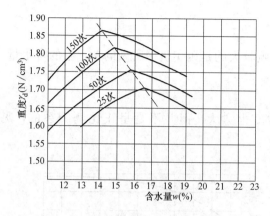

图 2-17　在不同功能下的 γ_d-w 关系曲线

三、填土的压实方法

回填土的压实有人工压实和机械压实两种方法。

在工程量小，工作面的压实条件受到限制时，可采用人工夯打压实，人工夯打压实主要工具是木夯和铁石戒，木夯名小木人，用较硬重的木料制成，夯打时举过膝垂直下夯，夯与夯间应叠压 1/3 直径，木夯重一般 0.08kN。铁石戒是铁制圆盘，重约 0.4kN，夯打时举过头 80cm，用力送下夯打，每夯要重叠 1/3 直径。人工夯实很费力，质量也不易保证。

对于大量而且质量要求较高的回填土工程则应采用机械压实的方法。按照机械的工作原理，压实有辗压法、夯击法和振动法等。

1. 辗压法

如图 2-18 所示，压实机械沿着填土表面滚动鼓筒或轮子进行滚压，其重力在短时间内对土体产生静荷作用，在压实过程中，作用力保持常量，不随时间的延续而变化，压实行间的轮压重叠 1/3 轮子宽度。

2. 夯击法

如图 2-19 所示，将重量 M 的夯锤举到一定高度 H 垂直夯下，而对回填土体产生动荷

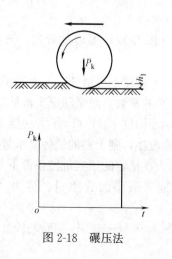

图 2-18　碾压法

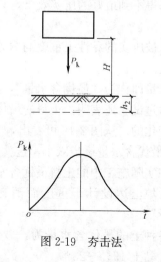

图 2-19　夯击法

载 P_k，对土进行冲击夯实，使土颗粒位置重新排列到密实，以此来达到压实填土的目的，其作用力为瞬时的冲击动力，其随时间延续而变化，呈瞬时脉冲特性。夯击时掌握锤与锤间重叠 1/3 单锤击面积。

3. 振动法

如图 2-20 所示，将重锤 M 放在填土表面借助重锤的振动而对填土压实，由于振动力作用使土颗粒间产生相对移位，使土体密实，其作用外力 P_k 为瞬时周期重复振动，施工时机械不离开填土面而慢慢平移。

目前压实机械发展极快，它们的作用力，并不局限于一种，开始向多种作用外力组合型压实机械发展，如用振动周期重复振动力和辗压静压力组合的辗压振动机，以及振动周期重复振动力与瞬时冲击动力组合成振动夯机等。

四、填土压实机械的选择

选择压实机械的主要依据是：土的性质及要求压实的程度，并且要考虑到压实的条件及工程量。

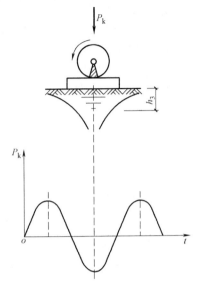

图 2-20　振动法

黏性土的压实，一般可采用羊足辗和气胎辗、平辗等压实机械，也可采用各种夯击机械夯实，但不宜采用振动法。

对于含水量较小、黏性较大，而且当压实后干重度要求较大时，应采用羊足辗或重型压夯机械。当土料接近"最优含水量"，而回填要求干重度较小时，可采用平辗或轻型的压实机。

对于非黏性土的压实，如颗粒级配不均匀（$d_{60}/d_{10} > 6 \sim 8$），最好选用振动压实机或振动辗；如颗粒级配均匀又较细时，最好采用气胎碾压。压实密实度要求不高时，也可采用履带式机械压实。

除了选用专门压实机具压实填土外，有时也利用运土工具使回填土压实，但必须合理组织回填土的运送及倒填土位置的协调安排工作。

在回填土施工中还应注意分层、均匀、对称地回填压实。

本节小结：土方回填是建筑工程最为普通的一项工作，但是这并不意味着可以对其放松警惕。学习填土压实的质量控制和影响因素，有助于选择合适的压实方法和压实机械。

参 考 文 献

[2-1]　建设部综合勘察研究设计院 . GB 50021—2001（2009 年版）岩土工程勘察规范 [S] . 北京：中国建筑工业出版社，2009.

[2-2]　中国建筑科学研究院 . GB 50007—2011 建筑地基基础设计规范 [S] . 北京：中国建筑工业出版社，2012.

[2-3]　中国建筑科学研究院 . JGJ 79—2012 建筑地基处理技术规范 [S] . 北京：中国建筑工业出版

社，2012.

[2-4]　上海星宇建设集团有限公司．JGJ 311—2013 建筑深基坑工程施工安全技术规范［S］．北京：中国建筑工业出版社，2014.

[2-5]　上海隧道工程股份有限公司编写组．软土地下工程施工技术［M］．上海：华东理工大学出版社，2001.

第三章 钢筋混凝土工程施工

钢筋混凝土工程施工是一个综合性的施工进程，施工中要合理组织，全面安排，紧密配合，精心施工作业，以加快施工速度，确保工程质量，减少浪费。

钢筋混凝土工程一般包括：模板工程、钢筋工程、混凝土工程三大主要工序，本章内容即按照模板、钢筋和混凝土这三个工种分别介绍。在"模板工程"中着重阐述常用模板及一些工业化模板的形式，构造及施工要求，讨论了模板设计的荷载及计算要求。"钢筋工程"一节重点叙述了钢筋的种类规格，钢筋代换方法以及钢筋的连接方式等。在"混凝土工程"中主要对混凝土施工全过程，即制备、运输、浇筑、养护等施工技术和质量要求等作了全面介绍。

具体的各施工工序与顺序见图 3-1。

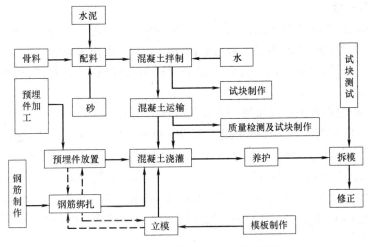

图 3-1 钢筋混凝土施工工艺流程图

第一节 模板的种类及模板结构的设计

模板是土木工程中必不可少的施工材料与工具，它是新浇混凝土成型用的模型。模板的制作和安装质量将直接影响到混凝土结构的质量，而模板构造的合理性、拆装的易难程度、重复使用次数，都将影响到混凝土工程的施工速度和经济成本。因此，在混凝土结构施工中应根据结构状况与施工条件，选用合适的模板形式、模板结构及施工方法，以达到保证混凝土工程施工质量与安全、加快进度和降低成本的目的。

一、模板的类型与基本要求

1. 模板的种类

按模板材料可划分为木模板、胶合板模板、钢模板、铝合金模板、塑料和玻璃钢模板、预制混凝土薄板模板、压型钢板模板等；按成型对象划分梁模、柱模、板模、墙模、楼梯模、电梯井模、隧道和涵洞模、基础模等；按位置和配置作用划分边模、角模、底模、端模、顶模、节点模；按施工方法划分整体式模板、组拼式模板、装拆式模板、永久性模板；按技术体系划分滑模、爬模、台模、飞模、大模板体系、早拆模板体系等。

2. 模板结构的基本要求

1）保证结构与构件各部的形状、尺寸和相互位置的正确性。

2）模板结构必须具有足够的强度、刚度和稳定性，能可靠地承受灌注混凝土的重量、侧压力及施工荷载。

3）模板接缝应严密，不漏浆，而且要拆装方便。

4）模板所用的材料，受潮后不易变形。

5）模板应能多次周转使用，以节约材料，保证经济性。

二、模板的形式与构造

1. 组合式钢模板

组合式钢模板是现浇混凝土结构施工中常用的模板类型之一。它具有通用性强、拆装灵活、周转次数多等优点，使用时仅需根据构件的尺寸选用相应规格尺寸的定型模板加以组合即可，但组合式钢模板一次性投资大及浇筑成型的混凝土表面过于光滑不利于表面装修。

组合式钢模板由钢模板、连接件和支撑件 3 部分组成。

1）钢模板包括平面模板、连接角膜、阳角模板和阴角模板等，其构造如图 3-2 所示。

钢模板采用模数制设计，宽度以 100mm 为基础，按 50mm 进级，如 100mm、150mm、200mm、250mm、300mm；长度以 450mm 为基础，按 150mm 进级，如450mm、600mm、750mm、900mm、1050mm、1200mm、1350mm、1500mm。

2）连接件包括 U 形卡、L 形插销、钩头螺栓、对拉螺栓、配件等，其构造和规格见图 3-3 和表 3-1。

3）常见支撑件有圆形钢管（或矩形钢管、内卷边槽钢等）、钢楞等，均是用来加固钢模板以保证其稳定性。

2. 大型模板

大型模板亦简称大模板，其结构由面板、骨架、支撑系统、操作平台、钢吊环和连接件组成，主要适用于内浇外板工程、内浇外砌工程、内外墙全现浇工程和大开间大楼板工程。

1）面板

应选用厚度不小于 5mm 的钢板制作，材质不应低于 Q235A 的性能要求。模板的肋和背楞宜采用型钢、冷弯薄壁型钢等制作，材质宜与面板材质同一牌号，以保证焊接性能和结构性能。

2）骨架

从受力角度说，骨架要承受来自板面的荷载，应具有一定的刚度和强度。钢制大模板的骨架由主肋和次肋组成。主肋材料为 [8～ [10 槽钢，间距一般为 1000～1200mm；次肋材料为 [6.5～ [8 槽钢，间距一般为 300～400mm。

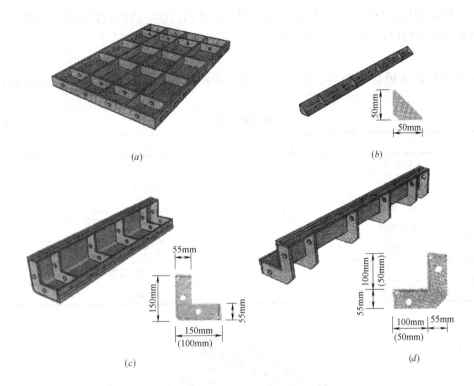

图 3-2 钢模板类型

(a) 平面模板；(b) 连接角模；(c) 阳角模板；(d) 阴角模板

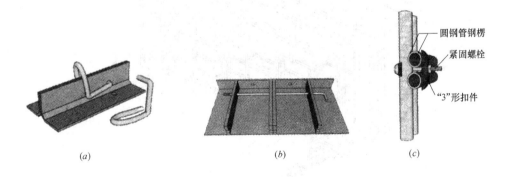

图 3-3 钢模板连接件

(a) L形卡连接；(b) L形插销连接；(c) 紧固螺栓连接

3）支撑系统

大模板的支撑系统应能保持大模板竖向放置的安全可靠和在风荷载作用下的自身稳定性。

4）操作平台

一般用型钢制成侧挂式平台，供施工操作使用。

5）钢吊环

大模板钢吊环应采用 Q235A 材料制作，并应具有足够的安全储备，不得使用冷加工钢筋。焊接式钢吊环应合理选择焊条型号，焊缝尺寸和高度应符合设计要求；装配式吊环与大模板螺栓连接时必须采用双螺母连接。

6）连接件

连接件包括角模对拉螺栓、窗门口卡模、对拉螺栓、夹具等，属于大模板的辅助配件。

连接件规格 　　　　　　　　　　　　　　　表 3-1

名　称		规　格
U 形卡		$\phi 12$
L 形插销		$\phi 12、L=345$
钩头螺栓		$\phi 12、L=205、180$
紧固螺栓		$\phi 12、L=180$
对拉螺栓		M12、M14、M16、T12、T14、T16、T18、T20
扣件	"3"形扣件	26 型、12 型
	蝶形扣件	26 型、18 型

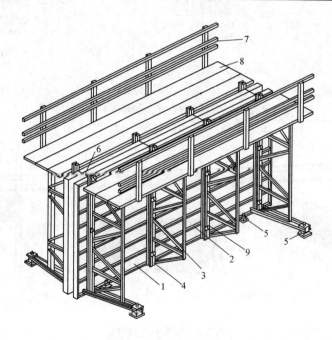

图 3-4　大模板构造示意

1—面板；2—水平加劲肋；3—支撑桁架；4—竖楞；5—调整水平度螺旋千斤顶；
6—固定夹具；7—栏杆；8—脚手板；9—穿墙螺栓

大模板构造示意图如图 3-4 所示，按其结构形式的不同可分为以下几种：

（1）整体式大模板。模板尺寸与所浇筑结构面尺寸相同，其特点是拆模后墙面平整光滑，没有接缝。但墙面尺寸不同时，就不能重复利用，模板利用率低。

（2）拼装式大模板。用组合钢模板根据所需模板尺寸和形状，在现场拼装成大模板。其特点是大模板可以重新组装，适应不同模板尺寸的要求，提高模板的利用率。

（3）模数式大模板。模板根据一定模数进行设计，用骨架和面板组成各种不同尺寸的模板，在现场可按墙面尺寸大小组合成大模板。其特点是能适应不同建筑结构的要求，提高模板的利用率。

大模板施工工艺流程：抄平放线→绑扎墙体钢筋→内墙模板组装→外墙模板组装→模板校正→检查验收→浇筑墙体混凝土→拆卸模板→清理模板。由于可以采用机械代替人工进行大模板的安装、拆除和搬运，用流水法进行施工，因此，采用大模板施工具有施工工效高，节省劳动力，缩短施工工期等优点。

三、模板结构的设计

1. 模板结构的三要素

各类模板结构和所用材料有所不同，各自的功能也不同，但其模板结构的组成均由三个部分组成，即模板结构的三要素。

1）模板的面板

模板的面板是直接与混凝土接触，使浇筑后的混凝土成为符合设计的形状尺寸。

2）支撑结构

支撑新浇混凝土产生的各种荷载、面板荷载及施工荷载的一种结构，保证了模板结构牢固地组合，达到不变形、不损坏，是模板结构系统的承重部分。

3）连接件

将面板和支撑结构连接成整体的部件，使模板结构组合为整体。

2. 模板结构的设计原则

模板结构的设计必须贯彻实用、安全、经济的原则。

1）实用性

为保证混凝土结构工程的质量，模板必须做到接缝严密，不漏浆；立模后的尺寸、标高、位置正确；构造简单，装拆方便，并便于钢筋绑扎、混凝土浇筑和养护工艺的要求。

2）安全性

模板的结构必须具有足够的承载能力和刚度，保证在混凝土结构施工过程中，在各类荷载作用下不破坏，不失稳倒塌，若产生模板变形，也应控制在规范规定的允许值以内，结构牢固稳定，确保操作工人在施工中的安全。

3）经济性

结合工程结构的具体情况和施工单位的具体条件，进行技术经济比较，做到因地制宜，就地取材，选择优化的模板结构方案。在确保工程的质量、工期，施工安全前提下，尽量减少模板的一次性投入，以加快模板周转，减少模板支护用工，减轻模板自重，做到既节约模板费用，又实现文明施工。

3. 模板的荷载

作用于模板结构的荷载可分为永久荷载和可变荷载。永久荷载包括：模板与支架的自重、新浇混凝土自重、钢筋自重以及新浇筑混凝土对模板侧面的压力。可变荷载有：施工人员及施工设备荷载、振捣混凝土时产生的荷载、倾倒混凝土时产生的荷载、风荷载。所以在模板设计计算时，应根据施工实际情况，选用设计荷载值和荷载组合，对可能发生的荷载不得遗漏，并将其进行最不利的组合。各项荷载的标准值按下列规定进行计算。

1）作用于模板结构上的永久荷载

（1）模板及支架自重 G_1

模板及支架的自重应根据模板结构设计图确定，该荷载在计算底模支架时用，而侧模设计计算时可不必考虑。有梁楼板及无梁楼板的自重标准值可参考表 3-2 取值。

模板及支架的自重标准值（kN/m^2） 表 3-2

项目名称	木模板	定型组合钢模板
无梁楼板的模板及小楞	0.30	0.50
有梁楼板模板（包含梁模板）	0.50	0.75
楼板模板和支架（楼层高度为 4m 以下）	0.75	1.10

（2）新浇筑混凝土自重 G_2

普通混凝土采用 $24kN/m^3$，其他混凝土根据实际重度确定。

（3）钢筋自重 G_3

根据工程图纸计算确定，一般梁板结构每立方米钢筋混凝土的钢筋自重标准值：楼板为 1.1kN，梁为 1.5kN。

（4）新浇筑混凝土对模板侧面的压力 G_4

振捣初凝前的新浇筑混凝土，使原来具有凝聚结构的关系破坏解体。振捣使混凝土流体化，对模板产生近似流体静压力的侧压力。影响新浇筑混凝土侧压力的主要因素有混凝土的密度、混凝土初凝时间、混凝土浇筑速度、混凝土坍落度以及有无外加剂等。

混凝土浇筑速度是一个重要影响因素，新浇筑混凝土的最大侧压力一般与浇注速度成正比。此外，当混凝土坍落度越大，气温越低（混凝土温度低，凝固慢），振捣混凝土越强烈时，新浇筑混凝土侧压力就越大。

新浇筑混凝土侧压力，尚未有国际公认的计算方法。计算中考虑的主要因素如同前述。《混凝土结构工程施工规范》提出的新浇筑混凝土对模板的侧压力计算方法规定如下：

采用内部振捣器时，混凝土作用于模板的最大侧压力可按下面两式计算，并取其中的较小值。

$$F=0.43\gamma_c t_0 \beta V^{\frac{1}{4}} \tag{3-1}$$

$$F=\gamma_c H \tag{3-2}$$

式中 F——新浇混凝土对模板的最大侧压力（kN/m^2）；

γ_c—— 混凝土的重度（kN/m^3）；

t_0——新浇混凝土的初凝时间（h），可按实测确定；当缺乏试验资料时，可采用 $t_0=200/(T+15)$ 计算，T 为混凝土温度（℃）；

V——混凝土浇筑高度与浇筑时间的比值，即浇筑速度（m/h）；

H——混凝土侧压力计算位置至新浇混凝土顶面的总高度（m）；

β——混凝土坍落度影响修正系数；当坍落度大于 50mm 且不大于 90mm 时，β 取 0.85；坍落度大于 90mm 且不大于 130mm 时，β 取 0.9；坍落度大于 130mm 且不大于 180mm 时，β 取 1.0。

混凝土侧压力的计算分布图形如图 3-5 所示，其中从模板内浇筑面到最大侧压力处的高度称为有效压头高度，$h=F/\gamma_c$（m）。

2）可变荷载

（1）施工人员及施工设备荷载 Q_1

作用在模板及支架上的施工人员及施工设备荷载标准值 Q_1，可按实际情况计算，可取 3.0kN/m^2。

（2）振捣混凝土时产生的荷载 Q_2

① 对水平模板产生 2kN/m^2 的垂直荷载。

② 对垂直模板产生 4kN/m^2 的侧压力。

（3）倾倒混凝土时产生的荷载 Q_3

倾倒混凝土时，对垂直模板产生的水平荷载可按表3-3 查得。

（4）风荷载 Q_4

对风压较大地区及受风荷载作用易倾倒的模板，尚须考虑风荷载作用下的抗倾倒稳定性。风荷载标准值按现行国家标准《建筑结构荷载规范》GB 50009—2012 的有关规定采用，其中基本风压可按 10 年一遇的风压采用，但基本风压不应小于 0.20kN/m^2。

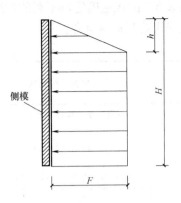

图 3-5　混凝土侧压力分布

h—有效压头高度；H—模板内混凝土总高度；F—最大侧压力

3）荷载分项系数

根据《建筑结构荷载规范》GB 50009—2012，在模板工程设计中，计算模板与支架时，荷载分项系数的取值应按表3-4 取值。

表 3-3

倾倒混凝土时产生的水平荷载（kN/m^2）

向模板内供料方法	水平荷载（kN/m^2）
溜槽、窜洞或导管	2
容量小于 0.2m^3 的运输器具	2
容量 $0.2\sim0.8\text{m}^3$ 的运输器具	4
容量大于 0.8m^3 的运输器具	6

表 3-4

荷载分项系数

荷载类别		分项系数
永久荷载	模板及支架自重 G_1	由永久荷载效应控制的组合，应取 1.35
	新浇筑混凝土自重 G_2	
	钢筋自重 G_3	
	新浇筑混凝土对模板侧面的压力 G_4	一般情况下取 1.2
可变荷载	施工人员及施工设备荷载 Q_1	一般情况下取 1.4
	振捣混凝土时产生的荷载 Q_2	
	倾倒混凝土时产生的荷载 Q_3	
	风荷载 Q_4	

4）模板结构计算荷载的组合

混凝土水平构件的底模板及支架、混凝土竖向构件和水平构件的侧面模板及支架，宜按表 3-5 的规定确定最不利的作用效应组合。承载力验算应采用荷载基本组合，变形验算应采用荷载标准组合。

最不利的作用效应组合　　　　　　　　　　　表 3-5

模板结构类别	最不利的作用效应组合	
	计算承载力	变形验算
混凝土水平构件的底模及支架	$G_1+G_2+G_3+Q_1$	$G_1+G_2+G_3$
高大模板支架	$G_1+G_2+G_3+Q_1$	$G_1+G_2+G_3$
	$G_1+G_2+G_3+Q_2+Q_3$	
混凝土竖向构件或水平构件的侧面模板及支架	G_4+Q_4	G_4

注：1. 对于高大支架模板，表中（$G_1+G_2+G_3+Q_2+Q_3$）的组合用于模板支架的抗倾覆验算；

　　2. 计算承载能力时，荷载组合各项荷载均采用荷载设计值，即荷载规定的标准值乘以相应的分项系数和调整系数。刚度验算时，荷载组合中各项荷载采用规定的标准值。当设计计算特殊模板结构，如滑模、升模等荷载组合还应考虑风荷载、作业平台施工荷载、模板与混凝土的摩阻力等，这里不作详细的叙述。

4. 模板结构的刚度

模板结构的面板与支撑体系的刚度，直接影响所浇筑的混凝土结构的外观、形状及尺寸的准确性。为此，模板结构除必须保证有足够的承载能力外，还一定要具备足够的刚度。按照《混凝土结构工程施工规范》GB 50666—2011 的规定，模板及支架的变形限值应符合下列规定：

1）对结构表面外露的模板，挠度不得大于模板构件计算跨度的 1/400；

2）对结构表面隐蔽的模板，挠度不得大于模板构件计算跨度的 1/250；

3）支架的轴向压缩变形值或侧向弹性挠度值不得大于计算高度或计算跨度的 1/1000。

4）根据《组合钢模板技术规范》GB/T 50214—2013 的要求，组合钢模板结构的允许挠度应符合表 3-6 的规定。

钢模板及备件的容许挠度　　　　　　　　　　表 3-6

部件名称	容许挠度（mm）
钢模板的面板	1.5
单块钢模板	1.5
钢楞	$L/500$
柱箍	$B/500$
桁架	$L/1000$
立柱系统累计	4.0

注：L 为计算跨度，B 为柱宽。

四、模板制作安装的质量标准

正确安装模板，是确保工程结构建造符合设计要求的最根本因素，是混凝土结构施工最基本条件，因此对模板的安装规定有各项质量标准，如在前面已有所叙述，下面将另外一些主要标准汇总如下：

1. 各类模板结构的底模应平整，不平整度不得大于 3mm（用 2m 直尺检查）。

2. 固定在模板上的预埋件、预留孔洞安装位置应正确，固定应牢固，其允许的偏差值应符合表 3-7 的规定。

预埋件、预留孔洞的允许偏差   表 3-7

项　　目		允许偏差(mm)
预埋钢板中心线位置		3
预埋管、预埋孔中心线位置		3
插筋	中心线位置	5
	外露长度	+10,0
预埋螺栓	中心线位置	2
	外露长度	+10,0
预留洞	中心线位置	10
	截面内部尺寸	+10,0

3. 现浇结构模板安装的允许偏差值应符合表 3-8 中的规定。

整体式结构模板安装的允许偏差   表 3-8

项目		允许偏差(mm)
轴线位置		5
底模上表面标高		±5
截面内部尺寸	基础	±10
	柱、墙、梁	+4,−5
层高垂直度	全高不大于 5m	6
	全高大于 5m	8
相邻两板表面高低差		2
表面平整度		5

4. 预制构件模板安装的允许偏差值，应符合表 3-9 的规定。

预制构件模板安装的允许偏差   表 3-9

项目		允许偏差(mm)
长度	板、梁	±5
	薄腹梁、桁架	±10
	柱	0,−10
	墙板	0,−5
宽度	板、墙板	0,−5
	梁、薄腹梁、桁架、柱	+2,−5
高(厚)度	板	+2,−3
	墙板	0,−5
	梁、薄腹梁、桁架、柱	+2,−5
对角线差	板	7
	墙板	5

续表

项目		允许偏差(mm)
相邻两板表面高低差		1
板的表面平整度		3
翘曲	板、墙板	$L/1500$
设计起拱	薄腹梁、桁架、梁	±3

第二节 钢 筋 工 程

钢筋工程是钢筋混凝土工程中极为重要的组成部分，其位置的正确程度、数量、规格直接影响结构承受外力作用的能力。

钢筋的制作一般在工厂或工棚内，按设计图纸进行，然后运往工程现场定位绑扎，钢筋工程的加工工艺流程可见图3-6。

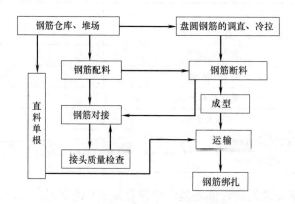

图 3-6 钢筋加工工艺流程图

一、钢筋的种类规格

钢筋的种类很多，土木工程中常用的钢筋，一般可按以下几方面分类。

钢筋按化学成分可分为碳素钢筋和普通低合金钢筋。碳素钢筋按含碳量多少又可分为低碳钢筋（含碳量低于0.25%）、中碳钢筋（含碳量0.25%～0.7%）和高碳钢筋（含碳量0.7%～1.4%）。普通低合金钢筋是在低碳钢和中碳钢的成分中加入少量合金元素，如铣、钒、锰等，其含量一般不超过总量的3%，以便获得强度高和综合性能好的钢种。

钢筋按力学性能可分为 HPB235 级钢筋、HRB335 级钢筋、HRB400 级钢筋和HRB500 级钢筋等。钢筋级别越高，其强度及硬度越高，但塑性逐级降低。

钢筋按轧制外形可分为光圆钢筋和变形钢筋（月牙形、螺旋形、人字形钢筋）。

普通钢筋混凝土结构中常用的钢筋按生产工艺可分为热轧钢筋、冷轧带肋钢筋、冷轧扭钢筋、余热处理钢筋、精轧螺纹钢筋等。

二、钢筋的代换

在施工中往往遇到钢筋的品种或规格与设计要求不符时，应征得设计单位同意，采用代换的办法来满足结构设计的要求。

1. 钢筋代换的原则

1）等强代换

结构构件系强度控制时，钢筋按强度相等原则进行代换，等强度代换后的钢筋强度，一般不小于原有的钢筋强度。

2）等面积代换

如构件是按最小配筋率配筋时，钢筋则按面积相等的原则代换。

3）结构构件系受裂缝宽度或抗裂性控制时，钢筋代换后需进行裂缝宽度和抗裂性验算。

2. 钢筋代换的注意事项

1）某些重要受力构件，如吊车梁、薄腹梁、桁架下弦等，不宜用Ⅰ级光面钢筋代替螺纹钢筋；

2）钢筋代换后，应满足构造要求，如钢筋的最小直径、间距、根数、锚固长度等；

3）同一截面内用不同种类、不同直径钢筋代换时，各钢筋间拉力差不宜过大，同品种钢筋直径差不大于5mm，以防构件受力不均；

4）梁的纵向受力钢筋与弯起钢筋应分别代换，以保证正截面与斜截面承载力；

5）偏心受压构件（如框架柱、有吊车的厂房柱、桁架上弦等）或偏心受拉构件作钢筋代换时，应按受压或受拉分别代换；

6）当构件受裂缝宽度或挠度控制时，如用同品种粗钢筋等强代换细钢筋，或用光面筋代替螺纹钢筋，应重新验算裂缝宽度；如代换后钢筋总截面减小，应同时验算裂缝宽度和挠度。

3. 钢筋等强度代换方法

应按下式进行计算：

$$n_2 \geqslant \frac{n_1 d_1^2 f_{y1}}{d_2^2 f_{y2}} \tag{3-3}$$

式中　n_2——代换后钢筋根数；

　　　n_1——原设计钢筋根数；

　　　d_1——原设计钢筋直径；

　　　d_2——代换后钢筋直径；

　　　f_{y1}——原设计钢筋设计强度；

　　　f_{y2}——代换后钢筋设计强度。

三、钢筋的连接

钢筋在土木工程中的用量很大，但在运输时却受到运输工具的限制。当钢筋直径 $d<$ 12mm 时，一般以圆盘形式供货；当直径 $d\geqslant$12mm 时，则以直条形式供货，直条长度一

般为 6～12m，由此带来了钢筋混凝土结构施工中不可避免的钢筋连接问题。目前，钢筋的连接方法有机械连接、焊接连接和绑扎连接三类。机械连接由于具有连接可靠、作业不受气候影响、连接速度快等优点，日前已广泛应用于粗钢筋的连接。焊接连接和绑扎连接是传统的钢筋连接方法，与绑扎连接相比，焊接连接可节约钢材、改善结构受力性能、保证工程质量、降低施工成本，宜优先选用。

1. 钢筋的焊接

焊接连接是利用焊接技术将钢筋连接起来的连接方法，应用广泛。但焊接是一项专门的技术，要求对焊工进行专门培训，持证上岗；焊接施工受气候、电流稳定性的影响较大，其接头质量不如机械连接可靠。近年来发展起来的机器手焊接，大大提高了焊接的质量，将逐步替代人工焊接工艺（图 3-7）。

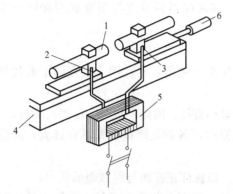

图 3-7　钢筋的对焊原理
1—钢筋；2—固定电极；3—可动电极；
4—机座；5—变压器；6—顶压机构

在钢筋焊接连接中，普遍采用的有闪光对焊、电阻点焊、电弧焊、电渣压力焊及埋弧压力焊等。

1）闪光对焊

闪光对焊是将两根钢筋沿着其轴线，使钢筋端面接触对焊的连接方法。闪光对焊需在对焊机上进行，操作时将两段钢筋的端面接触，通过低电压强电流，把电能转换为热能，待钢筋加热到一定温度后，再施加以轴向压力顶锻，使两根钢筋焊合在一起，接头冷却后便形成对焊接头。对焊原理如图 3-7 所示。

闪光对焊不需要焊药，施工工艺简单，具有成本低、焊接质量好、工效高的优点。它广泛用于工厂或在施工现场加工棚内进行粗钢筋的对接接长，由于其设备较笨重，不便在操作面上进行钢筋的接长。

2）电阻电焊

电阻点焊是将交叉的钢筋叠合在一起，放在两个电极间预压夹紧，然后通电使接触点处产生电阻热，钢筋加热熔化并在压力下形成紧密联结点，冷凝后即得牢固焊点，如图 3-8 所示。电阻点焊用于焊接钢筋网片或骨架，适于直径 6～14mm 的 HPB235、HRB335 级钢筋及直径 3～5mm 的钢丝。当焊接不同直径的钢筋，其较小钢筋直径小于 10mm 时，大小钢筋直径之比不宜大于 3；其较小钢筋的直径为 12～14mm 时，大小钢筋直径之比不宜大于 2。承受重复荷载并需进行疲劳验算的钢筋混凝土结构和预应力混凝土结构中的非预应力筋不得采用。

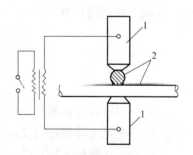

图 3-8　电焊机工作原理
1—电极；2—钢丝

3）电弧焊

电弧焊是利用弧焊机在焊条与焊件之间产生高温电弧，使焊条和电弧燃烧范围内的焊件熔化，待其凝固后使形成焊缝或接头，其中电弧是指焊条与焊件金属之间空气介质出现的强烈持久的放电现象。电弧焊使用的弧焊机有交流弧焊机、直流弧焊机两种，常用的为交流弧焊机。

电弧焊的应用非常广泛，常用于钢筋的接长、钢筋骨架的焊接、钢筋与钢板的焊接、装配式钢筋混凝土结构接头的焊接及各种钢结构的焊接等。用于钢筋的接长时，其接头形式有帮条焊、搭接焊和坡口焊等。

(1) 帮条焊

帮条焊适用于直径 10～40mm 的 HPB235、HRB335、HRB400 级钢筋。钢筋帮条长度见表 3-10；主筋端面的间隙为 2～5mm。所采用帮条的总截面积；被焊接的钢筋为 HPB235 级钢筋时，应不小于被焊接钢筋截面积的 1.2 倍；被焊接钢筋为 HRB335、HRB400 级钢筋时，应不小于被焊接钢筋截面积的 1.5 倍。

钢筋帮条长度 表 3-10

项次	钢筋级别	焊缝形式	帮条长度
1	HPB235 级	单面焊	≥8d
		双面焊	≥4d
2	HRB335 级、HRB400 级	单面焊	≥10d
		双面焊	≥5d

注：d 为钢筋直径。

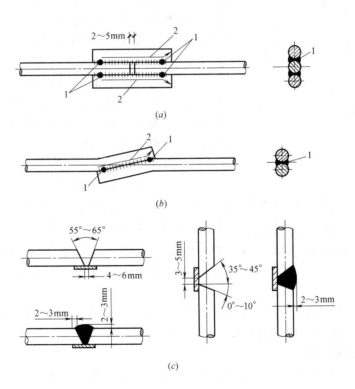

图 3-9 电弧焊接头形式

(a) 帮条焊；(b) 搭接焊；(c) 坡口焊

1—定位焊缝；2—弧坑拉出方位

（2）搭接焊

搭接焊适用于直径 10～40mm 的 HPB235、HRB335、HRB400 级钢筋。搭接接头的钢筋需预弯，以保证两根钢筋的轴线在一条直线上，如图 3-9（b）所示。焊接时最好采用双面焊，对其搭接长度的要求是：HPB235 级钢筋为 $4d$（钢筋直径），HRB335、HRH400 级钢筋为 $5d$；若采用单面焊，则搭接长度均须加倍。

（3）坡口焊

坡口焊接头多用于装配式框架结构现浇接头的钢筋焊接，分为平焊和立焊两种。钢筋坡口平焊采用 V 形坡口，坡口夹角为 55°～65°，两根钢筋的间隙为 4～6mm，下垫钢板，然后施焊。钢筋坡口立焊，如图 3-9（c）所示。

（4）电渣压力焊

电渣压力焊是利用电流通过渣池产生的电阻热将钢筋端部熔化，然后施加压力使钢筋焊合。它主要用于现浇结构中直径为 14～40mm 的 HPB235、HRB335、HRB400 级的竖向或斜向钢筋的接长。这种焊接方法操作简单、工作条件好、工效高、成本低，比电弧焊接头节电 80％以上，比绑扎连接和帮条焊、搭接焊节约钢筋 30％，提高工效 6～10 倍。

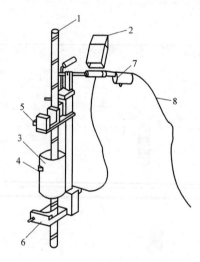

电渣压力焊设备包括焊接电源、焊接夹具和焊剂盒等（见图 3-10）。焊接夹具应具有一定刚度，上下钳口同心。焊剂盒呈圆形，由两个半圆形铁皮组成，内径为 80～100mm，与所焊钢筋的直径相应，焊剂盒宜与焊接机头分开。焊剂除起到隔热、保温及稳定电弧作用外，在焊接过程中还能起到补充熔渣、脱氧及添加合金元素的作用，使焊缝金属合金化。

电渣压力焊焊接的工艺包括引弧、造渣、电渣和挤压四个过程。当焊接完成后，先拆机头，待焊接接头保温一段时间后再拆焊剂盒，特别是在环境温度较低时，可避免发生冷淬现象。

（5）埋弧压力焊

埋弧压力焊是将钢筋与钢板安放成 T 形连接形式，利用埋在接头处焊剂层下的高温电弧，熔化两焊件的接触部位形成熔池，然后加压顶锻使两焊件焊合，如图 3-11 所示。它适用于直径 6～8mm 的 HPB235 级钢筋和直径 10～25mm 的 HRB335 级钢筋与钢板的焊接。

图 3-10　电渣压力焊焊接机头示意
1—钢筋；2—监控仪表；3—焊剂盒；
4—焊剂盒扣环；5—活动夹具；6—固定夹具；
7—操作手柄；8—控制电缆

埋弧压力焊工艺简单，比电弧焊工效高、质量好（焊缝强度高且钢板不易变形）成本低（不用焊条），施工中广泛用于制作钢筋预埋件。

2. 钢筋的机械连接

钢筋机械连接的优点很多，包括：设备简单、操作技术易于掌握、施工速度快；接头性能可靠，节约钢筋，适用于钢筋在任何位置与方向（竖向、横向、环向及斜向等）的连接；施工不受气候条件影响，尤其在易燃、易爆、高空等施工条件下作业安全可靠。虽然机械连接的成本较高，但其综合经济效益与技术效果显著，目前已在现浇大跨结构、高层建筑、桥梁、水工结构等工程中广泛用于粗钢筋的连接。钢筋机械连接的方法主要有套筒挤压连接和螺纹套筒连接。

1）套筒挤压连接

钢筋套筒挤压连接的基本原理是：将两根待连接的钢筋插入钢套筒内，采用专用液压压接钳侧向或轴向挤压套筒，使套筒产生塑性变形，套筒的内壁变形后嵌入钢筋螺纹中，从而产生抗剪能力来传递钢筋连接处的轴向力。挤压连接有径向挤压和轴向挤压两种，如图 3-12 所示。它适用于连接直径 20～40mm 的 HRB335、HRB400 级钢筋。当所用套筒的外径相同时，连接钢筋的直径相差不宜大于两

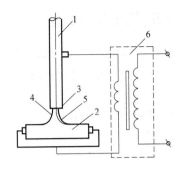

图 3-11　预埋件钢筋埋弧压力焊示意
1—钢筋；2—钢板；3—焊剂；4—电弧；
5—熔池；6—焊接变压器

个级差，钢筋间操作净距宜大于 50 mm。钢筋接头处宜采用砂轮切割机断料；钢筋端部的扭曲、弯折、斜面等应予以校正或切除；钢筋连接部位的飞边或纵肋过高时应采用砂轮机修磨，以保证钢筋能自由穿入套筒内。

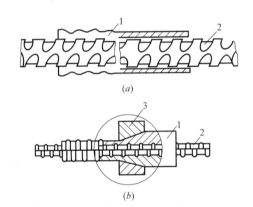

图 3-12　钢筋挤压连接
（a）径向挤压；（b）轴向挤压
1—钢套筒；2—肋纹钢筋；3—压模

2）螺纹套筒连接

钢筋螺纹套筒连接包括锥螺纹连接和直螺纹连接，它是利用螺纹能承受轴向力与水平力密封自锁性较好的原理，靠规定的机械力把钢筋连接在一起，如图 3-13 所示。

3. 钢筋的绑扎连接

钢筋绑扎连接主要是使用规格为 20～22 号镀锌铁丝或绑扎钢筋专用的火烧丝将两根钢筋搭接绑扎在一起。其工艺简单，功效高，不需要连接设备，但因需要有一定的搭接长度而增加钢筋用量，且接头的受力性能不如机械连接和焊接连接，所以规范规定：轴心受拉及小偏心受拉杆件的纵向受力钢筋不得采用绑扎搭接接头，$d>28$mm 的受拉钢筋和

$d>32$mm 的受压钢筋，不宜采用绑扎搭接接头。

钢筋绑扎接头宜设置在受力较小处，在接头的搭接长度范围内，应至少绑扎三点以上，绑扎连接的质量应符合规范要求。

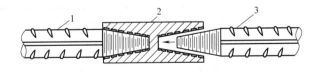

图 3-13　钢筋锥螺纹套筒连接
1—已连接钢筋；2—锥螺纹套筒；3—待连接钢筋

四、钢筋的配置与安装

钢筋骨架和钢筋网，是由钢筋加工厂或加工场按设计图纸绑扎焊接成型钢筋，而整体式的，则在施工现场进行钢筋绑扎、焊接。钢筋的配制一般要通过调直、除锈、配料、放样、断料、接长和成型等工序。

1. 钢筋的调直与除锈

盘圆钢筋的调直由专用的调直机进行，对粗的定尺钢筋遇有折、弯等变形，可用人工锤敲直或用制口扳手调直。

骨架表面如有锈蚀，可采用人工钢丝刷除锈，并视条件可采用酸洗或砂箱除锈。

2. 配料、画线与断料

首先由钢筋翻样工根据工程结构设计图纸，按不同材料、规格编好配料单。配料单必须列出钢筋编号、直径、根数、重量画出每号钢筋的简图等。

1）钢筋下料长度的计算

结构钢筋应根据结构的钢筋保护层厚度，钢筋型号，按规范要求计算钢筋的长度。

（1）钢筋每弯一只 $180°$ 的弯钩除计算钢筋成型后的几何尺寸外，还须增加 $6.25d$（d 为钢筋直径，下同）；

（2）弯 $90°$ 角时应扣除 $2d$；

（3）每弯 $135°$ 角时应扣除 $2.5d$；

（4）每弯 $60°$ 角时应扣除 $0.85d$；

（5）每弯 $45°$ 角时应扣除 $0.5d$；

（6）每弯 $30°$ 角时应扣除 $0.35d$。

2）钢筋的接长

施工中往往有单根钢筋长度不够或为了绑扎施工方便而切断的钢筋，在绑扎时均需接长。

接头是抵抗外力的薄弱环节，所以在配料放样时，应考虑将接头设置于应力最小的部位，并应按规范要求进行接长。钢筋的接长方法有绑扎或焊接两种。

在配料放样时对钢筋接长必须符合以下几项规范的规定。

（1）搭接长度

钢筋用绑扎搭接时，在搭接中心与两端，至少有三处必须用双股扎铁丝绑扎紧，若光圆钢筋搭接处于受拉区，则搭接钢筋端头应弯有 $180°$ 弯钩，螺纹钢筋可不做弯钩，钢筋绑扎搭接长度可见表 3-11 和表 3-12。

钢筋绑扎接头的最小搭接长度　　　　　　　　　　　表 3-11

项 次	混凝土类别	钢筋级别	受拉区	受压区
1	普通混凝土	Ⅰ 级	$30d$	$20d$
		Ⅱ 级	$35d$	$25d$
		Ⅲ 级	$40d$	$30d$
		冷拔低碳钢丝	250mm	200mm

续表

项次	混凝土类别	钢筋级别	受拉区	受压区
2	轻骨料混凝土	Ⅰ 级	35d	25d
		Ⅱ 级	40d	30d
		Ⅲ 级	45d	35d
		冷拔低碳钢丝	300mm	250mm

注：1. 当混凝土强度等级为 C15 时，除冷拔低碳钢丝外，最小搭接长度应按表中数值增加 5d；
　　2. 钢筋绑扎接头的搭接长度，除应符合本表要求外，在受拉区不得小于 250mm，在受压区不得小于 200mm，轻骨料混凝土均应分别增加 50mm；
　　3. d 为钢筋直径。

焊接接长搭接长度最小值　　　　　　　　　　　表 3-12

项次	混凝土类别	钢筋级别	受拉区	受压区
1	普通混凝土	Ⅰ 级	25d	15d
		Ⅱ 级	30d	20d
		冷拔低碳钢丝	250mm	200mm
2	轻骨料混凝土	Ⅰ 级	30d	20d
		Ⅱ 级	35d	25d
		冷拔低碳钢丝	300mm	250mm

注：1. 当混凝土强度为 C13 时，除冷拔低碳钢丝外，搭接长度应按表中值增加 5d；
　　2. 搭接长度除符合本表要求外，在受拉区不得小于 250mm，受压区不得小于 200mm，轻骨料混凝土均应分别增加 50mm；
　　3. d 为钢筋直径。

（2）搭接位置规定

① 在同一截面钢筋搭接根数如采用绑扎，受拉区不超过 25%，受压区不超过 50%；用焊接时，受拉区不超过 50%，受压区不限制。

② 接头错开的距离不小于搭接长度。

③ 接头末端离钢筋弯曲处距离不小于 10d。

④ 轴心受拉和小偏心受拉杆不得采用绑扎接头。

3. 钢筋的绑扎成型

钢筋的绑扎成型就是将单根加工成型后的钢筋，按设计图纸要求制成钢筋骨架或钢筋网。

一般大型整体式混凝土结构的钢筋，在现场绑扎成型。绑扎铁丝常用 20 号、22 号及 24 号退火软铁丝，其长度是根据被绑扎钢筋直径选用 200～400mm（双股）。

构件钢筋骨架的绑扎，可视施工条件及绑扎方便采用模板内绑扎或绑扎成骨架后放入已立好的模板内，但无论用哪一种方法，钢筋的绑扎作业必须与模板的安装密切配合，做到互不干扰，作业方便，质量保证。

4. 钢筋工程有关的主要规范

1）钢筋的弯钩或弯折的要求：

（1）HPB235 级钢筋末端应做 180° 弯钩，其弯弧内直径不应小于钢筋直径的 2.5 倍，弯钩的弯后平直部分长度不应小于钢筋直径的 3 倍。

（2）当设计要求钢筋末端需做 135°弯钩时，HRB335 级、HRB335 级钢筋的弯弧内直径不应小于钢筋直径的 4 倍，弯钩的弯后平直部分长度应符合设计要求。

（3）钢筋作不大于 90°的弯折时，弯折处的弯弧内直径不应小于钢筋直径的 5 倍。

2）用 I 级钢筋制作箍筋的要求

除焊接封闭环式箍筋外，箍筋的末端应做弯钩，弯钩形式应符合设计要求；当设计无具体要求时，应符合下列规定。

（1）箍筋弯钩的弯弧内直径除应满足上述关于钢筋弯折的规定外，还应不小于受力钢筋直径。

（2）箍筋弯钩的弯折角度：对一般结构，不应小于 90°；对有抗震等要求的结构，应为 135°。

（3）箍筋弯后平直部分长度：对一般结构，不宜小于箍筋直径的 5 倍；对有抗震等要求的结构，不应小于箍筋直径的 10 倍。

3）钢筋加工的误差要符合表 3-13 钢筋加工的允许偏差。

钢筋加工允许偏差　　　　　　　　　　　　　　　　表 3-13

项目	允许偏差（mm）
受力钢筋顺长度方向全长净尺寸	±10
弯起钢筋弯折位置	±20
箍筋内净尺寸	±5

4）钢筋保护层要求

钢筋混凝土是由钢筋和混凝土两种物理、力学性能完全不相同的材料所组成。混凝土的抗压能力较强而抗拉能力却很弱，钢筋的抗压抗拉能力都很强，但受压易失稳。钢筋混凝土结构是利用混凝土抗压，钢筋抗拉来满足工程结构的使用要求，但这两种材料相互间必须要有良好的粘结力，使两者可靠地结合在一起，从而保证在外荷载作用下，钢筋与混凝土共同承受外力作用。

钢筋要包裹在混凝土内，可减少钢筋的氧化侵蚀，所以钢筋必须要有一定厚度的混凝土作保护，这也是钢筋混凝土结构的一个特点。

保护层厚度与结构特点、使用条件、水质情况等有关，一般在设计图中均明确标明要求的钢筋保护层厚度，如设计没有明确规定可按表 3-14 选择。

钢筋混凝土保护层最小厚度　　　　　　　　　　　　表 3 14

环境类别	板、墙、壳（mm）	梁、柱、杆（mm）
一	15	20
二 a	20	25
二 b	25	35
三 a	30	40
三 b	40	50

注：1. 混凝土强度等级不大于 C25 时，表中保护层厚度数值应增加 5mm。

　　2. 本表适用设计使用年限为 50 年的混凝土结构，若设计使用年限为 100 年，需乘以 1.4 的放大系数。

5）钢筋位置

钢筋位置直接影响到钢筋混凝土的性能，所以钢筋位置一定要正确处于设计位置，充分发挥其承受拉力的性能，为此在钢筋绑扎时，确保其偏差在允许范围值内，钢筋位置允许偏差见表 3-15。

钢筋位置允许偏差 表 3-15

项 次	项 目		允许偏差（mm）
1	受力钢筋的排距		±5
2	钢筋弯起点位移		20
3	箍筋、横向钢筋间距	绑扎骨架	±20
		焊接骨架	±10
4	焊接预埋件	中心线位移	5
		水平高差	+3

第三节 混凝土工程

混凝土工程各施工过程既相互联系，又相互影响，任一过程施工不当都会影响混凝土工程的最终质量。

混凝土工程在混凝土结构工程中占有重要地位，混凝土工程质量的好坏直接影响到混凝土结构的承载力、耐久性与整体性。由于高层现浇混凝土结构和高耸构筑物的增多促进了混凝土工程施工技术的进展。混凝土的制备在施工现场通过小型搅拌站实现了机械化；在工厂，大型搅拌站已实现了微机控制自动化。混凝土外加剂技术也不断发展和推广应用，混凝土拌合物通过搅拌输送车和混凝土泵实现了长距离、超高度运输。随着现代工程结构的高度、跨度及预应力混凝土的发展，人们开发研制了强度 80MPa 以上的高强混凝土，以及高工作性、高体积稳定性、高抗渗性、良好力学性能的高性能混凝土，并且还有具备环境协调性和自适应性的绿色混凝土。其他如特殊条件下（如寒冷、炎热、真空、水下、海洋、腐蚀、耐油、耐火、防辐射及喷射等）的混凝土施工技术、特种混凝土（如高强度、膨胀、特快硬、纤维、粉煤灰、沥青、树脂、聚合物、自防水等）的研究和推广应用，使具有百余年历史的混凝土工程面目一新。此外，自动化、机械化的发展和新的施工机械和施工工艺的应用，也大大改变了混凝土工程的施工技术。

一、混凝土的组成

组成混凝土的原材料包括水泥、砂、石、掺合料和外加剂。

1. 水泥

常用的水泥品种有硅酸盐水泥、普通硅酸盐水泥、矿渣硅酸盐水泥、火山灰质硅酸盐水泥、粉煤灰硅酸盐水泥等五种水泥；某些特殊条件下也可采用其他品种水泥，但水泥的性能指标必须符合现行国家有关标准的规定。水泥的品种和成分不同，其凝结时间、早期强度、水化热、吸水性和抗侵蚀的性能等也不相同，所以应合理地选择水泥品种。

水泥进场时应对其品种、级别、包装或散装仓号、出厂日期等进行检查，并应对其强度、安定性及其他必要的性能指标进行复验，其质量必须符合现行国家标准的规定。当在使用中对水泥质量有怀疑或水泥出厂超过三个月（快硬硅酸盐水泥超过一个月）时，应进行复验，并按复验结果使用。在钢筋混凝土结构、预应力混凝土结构中，严禁使用含氯化物的水泥。

入库的水泥应按品种、强度等级、出厂日期分别堆放，并树立标志。做到先到先用，并防止混掺使用。为了防止水泥受潮，现场仓库应尽量密闭。袋装水泥存放时，应垫起离地约 30cm 高，离墙间距亦应在 30cm 以上。堆放高度一般不要超过 10 包。露天临时暂存的水泥也应用防雨篷布盖严，底板要垫高，并采取防潮措施。

2. 细骨料

混凝土中所用细骨料一般为砂，根据其平均粒径或细度模数可分为粗砂、中砂、细砂和特细砂四种。混凝土用砂一般以细度模数为 2.5～3.5 的中、粗砂最为合适，孔隙率不宜超过 45％。因为砂越细，其总表面积就越大，需包裹砂粒表面和润滑砂粒用的水泥浆用量就越多；而孔隙率越大，所需填充孔隙的水泥浆用量又会增多，这不仅将增加水泥用量，而且较大的孔隙率也将影响混凝土的强度和耐久性。为了保证混凝土有良好的技术性能，砂的颗粒级配、含泥量、坚固性、有害物质含量等方面性质必须满足国家有关标准的规定。此外，如果怀疑砂中含有活性二氧化硅，可能会引起混凝土的碱-骨料反应时，应根据混凝土结构或构件的使用条件进行专门试验，以确定其是否可用。

3. 粗骨料

混凝土中常用的粗骨粒（石子）有碎石或卵石。由天然岩石或卵石经破碎、筛分而得的粒径大于 5mm 的岩石颗粒，称为碎石；由自然条件作用而形成的粒径大于 5mm 的岩石颗粒，称为卵石。

石子的级配和最大粒径对混凝土质量影响较大，级配越好，其孔隙率越小，这样不仅能节约水泥，而且混凝土的和易性、密实性和强度也较高，所以碎石或卵石的颗粒级配应符合规范的要求。在级配合适的条件下，石子的最大粒径越大，其总表面积就越小，这对节省水泥和提高混凝土的强度都有好处。但由于受到结构断面、钢筋间距及施工条件的限制，选择石子的最大粒径应符合下述规定：石子的最大粒径不得超过结构截面最小尺寸的 1/4，且不得超过钢筋最小净间距的 3/4；对实心板，最大粒径不宜越过板厚的 1/3，且不得超过 40mm；在任何情况下，石子粒径不得大于 150mm。当怀疑石子中因含有活性二氧化碳而可能引起碱-骨料反应时，必须根据混凝土结构或构件的使用条件，进行专门试验，以确定是否可以用。

4. 水

水是混凝土的调和剂，混合料加水拌和就成可塑的浆料，水泥在水的作用下起化学变化，浆料就凝固成人工石材。水应是清洁的自来水、井水和河水，而含酸、碱或有机物的水是不准用的。

5. 矿物掺合料

矿物掺和料也是混凝土的主要组成材料，它是指以氧化硅、氧化铝为主要成分，且掺量不小于 5％的具有火山灰活性的粉体材料。它在混凝土中可以替代部分水泥，起着改善传统混凝土性能的作用，某些矿物细掺和料还能起到抑制碱-骨料反应的作用。常用的掺和料有粉煤灰、磨细矿渣、沸石粉、硅粉及复合矿物掺和料等。混凝土中掺用矿物掺和料的质量应符合现行国家标准的有关规定，其掺量应通过试验确定。

6. 外加剂

为了改善混凝土的性能，以适应新结构、新技术发展的需要，目前广泛采用在混凝土中掺外加剂的办法。外加剂的种类繁多，按其主要功能可归纳为四类：一是改善混凝土流变性能的外加剂，如减水剂、引气剂和泵送剂等；二是调节混凝土凝结、硬化时间的外加剂，如早强剂、速凝剂、缓凝剂等；三是改善混凝土耐久性能的外加剂，如引气剂、防冻剂和阻锈剂等；四是改善混凝土其他性能的外加剂，如膨胀剂等。商品外加剂往往是兼有几种功能的复合型外加剂。

在选择外加剂的品种时，应根据使用外加剂的主要目的，通过技术经济比较确定。外加剂的掺量，应按其品种并根据使用要求、施工条件、混凝土原材料等因素通过试验确定。该掺量应以水泥重量的百分率表示，称量误差不应超过 2%。此外，有关规范还规定：混凝土中掺用外加剂的质量及应用技术应符合现行国家标准和有关环境保护的规定。在预应力混凝土结构中，严禁使用含氯化物的外加剂。在钢筋混凝土结构中，当使用含氯化物的外加剂时，混凝土中氯化物的总含量应符合现行国家标准的规定。

二、混凝土的配料和搅拌

在保证混凝土设计强度等级的前提下，合理使用材料，可节约水泥。所以用于工程的混凝土，事前要做配合比的设计和试验，以保证混凝土的强度、抗渗指标、工作度均达到设计和施工的需要。为此混凝土的各种材料称量要正确，必须把偏差范围控制在规范标准之内，计量器具、仪表要定期作校核。

混凝土的搅拌，主要是保证拌制后的混凝土混合物均匀，具有较好的和易性，不出现离析、泌水现象。

混凝土的和易性一般用坍落度和工作度来控制。在施工中混凝土的配比、坍落度的设计需根据结构的种类、构件断面尺寸、钢筋疏密程度、振捣方法、设备条件等因素来决定。

1. 混凝土的搅拌

目前混凝土的主要来源是采用商品混凝土，只需向混凝土供应商提出混凝土的各项质量标准及技术参数，在现场对每次送入的混凝土加强检测，确保优质混合料用于工程，同时供应商还必须提供混合料的质量保证书；在偏远地区一般是现场设立混凝土搅拌站，现场拌制混凝土用于工程施工。

2. 混凝土的运输

把混凝土从搅拌卸料口处输送到浇捣面的整个过程就是混凝土的运输，在这一过程中一定要保证满足混合物不离析、水泥浆不流失、坍落度不产生过大变化、不产生初凝。目前一般工程均采用商品混凝土，施工中常以混凝土搅拌运输车作长距离的水平运输工具，现场采用混凝土泵来输送混凝土至灌筑面。

施工中混凝土输送管道要拼接平直，减少弯头，以增加混凝土的输送距离，不同角度的弯头及垂直输送距离与水平距离可按表 3-16 换算。

管道弯头及垂直输送距离的近似换算值　　　　　　　　表 3-16

种　类	90°弯头	60°弯头	45°弯头	30°弯头	15°弯头	垂直距离 1m	橡胶软管 1m
折合成水平距离(m)	12	8	6	4	2	8	1.5

当采用混凝土泵配以管道输送混凝土时，混凝土坍落度应在5～20cm。骨料石子的最大粒径亦应小于输送管道直径的1/3，否则极易产生堵管现象。

三、钢筋混凝土结构的浇捣施工

混凝土的浇捣施工是钢筋混凝土结构工程的一道主要工序，主要包括施工准备、浇灌、捣实、养护等工作。

1. 施工前的准备工作

1）材料物资准备

施工前首先要精确计算出本次浇捣施工所需混凝土方量，落实商品混凝土的供料。当现场搅拌混凝土时，则按混凝土总方量及混凝土配比计算出各种原材料所需量，并根据现场材料堆放场地的条件和混凝土浇筑速度，详细排出各种材料的进场计划。

根据浇捣工艺，现场施工，准备好混凝土输送管道、振捣设备、施工机械、混凝土养护材料等。

2）技术准备

混凝土浇筑施工前必须详细做好施工组织设计，制定具体的施工技术及措施，规划施工现场的平面布置，以及做好参加施工人员的技术安全交底工作。

3）施工现场准备

（1）按现行的钢筋混凝土施工及验收规范标准做好隐蔽工程验收，全面检查钢筋规格、数量、位置、模板支护质量、结构尺寸、标高，预埋洞、孔及预埋件位置等是否符合设计图纸。

（2）根据规划施工现场的平面布置，实施道路、设备、施工脚手、供水、供电、照明等。

（3）清除混凝土浇灌面的杂物并浇水湿润，做好防止漏浆的措施。

（4）注意天气预报，做好防雨、防风准备。

（5）大体积混凝土浇筑施工前，必须把交通运输组织报交通管理部门，以便协调、维护工地附近的交通秩序。

2. 混凝土的浇捣施工

1）浇筑和捣实的基本要求及保证措施

（1）防止钢筋移位

钢筋尤其是主筋位置的正确性，是确保结构受力的主要因素。

垂直钢筋与内外模板作相对的固定；加足必要的构造钢筋数量，水平钢筋需有足够量的支承凳筋来支架；当结构钢筋较密，在灌筑与捣实时，可暂时移动钢筋位置，但必须及时复位绑扎牢靠；在施工时作业人员不应直接踩踏钢筋，振荡器不应碰钢筋。

（2）确保混凝土混合料的均匀性和密实性

要保证混凝土的均匀密实，必须是混合料不离析，灌筑前若发现离析，应进行第二次搅拌，拌和均匀后方可作浇筑料用。

倾倒混凝土混合料时，自由倾落高度不得大于2m，若大于2m时，可采用溜槽或串筒的措施，减小卸料高度。溜槽放置的夹角不宜大于30°，串筒是用铁皮加工成无底圆锥形，一节长度一般为 0.5～0.8m，各节之间用两只挂钩连接，随浇筑高度的增加，可逐节摘去铁皮串筒。

（3）确保混凝土的整体性

确保混凝土的整体性能必须保证混凝土的浇筑工作连续进行，上下层混凝土浇筑间歇时间应控制在下层混凝土初凝之前，浇筑完上层混凝土。此间歇时间由设计混凝土配合比设计试验时测得。无试验资料时，一般不得超过 2 小时。如在施工时无法保证这间歇时间，则应按施工缝要求处理，避免影响混凝土的整体性能。

2）施工缝

由于结构的特殊性或施工原因，无法做到一次浇筑完工，如沉井的分节，箱涵的分段，箱梁的分次等，于是就在这节、段、次的分隔处设置施工缝。

施工缝的设置应保证结构混凝土的整体性，同时还必须保证不影响结构受力性能。而对防水工程的混凝土结构施工缝必须采取有效可靠的防水技术措施。

（1）施工缝设置的位置

① 施工缝位置应考虑留在混凝土结构受拉力和受剪力最小的位置，还必须考虑施工作业方便的位置；

② 立柱施工缝位置应设在基础面以上的水平面和梁底下部的水平面上，如图 3-14 所示；

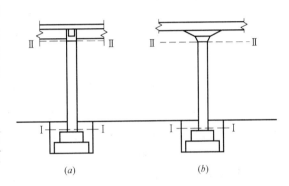

图 3-14 立柱施工缝设置位置
（a）梁板式结构；（b）无梁楼盖结构

③ 高度超过 1m 的梁，水平施工缝可做在楼板底面以下 20～30mm 处，如图 3-15所示。

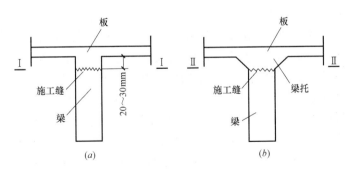

图 3-15 梁水平缝留置位置
（a）无梁托的整体楼板；（b）有梁托的整体楼板

④ 肋形结构（梁板结构），理想的将一个施工段的梁与板一次灌筑捣实，可作为施工缝应留之处，这也可作为施工段划分留缝位置。有主次梁的楼盖宜顺着次梁方向浇筑，施工缝应留在次梁跨中 1/3 范围，如图 3-16 所示。

⑤ 各工程施工缝位置的选择还必须符合设计规定要求。

（2）对施工缝的要求

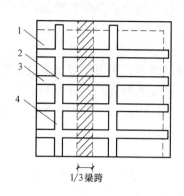

图 3-16　浇筑有主次梁楼
板的施工缝位置图

1—楼板；2—柱；3—次梁；4—主梁

① 柱、梁施工缝应垂直于轴线。

② 板、墙的施工缝应垂直于表面。

（3）施工缝的施工要注意以下几点：

① 当前一段或下一层混凝土抗压强度达到 1.2MPa 后，才能浇筑后一段或上一层混凝土。如当混凝土初凝时即浇筑新混凝土，则新混凝土的捣实施工和表面处理，会破坏已初凝而还未达到一定强度的混凝土，使其内部受损伤，也影响新老混凝土之间的结合，在施工中主要是掌握混凝土达到抗压强度 1.2MPa 的时间，其与混凝土设计强度、水泥标号、配合比及气候温度等有关，可根据试验求得或参考有关规范中的规定。

② 接缝的处理。要清除施工缝表面的垃圾、水泥薄膜、松动的石子。

③ 接缝钢筋调直，清除钢筋上的油污、水泥、砂浆、铁锈等杂物。

④ 施工缝表面用水冲洗干净，然后铺 10～15mm 厚的水泥浆（水泥：水 = 1：0.4）或水泥砂浆（配比应与混凝土的砂浆相同）。

（4）施工缝的补强措施

在工程实际中，常遇到施工缝不能设于理想位置，而影响到混凝土的整体性能，如在施工中遇到突发事件、意外原因保证不了混凝土的连续浇筑而被迫留缝，对这两种情况产生的施工缝可采取接缝补强措施，具体可用增加插筋（一般用直径 12～16mm，长度 500～600mm，间距 500mm，长度新老混凝土各一半）的办法来加强混凝土的整体性。

3）大体积混凝土的浇筑

一般认为大体积混凝土为结构断面尺寸最小在 800mm 以上，水化热引起混凝土内最高温度与外界气温之差预计超过 25℃的混凝土结构，如沉管管段结构，大型沉井结构，大型箱涵结构等，这类结构由于承受的荷载大，整体性要求高，往往不允许留置施工缝，要求一次浇筑完毕。由于混凝土量大，大体积混凝土浇筑后，水泥水化热聚积在内部不易散发，混凝土内部温度显著升高，而表面散热较快，形成内外温差大，在体内产生压应力，而表面产生拉应力。如温差过大（大于 25℃），混凝土表面可能会产生温差裂缝；而当混凝土内部逐渐散热冷却而收缩时，由于受到基底或已浇筑的混凝土的约束，将产生很大拉应力，当拉应力超过混凝土极限抗拉强度时，便产生收缩裂缝，严重者会贯穿整个混凝土块体，由此带来严重危害。大体积混凝土的浇筑，应采取措施防止产生上述两种裂缝。

要减少浇筑后混凝土内外的温差，可选用水化热较低的矿渣水泥、火山灰水泥或粉煤灰水泥，掺入适当的缓凝作用的外加剂；选择适宜的砂石级配，尽量采用低热水泥、减少水泥用量，减缓水化放热速度；降低浇筑速度和减少浇筑层厚度；采取人工降温措施，尽量避开炎热季节施工。

为控制混凝土内外温差不超过 25℃（当设计无具体要求时），定期测定浇筑后混凝土的表面和内部温度，根据测试结果采取相应的措施，以避免和减少大体积混凝土的温度裂缝。

　　大体积混凝土浇筑方案可分为全面分层、分段分层和斜面分层三种，分层厚度不宜大于 500mm。全面分层法要求的混凝土浇筑强度较大，斜面分层法混凝土浇筑强度小。工程中可根据结构物的具体尺寸、捣实方法和混凝土供应能力，通过计算选择浇筑方案。目前应用较多的是斜面分层法。

　　目前在地下工程中的大体积混凝土结构浇筑施工中，常采用预埋冷却水管的方法控制混凝土结构内外温差。首先根据大体积混凝土浇筑的体量对混凝土的最大绝热升温、混凝土中心温度、混凝土表层温度等进行计算，确定控制参数，并根据计算结果设计预埋冷却水管的布置形式及选取冷却水管的直径。浇筑过程中根据监测得到的混凝土温度数据控制冷却水管的水源供应及水流速度，利用冷却水管内的水流带走混凝土的热量，以此来控制混凝土内外温差。经过实际工程证明，预埋冷却水管方法可以有效地使混凝土水化温度峰值提前，能够消减早期水化热温升值，较低温度峰值，加快降温速度，减小了混凝土内外温差，有效控制了混凝土裂缝的产生。

　　3. 混凝土的捣实

　　混凝土的捣实是钢筋混凝土工程的一道重要工序，它直接关联到混凝土的强度、抗渗性能、耐久性能、密实度、均匀性、整体性等一系列性能。混凝土浇筑在模板内是松散的，这混合料内含有 5%～20% 的空洞与气泡，因此需要通过捣实混凝土排除空洞和气泡。

　　在实际工程中通常使用机械捣实成型的方式将未凝结的混凝土内部的空气排出，并使水泥砂浆均匀地分布在粗骨料表面。

　　振捣混凝土是振动机械产生的振动能量通过某种方式传递给浇入模板的混凝土，使之密实的方法。

　　混凝土振捣密实的原理是：在混凝土受到振动机械振动力作用后，混凝土中的颗粒不断受到冲击力的作用而引起颤动，这种颤动使混凝土拌合物的性质发生变化。其一是因为混凝土的触变作用所产生的胶体由凝胶转化为溶胶；其二是由于振动力的作用使颗粒间的接触点松开。破坏了颗粒间的粘结力和摩擦力，由于这种变化使混凝土由原来塑性状态变换成"重质液体状态"，骨料犹如悬浮于液体之中，在其重力作用下向新的稳定位置沉落，并排除存在与混凝土中的气体。

四、混凝土的养护及混凝土表面缺陷补救

　　1. 混凝土养护

　　水泥是一种水硬性胶凝材料，它不仅在空气中吸收水分硬化，而且能长期在水中继续硬化，使强度不断地增长，这是由于与水结合后产生水化作用而结硬，这个水化作用的过程很慢，因此混凝土的结构强度也只能慢慢形成并增长，要达到一定的强度，就需要有一定的时间，并且需要一定的温度和湿度条件。

　　1）自然养护

　　自然养护是在温度不低于 5℃，相对湿度在 90% 以上的自然条件下的一种养护方法。

　　由于温度不固定故必须采取一定的辅助措施，如用麻袋、草包等其他材料覆盖在混凝土表面，并适当浇水，使混凝土在一定时间内保持足够湿润状态。

在自然养护的工作中，要注意以下几点：

（1）养护工作一般在混凝土浇筑后 12 小时开始进行，但当气温较高、湿度较低或是干硬性混凝土时，则应立即进行；

（2）平均气温低于 5℃时，不得浇水养护；

（3）养护初期，水泥的水化反应速度快，需要水分也较多，要特别注意做好养护工作；

（4）地下结构工程要确保无流动的地下水接触混凝土结构物；

（5）浇水养护不少于 7 天，对加缓凝剂混凝土或有抗渗要求的混凝土，浇水养护不少于 14 天。

2）蒸气养护

利用蒸气加热浇筑后的混凝土，使混凝土在较高温度（70～90℃）和较高相对湿度（90%以上）的条件下迅速硬化。

蒸气养护一般用于构件生产，目的是使混凝土强度在短时间内迅速增长到可拆除模板的强度，以便加快模板的周转使用，减少投入。

3）标准养护

在标准条件即温度 20±3℃、相对湿度 90%以上，这种养护方式称为标准养护。用于对各种不同原材料和不同配合比的混凝土强度进行对比，或为了作为工程质量验收的依据。

2. 混凝土表面的缺陷补救

混凝土结构待养护期到，拆模后发现其表面有缺陷时，首先应分析产生这些缺陷的原因，同时根据结构物使用条件、荷载大小、缺陷部位、缺陷大小等各方面因素，来研究这一缺陷对构造物的影响，从而制定补救的措施。

下面将混凝土工程中常见的缺陷补救方法作简单叙述。

1）少量的小蜂窝、麻面及露筋一般对结构的承载力影响不大，但易引起钢筋锈蚀而影响结构的耐久性。

补救方法是先清理干净混凝土面，凿毛，湿润，然后用水泥砂浆抹面修补。水泥砂浆配比为水泥：砂＝1：2～1：1.25，砂浆初凝后要加强养护。

2）大蜂窝、孔洞、露筋以及一些断面较大的结构内部可能隐藏着的蜂窝孔洞，能减弱结构承载力。

（1）混凝土表面的孔洞、露筋及较严重的蜂窝，用粒径 10～20mm 的细石混凝土填补，其强度等级要比原来的高一级。用人工捣实时，混凝土坍落度不小于 8～10cm，振捣器振实时不小于 3cm。

补救时，先将缺陷部位的薄弱混凝土层和个别突出的骨料颗粒凿去，然后用钢丝刷刷净，用水冲洗干净，并清除钢筋的浮锈，接着在修补处设置局部模板，最后浇筑填补混凝土，在常温下养护 7 天。另外也可采用喷射混凝土方法进行补强。由于修补的混凝土易收缩，结合不牢，一些深洞往往也不易捣实，质量不如原混凝土，因此对一些重要结构、重要部位，还可采用压力灌浆方法以填补孔隙。

（2）对于较深的蜂窝及结构内部蜂窝，由于清理工作会加大蜂窝尺寸，削弱结构，修补时混凝土又不易捣实，所以最好采用压力灌浆补强。

（3）如对承载力有影响的结构表面裂缝，应进行处理，处理的方法必须与设计单位研究确定。有时还必须采取措施防止裂缝继续开展。

参 考 文 献

[3-1]　应惠清. 土木工程施工 [M]. 上海：同济大学出版社，2007.

[3-2]　丁克胜. 土木工程施工 [M]. 武汉：华中科技大学出版社，2009.

·[3-3]　郭正兴. 土木工程施工 [M]. 南京：东南大学出版社，2012.

[3-4]　李华锋，徐芸. 土木工程施工与管理 [M]. 北京：中国建筑工业出版社，2010.

[3-5]　李建峰. 现代土木工程施工技术 [M]. 北京：中国电力出版社，2008.

[3-6]　中国建筑科学研究院. GB 50666—2011 混凝土结构工程施工规范 [S]. 北京：中国建筑工业出版社，2011.

[3-7]　中国建筑科学研究院. GB 50009—2012 建筑结构荷载规范 [S]. 北京：中国建筑工业出版社，2012.

[3-8]　中冶建筑研究总院有限公司. GB/T 50214—2013 组合钢模板技术规范 [S]. 北京：中国计划出版社，2013.

[3-9]　中国建筑科学研究院. GB 50204—2011 混凝土结构工程施工质量验收规范 [S]. 北京：中国建筑工业出版社，2011.

[3-10]　沈阳建筑大学. JGJ 162—2008 建筑施工模板安全技术规范 [S]. 北京：中国建筑工业出版社，2008.

第四章　地下连续墙施工

第一节　概　　述

一、地下连续墙的施工方法

地下连续墙的施工方法是先在地下充满泥浆的槽段内进行成槽作业，借助泥浆的护壁作用，保持槽段土体稳定，在形成具有一定长度的槽段后，在槽段内放入预制好的钢筋笼，并利用导管法浇筑混凝土将槽内的泥浆置换出来建成墙段，如此连续施工，将各墙段连接构成一道完整的地下墙体。使用这种方法可以根据设计要求建造各种深度、宽度、形状、长度的地下墙。初期阶段，基本上都是用作防渗墙或临时挡土墙，通过许多新技术、新设备和新材料的开发使用，现在已经越来越多地用作结构物的一部分或用作主体结构，最近十年更被用于大型的深基坑工程中。

地下连续墙开挖技术起源于欧洲。它是根据打井和石油钻井使用泥浆和水下浇筑混凝土的方法而发展起来的，1938年在意大利米兰首先开发了泥浆支护在深槽中建造地下墙的施工方法，于1948年首次在充满泥浆的长槽中进行了首次试验，20世纪50～60年代该项技术在西方发达国家及苏联得到推广，成为地下工程和深基础施工中有效的技术。地下连续墙施工顺序图见图4-1。

1958年，我国水电部门首先在青岛丹子口水库用此技术修建了桩排式混凝土地下连续墙的水坝防渗墙，到目前为止，全国绝大多数省份都先后应用了此项技术，估计已建成地下连续墙数千万平方米，建成的地下连续墙最大深度可达150m，厚度最大达1.5m，施工垂直精度可控制在1/1000～1/2000。地下连续墙已经并且正在代替很多传统的施工方法，而被用于基础工程的很多方面。地下连续墙施工的基本工艺流程见图4-2。

二、地下连续墙的稳定理论

在地下连续墙成槽时，深槽中充满的泥浆会在深槽的壁面上形成一层不透水的泥膜，将泥浆与土隔开。在地下水位以下的地基土中泥浆护壁的作用可以用图4-3来说明。

图4-3（a）：泥浆充满了被挖掘的槽孔。

图4-3（b）：因为泥浆液面一般都比地下水位高，而且泥浆相对密度大于地下水，所以泥浆通过压力差向地基土中渗透。这时地基土就像过滤器一样，只让泥浆中的水分通过，而将膨润土等颗粒阻留在地基土的孔隙中，逐渐堵塞了水的通道。

图4-3（c）：当水的通道完全被堵塞时，槽壁上便形成了一层薄薄的泥皮。填充在地基土孔隙中的膨润土颗粒与地基土粘结成为半透水的浸渗固结层。

泥浆的护壁原理涉及面很广，归纳起来主要有以下三个方面：

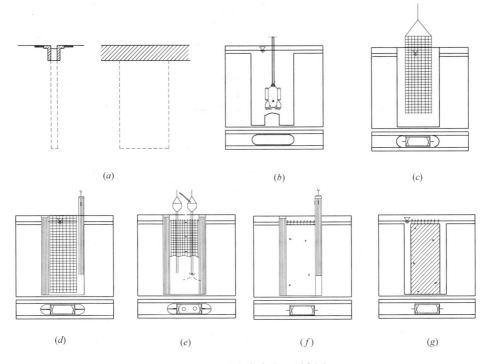

图 4-1　地下连续墙施工顺序图

（*a*）准备开挖的地下连续墙沟槽；（*b*）用液压成槽机进行沟槽开挖；（*c*）吊放钢筋笼；

（*d*）吊放接头工具；（*e*）水下混凝土浇筑；（*f*）拔除接头工具；（*g*）已完工的槽段

1. 泥浆自身的作用

1）泥浆自身的相对密度比水大，泥浆液面又高于地下水的水位，因此，泥浆作用在槽壁上的水头（图 4-4 中的 H）压力可以抵抗作用在槽壁上的土压力和地下水压力。

2）泥浆具有触变性，在刚性的粗糙的槽壁之间是一种有一定抗剪强度的凝胶体，对槽壁具有被动抵抗力。

3）泥浆的浓度比地下水高，两者浓度差产生的电动势能使泥浆产生类似电渗透的作用，对地下水具有反渗透压力。

2. 泥皮的作用

1）槽壁表面形成的不透水的薄泥皮能把泥浆和地下水隔开，使泥浆的水头压力作用在槽壁上。

2）薄泥皮覆盖在槽壁表面能防止表土剥落，保护壁面。

3）泥皮对槽壁的约束效应能减小地基位移，增加槽壁强度。

3. 泥浆浸渗固结层的作用

泥浆浸渗到地基土中，在地基周边形成的泥浆固结层能提高地基的抗剪强度，增加槽壁的稳定性。

三、地下连续墙的施工机械

1. 挖槽机械的种类和特点

按工作机理，可分为挖斗式、冲击式和回旋式三大类，每一类又分为多种形式。

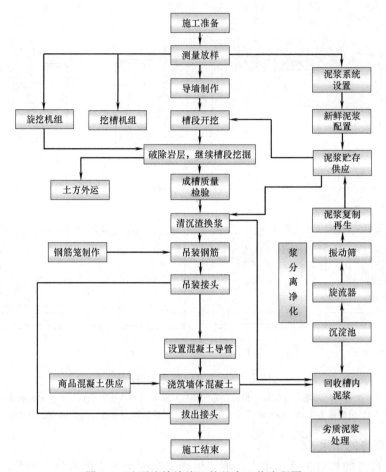

图 4-2 地下连续墙施工的基本工艺流程图

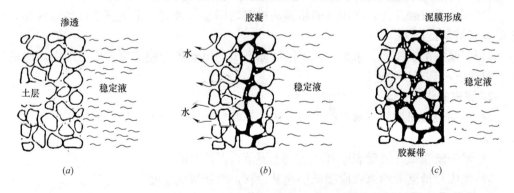

图 4-3 泥浆的护壁作用示意图

1）挖槽机的运载机械

挖槽机的运载机械，通常采用起重量 50～120t 级的履带式起重机。

2）挖斗式挖槽机

挖斗式挖槽机以其斗齿切削土体，并将土体收容到斗体之内，再借助挖槽机的运载机械把挖槽机连同土体一起从槽内提升运到地面，待开斗放出土渣后，又返回槽内挖土，周而复始地进行挖槽作业。

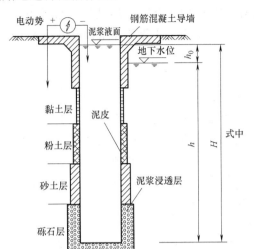

$$H = h_0 \times \gamma_m + (\gamma_m - \gamma_w) h$$

式中　H —— 由泥浆和地下水的重度所产生的水头压力;
　　　h_0 —— 泥浆液面与地下水的高差;
　　　h —— 地下水位的高;
　　　γ_m —— 泥浆的重度;
　　　γ_w —— 地下水的重度。

图 4-4　泥浆护壁原理示意图

地下墙施工中,挖槽机挖成的槽孔形状和垂直度必须符合设计要求,因而,挖斗上大多装有导向液压推板。因为挖斗式挖槽机每挖一斗土就要从地面到槽底往复作业一次,挖槽越深效率越低,所以挖斗式挖槽机的挖掘深度一般不超过 60m。

挖斗式挖槽机斗体切土的力量来自液压抓斗的自重和抓斗液压切力,而过分增大液压抓斗自重会使主机型庞大,动力浪费,所以挖斗式挖槽机的抓斗自重通常在 10～30t,挖斗式挖槽机见图 4-5。

(a)　　　　　　　　　　　(b)

图 4-5　挖斗式挖槽机

由于挖斗式挖槽机的自重限止了挖槽机的切土能力，当土层的 $N>50$ 时，挖槽效率会急剧下降，当 $N>70$ 时，就难以挖成槽孔。在这种场合宜采用钻抓结合的方法挖槽，即预先在抓斗两侧钻出引导孔，使抓斗挖槽时顺孔而下，不靠斗体重量就可切入土中，只需闭斗就可抓土入斗，大大地提高了挖土效率。

3）冲击式挖槽机

冲击式挖槽机包括钻头冲击式和凿刨式两类。

钻头冲击式挖槽机靠钻头坠落的冲击力破碎地基土，它适用于砂土、卵石、砾石和风化岩等硬土地基。由于钻头坠落时受重力作用而保持垂直，所以挖槽垂直度可以保证。

钻头冲击式挖槽机的排土方式有泥浆正循环和泥浆反循环两种方式。

泥浆正循环方式是：从地面用泥浆泵将泥浆输入钻杆，使泥浆从钻头前端喷出，携带被破碎的土渣一起上升至槽孔顶部排到泥浆池中，然后，进行泥水分离。排除土渣以后，再用泥浆泵将泥浆输入钻杆，进行泥浆正循环。

泥浆反循环方式是：使泥浆从泥浆池流入槽内。槽内携带土渣的泥浆被连接砂石吸力泵的钻头吸入，通过钻杆和管道排入泥浆池，经泥水分离排除土渣后，再补充到槽内，进行泥浆反循环。冲击式挖槽机见图 4-6。

(a)　　　　　　　　　　　(b)

图 4-6　冲击式挖槽机

4）回转式成槽机

回转式成槽机有钻头回转和滚刀回转两类。

（1）钻头回转式挖槽机

钻头回转式成槽机是以回转的钻头切削土体来成槽的，切削下来的土渣随正循环或反循环的泥浆排到地面进行泥水分离处理。

钻头回转式成槽机有单头钻机和多头钻机之分，单头钻机用来钻导向孔，多头钻机用来成槽。

多头钻机是用潜水电机带动行星减速机和传动分配箱的齿轮，使钻机下部多个钻头等速对称地旋转，并在切削土体的同时，带动两边的铲刀上下运动，铲除钻头工作圆周外的三角形土体，使钻机能一次性形成断面呈长圆形的槽孔。

考虑到土质不均匀可能会影响成槽的垂直度，多头钻机安装了电子测斜和推板纠偏装置。

多头钻机还设有钻压测量装置，可以根据钻压调节钢索荷重，改善钻机的成槽状态。

多头钻机采用反循环法排除土渣，钻头切削下来的土渣由砂石吸力泵或压缩空气把携带土渣的泥浆从中间一个钻头的空心钻杆中吸进，再排到地面进行泥水分离处理。

砂石吸力泵由 SZ-4 真空泵和 4PH 离心式灰渣泵组成，先由真空泵吸出引水，再以灰渣泵来吸泥浆土渣，其吸引深度约 50m，吸出的土渣直径达 5cm，流量约 $100m^3/h$。

用压缩空气提升携带土渣的泥浆时，可达到 50m 以上深度，但在 6m 以下时效果不好，一般在 10m 深度以上工作才稳定。

也可用混合法提升携带土渣的泥浆，深度在 35m 以下用砂石吸力泵，深度在 35m 以上时用压缩空气。用压缩空气时，可配备 $9m^3/min$ 的空气压缩机。

（2）铣槽机（滚刀回转式挖槽机）

用来切削土体的一对滚刀是竖向旋转的，它不但能切削一般硬、软土，还能切削风化岩和岩石，适用于超深地下墙和地下墙需插入基岩的工程。图 4-7 是铣槽机（滚刀回转式挖槽机）。

（a）　　　　　　　　　　　　　　（b）

图 4-7　铣槽机（滚刀回转式挖槽机）

第二节　护壁泥浆

护壁泥浆是指以膨润土为主要原料，加上纯碱、CMC（化学浆糊）等外掺剂，用清水混合搅拌而成的悬浮液（也称半胶体溶液）。由于它具有在成槽时防止槽壁坍塌、保持壁面土体稳定为主的多种功能，因而术语称它为膨润土护壁泥浆，在本节中简称为泥浆。

一、泥浆的功能与作用

1. 护壁泥浆的基本知识

要筑成一段符合设计要求的地下墙，先决条件是能够挖出一个单元槽段，并要保持单元槽段壁面的稳定。从一开始挖槽，就必须向槽内灌注泥浆，并在挖槽的全过程中及时向槽内补充泥浆，使泥浆始终充满槽段空间，直到浇注混凝土时泥浆被混凝土置换出槽为止。

在地下连续墙工程中，泥浆的使用量相当于或大于成槽的土方量，图4-8为泥浆系统基本布置示意图。

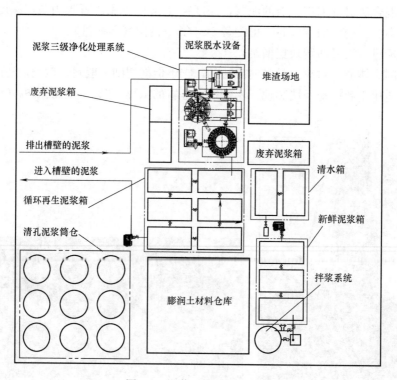

图4-8 泥浆系统基本布置图

2. 泥浆的作用

1）防止槽壁坍塌

在自然状态下，如果垂直向下挖掘处于稳定状态的地基土体，就会破坏土体的平衡状态，使槽壁发生坍塌。但是，当槽内灌满泥浆时，就能防止槽壁坍塌。

2）悬浮槽内土渣，防止沉渣产生

在挖槽过程中，土渣混在泥浆中，成槽后，土渣逐渐沉积在槽底，它不但会阻碍钢筋笼下放到位，而且会影响混凝土浇注的质量。如果泥浆的黏度适当，就可以悬浮槽内土渣，防止沉渣的产生。

3）把土渣携带出地面

用回转式成槽机挖槽时，由于泥浆具有一定的黏度，可以将切下的土渣带向地面，排出槽外。

4）冷却和润滑挖槽机

用冲击式或回转式成槽机在泥浆中成槽时，以泥浆作冲洗液，既可把机具因连续冲击或回转而升高的温度冷却下来，又可润滑机具，减轻磨损，提高挖掘深槽的效率。

3. 泥浆的使用方法

根据不同类型的成槽机具及其出土方式，泥浆的使用方法可分为静止式和循环式两种。

1）静止式

使用抓斗挖槽时，槽内土体由抓斗直接挖进斗里，再提升到地面弃土。向槽内补充的泥浆从开始挖槽到浇注混凝土时被置换出来为止，一直容蓄在槽内，处于相对静止的状态。

2）循环式

使用铣槽机成槽时，在向槽内补充泥浆的同时，用泥浆泵使泥浆在槽底与地面之间循环流动，把土渣排出地面，泥浆除了起护壁作用之外，还起携带排除土渣的作用。

循环式又可分为正循环和反循环两种。

二、泥浆的主要材料与性能

膨润土泥浆是以膨润土为主要材料，适量掺加 CMC 和纯碱等外加剂，用水混合搅拌而成的半胶体溶液。

1. 膨润土

膨润土是一种以含水铝硅酸盐为主体的高岭石、水云母、微晶高岭石等混合矿石经过加热、干燥、粉碎、分筛等工序加工成的粉末状袋装商品。

膨润土因产地与种类不同，质量差别很大。因此要进行室内试验，了解其性质后方可使用。

1）膨润土的基本性质

（1）主要物理常数

相对密度：2.3～2.9

重度：0.83～1.13kN/m³

含水量：最大 10%

粉末粒径：200 目筛余小于 4%

6%～12% 浓度的溶液 pH：8～10

（2）主要化学成分

SiO_2（二氧化硅）64%～85%

Al_2O_3（三氧化二铝）12%～17%

Fe_2O_3（氧化铁）、MgO（氧化镁）、CaO（氧化钙）、Na_2O（氧化钠）、K_2O（氧化钾）等 5.3% 以下。

（3）水化性能

膨润土的主要成分是含水铝硅酸盐，它由 Si-Al-Si 等三层结构重叠而成，在很薄的不定型的板状层表面吸附了大量可以进行离子交换的阳离子（Na$^+$）或（Ca^{2+}），吸附钠离子的称为钠基膨润土，吸附钙离子的称为钙基膨润土。

钠基膨润土水化能力比钙基膨润土好，为了改善钙基膨润土的水化能力，可以用纯碱（Na$_2$CO$_3$）使钙基膨润土转化为钠基膨润土。

① 湿胀性能

膨润土加清水混合时，水会很快进入铝硅酸盐的晶格层之间，膨润土便显著地膨胀起来。膨润土的湿胀程度用 1g 干燥的膨润土粉末所能吸收的水量来表示（mL/g），通常钠基膨润土的湿胀度为 8～12mL/g，钙基膨润土为 3～5mL/g。

② 胶体性能

膨润土湿胀之后，水和膨润土中的离子交换，使膨润土颗粒周围带负电荷。由于电荷有吸附水的作用，水便将膨润土颗粒包围起来，形成一层带负电荷的水化膜。因为形成水化膜的膨润土颗粒都带着负电荷，颗粒与颗粒就会产生静电排斥力，使之互相不能聚合而处于相对稳定的悬浮分散状态中，成为一种半胶体悬浮液。

③ 触变性能

经过水化作用的膨润土悬浮液处于静置状态时，包围膨润土颗粒的水化膜就会互相粘结，形成蜂窝状的有一定机械强度的网状结构，并变成流动性显著减小的胶凝体。但只要搅动一下，胶凝体又会恢复原来的流动性，变成悬浮液。膨润土这种很容易由悬浮液与胶凝体互相转化的特性，就叫触变性。

2）判别膨润土质量的依据

（1）产浆率

产浆率是指把 1 吨干燥的膨润土粉末和水混合，使其达到规定黏度（斯托玛黏度为 15CP）时的膨润土悬浮液的容积。湿胀度高的膨润土其产浆率也高，产浆率越高，质量也越好。优质膨润土产浆率可达 30m^3。

（2）重力稳定性

优质膨润土：浓度 8％的悬浮液静置 10h 以上不产生沉淀。

普通膨润土：浓度 12％的悬浮液静置 10h 不产生沉淀。

（3）滤过试验

优质膨润土：失水量在 10mL 以下；泥皮厚度在 1.5mm 以下。

普通膨润土：失水量在 15mL 以下；泥皮厚度在 2mm 以下。

2. 水

配制泥浆最好用软水。如果使用硬水，水中大量钙、镁等盐类会降低膨润土的水化作用，使泥浆凝聚沉淀。因而在使用性质不明的水源时，应事先化验一下。如果是硬水，可在拌浆时加 Na$_3$PO$_4$（磷酸钠）或加 Na$_2$CO$_3$（纯碱）进行软化处理。

用自来水配制泥浆是没有问题的。

3. 分散剂

分散剂掺加到泥浆中，可以使分散不好的膨润土颗粒增加分散度和水化程度，分散剂还可用来调整泥浆的 pH 值、控制泥浆的质量变化。

分散剂有碱类、复合磷酸盐类、木质素璜酸盐类和腐殖酸类等多种类别。配制泥浆最常用的是碱类中的 Na$_2$CO$_3$（纯碱）。

分散剂在泥浆中的作用有以下三方面：

（1）提高膨润土颗粒的负电荷电位，从而提高泥浆的表面性质

分散剂都是一些含有金属元素钠的碱类或盐类，泥浆中掺加分散剂后，膨润土颗粒表面就可以吸附到更多的钠离子（Na⁺），使形成水化膜的膨润土颗粒所带的负电荷电位升高，从而增强了相互之间的静电排斥力，提高了膨润土颗粒的分散度和水化程度，改善了泥浆的表面性质。

（2）抵抗混入泥浆中的有害离子，提高泥浆的化学稳定性

泥浆中掺加分散剂后，分散剂释放出来的大量的钠离子能同混入泥浆中的有害离子发生化学反应，使有害离子惰性化。

（3）置换有害离子，控制泥浆的质量变化

在泥浆下浇注混凝土时，泥浆常会因受水泥的污染而产生黏度升高、相对密度增大、泥水分离等质量恶化现象。如果在质量恶化的泥浆中掺加一定浓度的纯碱溶液，那么恶化的泥浆就会向悬浮分散状态转化。因纯碱能同水泥中的主要成分硅酸三钙与硅酸二钙等硅酸盐发生置换反应，变成碳酸钙沉淀，从而使钙离子惰性化，失去危害作用。

4. 增黏剂

配制泥浆用的增黏剂均为 CMC（钠羧甲基纤维素），它是一种高分子聚合的化学浆糊。CMC 溶解于水后，成为黏度很大的透明胶体溶液。

市场上出售的 CMC 品种很多，按高分子聚合程度不同，可分为高黏、中黏和低黏三种。在选用时，必须搞清商品名称、黏度高低及其性能特点。配制泥浆时，要按不同商品、不同黏度来确定掺加浓度。

CMC 在泥浆中的作用主要有以下三方面：

（1）提高泥浆黏度；

（2）提高泥皮形成性能；

（3）具有胶体保护作用，防止膨润土颗粒受水泥或盐分的污染。

5. 其他外加剂

前面述及的泥浆材料是常用材料，在一般地基土中挖槽都可满足使用要求，但在复杂的地质条件下挖槽时，就会产生因泥浆相对密度不够、平衡不了槽壁内外的压力而使槽壁坍塌；或泥浆中缺少充填地基孔隙的材料，造成泥浆严重漏失而使槽壁坍塌等问题，这时就应掺加特殊材料来处理泥浆。

1）加重剂

在松软地层或有较大承压水存在的地层中成槽时，必须增大泥浆的相对密度，提高泥浆的水头压力才能保持槽壁稳定。若用增加膨润土浓度来提高相对密度，那么就会带来泥浆黏度过大、泵送困难、影响混凝土浇注等问题。此时，可在泥浆中掺加加重剂，达到增大泥浆的相对密度却又不明显增大黏度的目的。

加重剂一般都由相对密度较大的惰性材料加工而成，如：重晶石粉、铜矿渣粉、方铅矿粉和磁铁矿粉等。其中最常用的是商品重晶石粉，它是一种以硫酸钡为主要成分的灰白色粉末，相对密度在 4.20 以上，粉末粒径为 200 目筛余小于 3%。

2）防漏剂

在渗透系数很大的砂层、砂砾层或是有裂隙的地层中挖槽时，由于普通泥浆中没有充

填地基孔隙的材料，泥浆会大量漏失，导致槽壁坍塌，此时，可在泥浆中掺加防漏剂。

防漏剂有粒状、片状和纤维状，大小从几十微米至几十毫米，使用时可根据需要充填的地基孔隙大小来选定材料的规格与掺加量。

作为防漏剂的常用材料有：

1）粒状：棉花籽碎壳、核桃碎壳、木材锯末、珍珠岩、蛭石粉末等。

2）片状：碎云母片、碎塑料片等。

3）纤维状：短石棉纤维、碎甘蔗纤维、碎稻草纤维、纸浆纤维等。

三、泥浆的配比与制浆方法

1. 制定泥浆配制方案的一般程序

1）了解水文地质状况

（1）了解地基状况

坍塌性较大的土层、砂层和砂砾层；裂缝、空洞和渗透系数很大的漏浆层；影响泥浆管理和处理的土层，如有机质土层、水泥搅拌土层等。

（2）了解地下水状况

① 地下水位高程，能否保证泥浆的液面高出地下水位 1m 以上；

② 承压水层、潜流水层、无水层以及地下水的流速；

③ 地下水水位的变化是否受潮汐的影响；

④ 地下水的水质

A. 测定盐分和钙、镁等能使泥浆变质的有害离子的含量；

B. 测定地下水的 pH；

C. 了解有无化工厂的排水流入等。

（3）了解其他情况

① 地基是否经过化学加固；

② 地层中有无气体；

③ 槽壁邻近的建筑物是否对槽壁产生附加侧压力。

2）掌握施工条件

（1）了解使用哪种挖槽机、哪种挖槽方法、泥浆中含土渣的程度如何；

（2）了解采用哪种泥浆循环方式，泥浆排土渣的性能及沉渣处理的难易程度如何；

（3）了解施工现场总平面布置和泥浆施工设施允许占地面积的大小，能否设置泥浆沉淀池和净化再生装置；

（4）了解槽深、槽宽和最大单元槽段的长度；

（5）了解单元槽段的施工周期有无时间限制，是否要在短时间内供给大量泥浆。

3）选定泥浆材料

泥浆材料通常选择如下：

膨润土：200 目商品膨润土；

水：自来水；

分散剂：纯碱（Na_2CO_3）；

增黏剂：CMC（高黏度，粉末状）；

加重剂：200目重晶石粉；

防漏剂：纸浆纤维。

4）确定泥浆的性能指标

（1）黏度

① 关系到泥浆黏度的因素

A. 地基的坍塌性

泥浆的黏度与地基的坍塌性关系最大，地基的坍塌性越大，所需泥浆的黏度也越大。

地基的坍塌性又与土质的种类和有没有地下水有很大关系，表4-1是地基的坍塌性与土质和地下水的关系。

地基的坍塌性与土质和地下水的关系　　　　　　　　　　　表4-1

坍塌性　　土质　　　地下水	黏土	粉质黏土	砂质粉土	细砂	粗砂	砂砾	砾石
无地下水时	无	一般无	稍有	有	常有	多	很多
有地下水时	一般无	稍有	有	常有	多	很多	非常多

注：表中是指不用泥浆护壁，垂直挖槽10m深的情况。表中的"无"是指挖槽完毕时无坍塌现象，但不能长期保持稳定。

在实际工程中，地基的土质极少是单一的，一般都是由黏土、粉土、砂层和砾石等复合构成。在复合构成的地基中，护壁的重点是最容易坍塌的土层，因此，确定泥浆所需的黏度也要以最容易坍塌的土层为对象。

B. 泥浆的使用方法

在使用抓斗挖槽（泥浆静止式）的场合，特别是用重型抓斗挖槽的场合，由于抓斗撞击导墙会产生振动、抓斗在槽内上下往复会撕掉槽壁面上形成的泥皮以及抓斗掀起的泥浆浪花会冲刷槽壁等原因，常会造成槽壁表土剥落或坍塌。而用钻机、铣槽机成槽（泥浆循环式）的场合，因为钻机缓慢下放一次成槽，不会撞击振动导墙，没有上下往复动作，不会撕掉泥皮，不会掀起浪花，因而槽壁就不容易引起坍塌。所以，用于静止式的泥浆应比用于循环式的泥浆有较大的黏度。

C. 槽段的放置时间

槽段放置的时间越长，静置在槽内的泥浆产生离析沉淀的程度就越严重。因此，确定必要的泥浆黏度要考虑到槽段可能放置的时间，泥浆放置时间越长，所需的黏度也应越大。

② 必要的泥浆黏度

必要的泥浆黏度应该是能够保持槽壁稳定的较小黏度。为了保持槽壁稳定，经验数值各自不同。表4-2是上海地区施工的经验数值。表4-3是日本经验数值的摘录。

保持槽壁稳定的泥浆漏斗黏度（泥浆静止式工法）　　　　　　　表4-2

地基　黏度	黏土层	粉质黏土层	黏质砂土层
500mL/700mL（s）	22～24	24～26	26～30

日本保持地基稳定的经验数值泥浆漏斗黏度 500mL/500mL（s）　　　　表 4-3

工程地质状况与施工条件	泥浆静止式施工方法		泥浆循环式施工方法	
	地下水少时	地下水多时	地下水少时	地下水多时
黏土层	20～22	22～24	20～22	22～24
含砂粉土层	25～30	30～33	23～28	24～30
砂质黏土层	28～35	30～38	23～28	25～30
砂质粉土层	30～35	32～38	25～30	27～34
砂层	35～45	40～45	27～34	30～38
砂砾层	45～60	60～80	32～38	35～44

注：表中数值是以最普通的工程（即深度 10～30m，用 2～8h 挖完槽，然后用 1～3h 浇注完混凝土）为对象，如果要延长放置时间，表中黏度值应增大 20%～50%。

在实际施工时，应该在充分调查研究本工程的地质状况和施工条件，并搞清关系到泥浆黏度的各种因素之后，再参考同类工程的经验数值，确定工程所需的泥浆黏度。

（2）相对密度

在通常情况下（地基土浅层以黏性土为主），新鲜泥浆的相对密度达到 1.06（在成槽过程中，土渣混入泥浆之中，相对密度会增大到 1.10 以上），就能保证槽壁的稳定。如果遇到以下三种情况，需酌情提高泥浆的相对密度：

① 地下水位高或地下有承压水时；

② 地基非常软弱（$N<1$）；

③ 土压力非常大（在路下、坡脚处或邻近建筑物对槽壁产生附加侧压力的情况下施工时）。

（3）pH

新鲜泥浆的 pH 的大小取决于选用膨润土的品质和分散剂的掺加量，如果 pH 小于 7，表示泥浆中分散剂的掺加量不足，不利于膨润土颗粒的分散和水化，也不具有良好的化学稳定性；如果 pH 大于 9，表示泥浆中分散剂掺加量过大。通常，将新鲜泥浆的 pH 控制在 8～9。

（4）胶体率

新鲜泥浆的胶体率的高低，取决于选用膨润土的品质及其水化程度。用优质膨润土配制的泥浆，胶体率可达 100%；一般来说，新鲜泥浆的胶体率应大于 99%。

（5）失水量与泥皮厚度

失水量与泥皮厚度的大小，主要取决于泥浆中膨润土的浓度与质量。如果泥浆中含有适当浓度的优质膨润土，那么就能把泥浆的失水量降低到 10mL 以下，并形成厚度 1mm 以下的泥皮。

5）确定基本配合比

基本配合比是为了保证泥浆具有必要的性质及其性能指标而规定的泥浆材料的掺加比例。由于膨润土的质量差异很大，CMC 的品种不同，通常先根据本工程的地质状况和施工条件，并参考同类工程经验数值，确定泥浆的各项主要性能指标，再通过室内试验得出达到各项主要性能指标的新鲜泥浆的基本配合比。表 4-4 为新鲜泥浆的各项性能指标。表 4-5 为新鲜泥浆的基本配合比。

新鲜泥浆的性能指标 表 4-4

试验项目	性能指标范围		试验方法
	黏性土地基	砂性土地基	
漏斗黏度(s)	22～24	25～30	500mL/700mL 漏斗黏度计
相对密度	1.05～1.06	1.06～1.07	泥浆相对密度秤
pH	8～9	8～9	石蕊 pH 试纸
胶体率(%)	>99	>99	1000mL 量筒
失水量(mL/30min)	<10	<10	泥浆滤过装置
泥皮厚(mm)	<1.5	<1.5	泥浆滤过装置

新鲜泥浆的基本配合比 表 4-5

泥浆材料	膨润土(商品陶土)		CMC(Im5)		纯碱(Na$_2$CO$_3$)	
地基状态	黏性土	砂性土	砂性土	砂性土	黏性土	砂性土
掺加浓度(%)	9～11	11～13	0.4～0.5	0.5～0.7	3.5～4.5	4.0～4.5

注：CMC 和 Na$_2$CO$_3$ 的浓度是陶土重量的百分比。

泥浆是各种材料特性的综合产物，即使严格按确定的配合比配制的泥浆，它是否具有工程施工所需的必要性质，还需对性能指标进行逐项试验才能确定。如果没有达到指标，就应增减材料的掺加量，修正基本配合比。

对于通过室内试验确定的新鲜泥浆的基本配合比，在开始施工之后，若发现与当初预估的条件不同，应逐项对泥浆配合比进行修正。对于地基土十分软弱而与邻近有重要构筑物的地下墙工程，最好能在工地内适当地方试挖一个槽段，以此检验泥浆的各项必要的性能。一般工程可以将最初施工的单元槽段作为试挖槽段，检验泥浆的各项必要的性能指标。

2. 泥浆配制方法

1）泥浆配制的机具设备

（1）泥浆原料仓库

为了满足施工需要，仓库内应常备可以配制出供 3 个单元槽段同时成槽所需的泥浆原材料。

通常将泥浆原料仓库搭建在泥浆池或组合泥浆箱的上面，即上面是泥浆原料仓库，下面是泥浆池，上下呈立体布置。

为了防止泥浆原料淋雨受潮，泥浆原料仓库应设置在可避风雨的工棚之内。

（2）泥浆投料计量秤

需要称量的是零星膨润土、纯碱和 CMC 等原材料，它们的每立方米投料量都在 50kg 以下，因此，50kg 级的磅秤是泥浆原料投料计量的合适器具。

（3）清水贮存箱

应用清水贮存箱在平时装满清水，水流量小时或断水时可作应急之用。在施工现场通常用泥浆箱代替清水贮存箱，每箱可贮存 20～30m^3 清水。

（4）CMC 和纯碱搅拌筒

宜把 CMC 和纯碱放在另外的搅拌筒中加水搅拌到充分溶解后，再加入到膨润土纯浆液中一起搅拌。

搅拌 CMC 和纯碱的搅拌筒通常由单轴叶片搅拌机和圆筒形容器组成，容积约 0.8m³。

（5）泥浆搅拌机

泥浆搅拌机有回转式泥浆搅拌机和喷射式泥浆搅拌机两类。

（6）泥浆测试仪器

成套泥浆测试仪器中有泥浆相对密度秤、漏斗式黏度计、泥浆滤过试验器、筛析法含砂量仪及 pH 值石蕊试纸等器具。

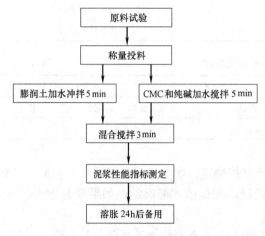

图 4-9　泥浆配制的工艺流程图

（7）新鲜泥浆贮存箱（池）

由于膨润土在水中达到充分溶胀水化的时间需要 20h 左右，因此配制好的新鲜泥浆要贮存 24h 后才能使用，这就需要配备泥浆箱（池）来贮存新鲜泥浆，通常作为新鲜泥浆贮存箱（池）的容积应是单元槽段体积的 0.5～1 倍。

2）泥浆配制的工艺流程，见图 4-9。

3）泥浆原材料投放量的计算方法

（1）膨润土投放量的计算方法

①根据新鲜泥浆设计性能指标中的相对密度一项，换算膨润土的浓度百分比：

当新鲜泥浆的相对密度为 1.045 时，膨润土的浓度百分比为 8%；新鲜泥浆的相对密度每增减 0.005，膨润土的浓度百分计算比相应增减 1%。

② 根据膨润土的浓度百分比计算膨润土的投放量：

如：膨润土的浓度百分比为 8%，则：泥浆的相对密度为 1.045，1m³ 新鲜泥浆的重量为 1.045t，其中膨润土所占的重量为 1.045t×8%＝83.6kg。也就是：配制 1m³ 相对密度为 1.045 的新鲜泥浆，需投放膨润土 83.6kg。

（2）纯碱投放量的计算方法

纯碱投放量＝膨润土的投放量×4%。

如：泥浆相对密度为 1.045，则：膨润土的投放量为 83.6kg，纯碱的投放量为 83.6kg×4%＝3.344kg。

（3）CMC 投放量的计算方法

CMC 投放量＝膨润土的投放量×（0.5%～1%）（黏度高则用量少）。

如：泥浆相对密度为 1.045，则：膨润土的投放量为 83.6kg，CMC 的投放量为 83.6kg×0.5%＝0.418kg。

（4）清水用量的计算方法

①计算 1m³ 新鲜泥浆中清水所占的体积

1m³ 新鲜泥浆中清水所占的体积＝1m³ 新鲜泥浆的体积－膨润土所占的体积（膨润土的投放量÷膨润土的相对密度）－纯碱所占的体积（纯碱的投放量÷纯碱的相对密度）－CMC 所占的体积（CMC 的投放量÷CMC 的相对密度）。

在实际计算 1m³ 新鲜泥浆中清水所占的体积时，只扣除膨润土所占的体积而不扣除纯碱和 CMC 所占的体积，因为纯碱和 CMC 所占的体积并不大，而清水在新鲜泥浆配制过程中有损耗，故两者都忽略不计。

② 根据 1m³ 新鲜泥浆中清水所占的体积，计算出清水的用量：

清水用量＝[1m³ 新鲜泥浆的体积－膨润土所占的体积(膨润土的投放量÷膨润土的相对密度)]×清水的相对密度。

如：泥浆相对密度为 1.045，则：清水用量＝[1000dm³－83.6kg÷2.3kg/dm³)]×1＝963.65kg。

（5）泥浆原材料投放量的计算例题

设新鲜泥浆的设计性能指标见表 4-6，求：新鲜泥浆的投料配合比。

新鲜泥浆的设计性能指标　　　　　　　　表 4-6

项目	黏度(s)	相对密度	pH	失水量(mL)	滤皮厚(mm)
指标	24～28	1.06	8～9	≤10	≤1.5

解：

① 计算膨润土的投放量

1m³ 新鲜泥浆的质量为 1.06t；膨润土浓度为 11％；其中膨润土所占的质量为1.06t×11％＝116.6kg。

② 计算纯碱的投放量

纯碱的投放量＝膨润土的投放量×4％＝116.6kg×4％＝4.664kg

③ 计算 CMC 的投放量

CMC 的投放量＝膨润土的投放量×0.5％＝116.6kg×0.5％＝0.583kg

④ 计算清水的投放量

清水用量＝[1m³ 新鲜泥浆的体积－膨润土所占的体积(膨润土的投放量÷膨润土的相对密度)]×清水的相对密度＝[1000dm³－116.6kg÷2.3kg/dm³)]×1＝949.3kg。

⑤ 求得新鲜泥浆的投料配合比见表 4-7。

新鲜泥浆的配合比　　　　　　　　表 4-7

泥浆材料	膨润土	纯碱	CMC	清水
1m³投料量(kg)	116.6	4.664	0.583	949.3

3. 泥浆循环与净化再生

在地下墙施工过程中，因为泥浆不断消耗和劣化，新鲜泥浆使用两个循环之后，可能就要报废。因此，在地下墙施工过程中，要对循环使用中的泥浆进行分离净化与再生处理，尽可能提高泥浆的重复使用率。

四、泥浆试验

1. 胶体率的测定

可用泥浆胶体率来粗略地反映泥浆的重力稳定性。测定泥浆胶体率是测试泥浆重力稳定性的粗略方法。

其试验方法：将试样泥浆倒入 1000mL 量筒中，静置 24h，观察泥浆的泥水离析现象，测出离析水与泥浆的百分比即为泥浆的胶体率。

新鲜泥浆的胶体率应在 99％以上。回收泥浆胶体率小于 96％时需进行调整，达到 96％以上方可使用。

2. pH 的测定

测定泥浆的 pH（酸碱度）是测试泥浆化学稳定性的粗略方法。

3. 相对密度的测定

泥浆的相对密度是泥浆密度与同体积水密度的比值。测量泥浆相对密度的常用仪器是泥浆相对密度秤。

新鲜泥浆的相对密度与膨润土掺加浓度成正比，膨润土浓度为 8％时，相对密度是 1.045，膨润土浓度增减 1％，相对密度相应增减 0.005。

4. 黏度的测定

一般泥浆黏度只测量相对黏度，使用漏斗式黏度计进行测量。

5. 失水量与泥皮厚度的测定

测定泥浆的失水量与泥皮厚度通常使用泥浆滤过试验器。

6. 含砂量的测定

泥浆含砂量是指泥浆使用过后，混入泥浆中的粒径大 $74\mu m$（$1\mu m＝0.001mm$）的砂粒（200 目筛网通不过的砂粒）在泥浆总体积中所占的百分含量。

测定泥浆含砂量可用筛析法含砂量仪。

五、泥浆的调整（再生利用）

1. 泥浆循环的工艺流程见图 4-10

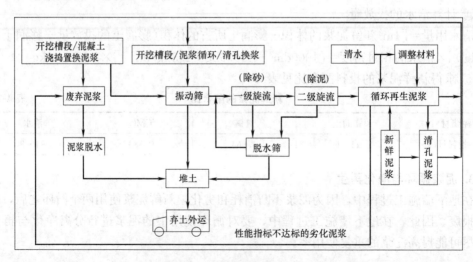

图 4-10 泥浆循环的工艺流程

2. 泥浆分离净化的方法

泥浆分离净化，主要有沉淀分离和机械分离两种方法，而两种方法结合使用效果最好。

1）沉淀分离法

沉淀分离法是利用泥浆与土渣的相对密度差，使土渣沉淀下来之后，再予以排除的方法。由于采用沉淀分离法时，沉淀池越大、沉淀时间越长，泥浆沉淀分离的效果也越好，所以在施工现场允许设置大容积沉淀池和采用钻机成槽、泥浆排渣的场合，常把沉淀分离法作为泥浆分离净化的主要方法。

沉淀池可埋设在地下，半埋在地下，或砌筑在地上。考虑到土渣沉淀会减少沉淀池的有效容积，设置沉淀池时，容积应大于单元槽段挖土量的 1.5～2.0 倍。泥浆在沉淀池中折线流动和清除沉渣的需要，应将沉淀池适当分隔成几个小池，其间根据工艺要求开槽口连通。

2）机械分离法

机械分离法是用振动筛、旋流器和离心机等机械设备对泥浆进行泥水分离的方法。

3. 泥浆再生处理

循环泥浆经过分离净化之后，还需调整其性能指标，恢复其原有的护壁性能，这就是泥浆的再生处理。

泥浆再生处理的基本方法如下：

1）净化泥浆性能指标测试

通过对净化泥浆性能指标的测试，了解净化泥浆中主要成分消耗的程度。

2）补充泥浆成分

补充泥浆成分的方法是向净化泥浆中补充膨润土、纯碱和 CMC 等成分，使净化泥浆恢复原有的护壁性能。

向净化泥浆中补充膨润土、纯碱和 CMC 等成分，可以采用重新投料搅拌的方法，但大量的净化泥浆都要重新投料搅拌，显然很费事，往往跟不上施工的进度。因此，在实际施工中，常常采用先配制浓缩新鲜泥浆，再把浓缩新鲜泥浆掺加到净化泥浆中去的做法来调整净化泥浆的性能指标，使其恢复原有的护壁性能。

六、废泥浆处理

地下连续墙施工所产生的废浆使用机械装置进行处理，通常有两种方式：一种是固液分离法，另一种是固化处理。

第三节 导 墙 工 程

一、导墙的作用及分类

导墙是在地下墙挖槽之前构筑的临时施工设施，它对地下墙施工具有多方面的重要作用，导墙有多种结构形式，要根据现场的地基和施工条件选择安全可靠而又经济节约的结构形式，导墙通常用钢筋混凝土建造，也可使用钢板或混凝土预制板等构筑导墙。

1. 导墙的作用

1）作为地下连续墙在地表面的基准物；

2）确定地下墙单元槽段在实地的位置；

3）作为地表土体的挡土墙；

4）防止泥浆流失；

5）作为容纳和储蓄泥浆的沟槽；

6）作为挖槽机挖槽起始阶段的导向物；

7）作为检测槽段形位偏差的基准物；

8）作为钢筋笼入槽吊装时的支承物；

9）作为顶拔接头工具时的支座。

2. 导墙的类型

导墙有预制导墙和现浇导墙两种类型。

二、导墙的布置方法与施工要点

导墙的厚度、深度与结构形式，应根据地基表层土体、地下水状况、施工荷载、所用的挖槽机械、挖槽方法以及对邻近构筑物的影响等多种因素而定。

1. 导墙的深度

导墙的深度一般为 1.5～2.0m。导墙的顶面宜比所在地的路面或地面稍高，以防地表水流入导墙沟内。导墙墙趾应穿过填土层插入原状土中 20cm。如因排除地下管线或地下障碍物扰动了地基土，则应加深导墙，使导墙墙趾穿过扰动土层插入原状土中 20cm。

2. 导墙的厚度

导墙的厚度一般为 20cm，配置单层钢筋网片。如导墙深度超过 2.0m，导墙的厚度应相应加厚，并配置双层钢筋网片，使之能抵挡较大的土压力。

3. 导墙沟的宽度

导墙沟的宽度应大于拟建地下墙厚度 4～6cm，导墙沟的宽度放大量越小，导向作用越好，但施工难度也大。

4. 导墙拐角处的处理

导墙拐角处应根据所用挖槽机械的成槽断面形状，相应地延伸出去，以免成槽断面不足，妨碍钢筋笼下槽。

5. 导墙的断面形式

根据不同的施工条件，现浇导墙可设计成多种断面形式，断面形式主要如下：

1）常规导墙

常规导墙用于常规施工条件之下，其结构断面形式见图 4-11。

2）高导墙

高导墙用于地下水位较高或地基土十分软弱，需要把泥浆液面提高到地面以上的场合，其结构断面形式见图 4-12。

3）深导墙

深导墙用于因遇到较深的暗浜、松散的杂填土层、因基础桩施工时送桩而扰动的土层或因挖坑排除地下障碍物而扰动较深地基土的场合，其结构断面形式见图 4-13。

4）混合型导墙

在特殊的地基条件下，也可采用既是高导墙，又是深导墙的混合型导墙。图 4-14 是在砂性土地基中又遇到地下障碍物（人防工事）时采用的混合型导墙。

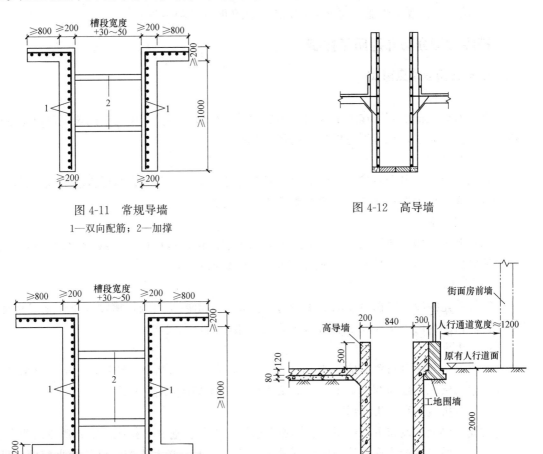

图 4-11　常规导墙
1—双向配筋；2—加撑

图 4-12　高导墙

图 4-13　深导墙
1—双向配筋；2—加撑

图 4-14　混合型导墙

第四节　槽段开挖

槽段开挖是地下墙施工中最关键的工序之一，因为成槽作业时间约占单元槽段施工周期的一半时间，成槽的槽壁形状基本上就是地下墙墙体的形状，它不但关系到施工效率，也关系到成墙质量。

一、挖槽机的选用原则

1）能适应工程的土质条件与土质硬度；
2）能达到工程要求的挖槽深度；

3）能满足工程要求的成槽垂直精度；

4）挖槽速度与效率能满足工程的施工进度计划；

5）挖槽土方或土渣能及时外弃，无碍工地文明和环境卫生。

二、槽段的划分与开挖质量控制

1. 单元槽段常见形式

（1）直线形

直线形单元槽段布置在地下墙的平面形状呈直线形的部位，单元槽段长度可以是挖槽机的一个挖槽长度，也可以是挖槽机的几个挖槽长度组成。

（2）直角形

直角形单元槽段布置在地下墙呈直角形拐弯的部位，由两个直线形槽段搭接而成，单元槽段长度为两个搭接而成的直线形槽段的长度之和。

（3）拐角形

拐角形单元槽段布置在地下墙呈钝角形拐弯的部位，也由两个直线形槽段搭接而成，单元槽段长度为两个搭接而成的直线形槽段的长度之和。

（4）T形

T形单元槽段布置在地下墙呈T形分叉的部位，由两个直线形槽段呈T形搭接而成，单元槽段长度为两个呈T形搭接而成的直线形槽段的长度之和。

（5）十字形

十字形单元槽段布置在地下墙呈十字形交叉的部位，由两个直线形槽段呈十字形交叉而成，单元槽段长度为两个呈十字形交叉的直线形槽段的长度之和。

（6）双折线形和三折线形

折线形单元槽段布置在地下墙呈圆弧形或圆形部位。通常，折线形单元槽段由两个或三个直线形槽段呈折线形搭接而成，每段折线长度相等，略大于挖槽机的最小挖槽长度，单元槽段长度为两个或三个呈折线形搭接而成的直线形槽段的长度之和。

（7）Z形

Z形单元槽段常见于地铁车站端头井与标准段相结合的部位，由三个直线形槽段呈直角搭接而成，单元槽段长度为三个直线形槽段的长度之和。

（8）圆弧形

圆弧形单元槽段布置在地下墙呈圆弧形或圆形部位。

2. 成槽工艺

1）"两钻一抓"成槽工艺

（1）钻导孔

通常采用钻抓式挖槽机施工时，需要先钻导孔。

（2）安装挖槽机

（3）挖槽

各种类型单元槽段的挖掘顺序见图4-15。

2）"抓铣结合"成槽工艺

所谓"抓铣结合"即先利用液压抓斗抓去上部较软的土层成槽，而在进入硬层后采用

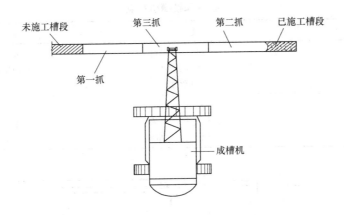

图 4-15　单元槽段的挖掘顺序

铣槽机铣槽并最终完成成槽的工艺，抓铣结合具有施工速度快、有效能耗低、节能环保的优点，可直接降低工程造价且可以满足施工质量要求。

　　成槽设备采用铣槽机和液压成槽机，皆配备有垂直度显示仪表和自动纠偏装置，可以做到随成槽随测随纠偏。抓斗和铣槽机及特点见图 4-16 和表 4-8。抓铣结合成槽工艺见图4-17。抓铣成槽工艺流程图见图 4-18。

液压抓斗

BC40铣槽机

图 4-16　抓头和铣槽机

抓斗和铣槽机特点 表 4-8

	优　点	缺　点
抓斗	机具成本低 运行成本低 灵活度高	成槽深度浅 硬地层挖掘能力
双轮	成槽功效高 硬地层贯穿能 适合大深度成槽	机具成本高 运行成本高 灵活度稍差

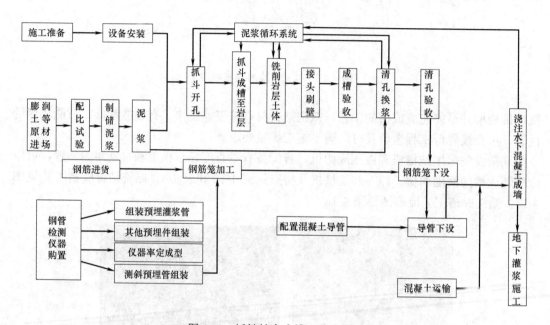

图 4-17　抓铣结合成槽工艺流程图

三、槽段的检测

1. 槽段检验的内容

1）槽段的平面位置；

2）槽段的深度；

3）槽段的壁面垂直度；

4）槽段的端面垂直度。

2. 槽段检验的工具及方法

1）槽段平面位置偏差检测

用测锤实测槽段两端的位置，两端实测位置线与该槽段分幅线之间的偏差即为槽段平面位置偏差。

2）槽段深度检测

用测锤实测槽段左、中、右三个位置的槽底深度，三个位置的平均深度即为该槽段的深度。

3）槽段壁面垂直度检测

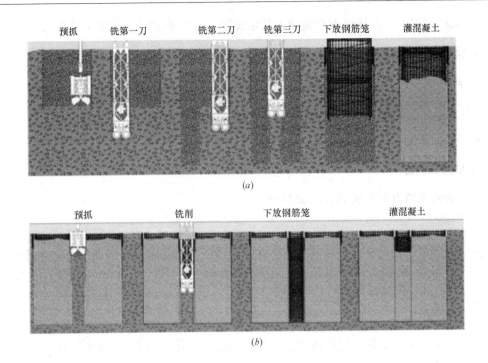

图 4-18　抓铣结合流程图

（*a*）一期槽的制作；（*b*）二期槽的制作

　　用超声波测壁仪在槽段内左、中、右三个位置上分别扫描槽壁壁面，扫描记录中壁面最大凸出量或凹进量（以导墙面为扫描基准面）与槽段深度之比即为壁面垂直度，三个位置的平均值即为槽段壁面平均垂直度。

　　槽段垂直度表示为：X/L。其中，X 为壁面最大凹凸量，L 为槽段深度。

第五节　清底换浆

一、清底（清除沉积在槽底部的土渣）的必要性

　　1）浇注混凝土时，槽底沉渣很难被混凝土置换出地面，它在地下墙墙脚与持力层地基之间形成夹渣层，成为墙体沉降的主要隐患；

　　2）夹渣层会影响墙体底部的截水防渗能力，又是产生管涌的主要隐患；

　　3）沉渣混进混凝土中会降低混凝土的强度；

　　4）浇注混凝土过程中，混凝土的流动会使沉渣集中到槽段的两个端头，是墙体接头渗漏的主要隐患；

　　5）沉渣会阻滞混凝土流动扩散，加速泥浆变质劣化，造成泥浆置换困难，降低混凝土浇注速度；

　　6）沉渣会使所浇注的地下墙顶部劣质混凝土层增厚；

7）沉渣过多时，会妨碍钢筋笼插入预定位置，也会使钢筋笼在浇注混凝土时上浮。

二、换浆（置换槽内不符合质量要求的泥浆）的必要性

1）成槽完毕时，槽内泥浆中含有大量悬浮状态的小块土渣与泥砂，它一时不会沉降到槽底，会变成清底之后的再生沉渣；

2）相对密度、黏度、含砂量过大的槽内泥浆不但难以用泥浆泵抽送置换，还会因泥砂附着钢筋而影响钢筋的握裹力。

三、清底的方法

清除槽底沉渣有沉淀法和置换法两种。

1）沉淀法

（1）清底开始时间

泥浆有一定的相对密度和黏度，土渣在泥浆中沉降会受阻滞，因而土渣沉到槽底需要一段时间。根据现场试验得出结论：小粒径土渣（$0.063 \sim 0.12$mm）的沉降速度是$1.23 \sim 2.75$m/h。据此推算，对于深度为 Z（m）的槽段，在成槽结束之后 T 小时开始清除沉渣比较适宜。

$$T = Z/(1.23 \sim 2.75)$$

在实际施工中，采用沉淀法清底至少要在成槽（扫孔）结束 2h 后才开始。

（2）清底方法

大多使用本工程挖槽作业的抓斗直接挖除槽底沉渣。

2）置换法

（1）清底开始时间

置换法大多在抓斗直接挖除槽底沉渣之后进行，进一步清除抓斗未能挖除的细小土渣。采用泥浆反循环法成槽的槽段在成槽完毕之后即可进行清底换浆作业。

（2）清底方法

① 吸泥泵吸泥法；

② 空气升液器吸泥法；

③ 潜水泥浆泵排泥法。

四、换浆的方法

1）换浆开始时间

换浆是置换法清底作业的延续，当槽底沉渣已经清除干净时，即可开始置换槽内不符合质量要求的泥浆。

2）换浆方法

与清底方法相同。

第六节　钢筋笼制作与吊装

一、钢筋笼制作

1. 钢筋笼制作的准备工作

钢筋笼制作场通常由钢筋笼制作胎模、钢筋堆场和钢筋设备棚等组成，在场地条

件许可时，钢筋笼制作胎模、钢筋堆场和钢筋设备棚应设置在一起，以利提高工作效率。

2. 钢筋笼制作尺寸的确定

1）确定竖向分段位置与各段长度尺寸；

2）确定钢筋笼两端的形状（用接头管连接的地下墙）；

钢筋笼两端的形状需根据与其相配的地下墙两端部形状来确定；

3）确定水平钢筋长度（钢筋笼宽度）。

3. 钢筋笼的配筋类型

在钢筋笼的设计蓝图上已经标明结构钢筋和大多数构造钢筋的直径和间距，但很少考虑到架立钢筋、施工用筋和其他吊装预埋件，需要在翻样时做详细补充。

二、钢筋笼吊装

1. 吊装钢筋笼的设备

1）起重机

（1）钢筋笼主吊起重机

作为吊装钢筋笼时的主吊起重机，通常采用履带式起重机，其允许起重量应大于整幅钢筋笼的重量，其允许起吊高度应超过整幅钢筋笼长度或分段钢筋笼中最长段的长度，并要留有余地。

（2）钢筋笼副吊起重机

作为吊装钢筋笼时的副吊起重机，应采用履带式起吊机，其允许起重量应大于其将要承担的最大重量，并要留有余地。

2）吊具

（1）吊梁

在吊装钢筋笼时，需要在钢筋笼的宽度方向上布置 2~4 列吊点，如果 2~4 列吊点的吊索钢丝绳都挂到起重机的吊钩上，吊索在宽度方向上就会形成夹角，使各点吊索的受力不一致，空中翻转钢筋笼也有困难，因此，吊装钢筋笼时，常用吊梁来联系各吊点的吊索钢丝绳，使各吊点的吊索钢丝绳与吊梁呈垂直状态，这样，起重机的吊钩只要钩在吊梁的中间吊孔中就可以了。

（2）吊索钢丝绳

吊索钢丝绳也称起重千斤绳。用于钢筋笼吊装的吊索钢丝绳都是自行加工的，它的直径需经计算决定，且要有较大的安全系数。它的长度也要经过计算，吊索钢丝绳太短，吊装钢筋笼时夹角太小，受力倍增，不安全。吊索钢丝绳太长，吊装钢筋笼时损失起重机的允许起重高度，可能会使钢筋笼起吊失败。

（3）卸扣

吊装钢筋笼的卸扣大多采用外购的通用产品，在特殊情况下也要自制专用卸扣，但必须经过强度验算和探伤检验，合格后方可使用。

2. 钢筋笼吊装前的检查与验收

1）检查成型尺寸是否符合设计要求；

2）检查预埋连接钢筋、预埋件的位置以及它同吊环底面的距离，保证偏差≤15mm；

3）检查竖向与水平桁架、吊点加强筋、临时搁置点和最终搁置点吊环的电焊质量，保证钢筋笼起吊时不脱焊、不变形；

4）检查起重机和吊具，保证起重机性能可靠、吊具完好无损。

3. 钢筋笼吊运及入槽

1）钢筋笼起吊方法

（1）单机起吊法

当单机的起重能力足够吊起整段钢筋笼，且能在空中翻转整段钢筋笼时，可以并用主副吊钩，单机起吊钢筋笼。

单机起吊钢筋笼的方法：

用主、副吊钩分别吊钢筋笼的笼首部位与笼底部位，同步升到适当高度，然后继续提升笼首部位的主钩，慢慢下放笼底部位的副钩，将钢筋笼悬空拎直呈垂直状态。

（2）双机抬吊法

当单机的起重能力可以吊起整段钢筋笼，但不能在空中翻转钢筋笼时，可以并用两台起重机协同起吊钢筋笼。

双机起吊钢筋笼的方法：以起重能力大的起重机为主机，吊笼首部位，以起重能力小的起重机为副机，吊笼底部位，双机同步将钢筋笼平升到适当高度，然后继续提升笼首部位的主机吊钩，慢慢下放笼底部位的副机吊钩，将钢筋笼悬空拎直呈垂直状态。

（3）三机（两台主机一台副机）抬吊法（图 4-19）

当一台主机没有能力吊起整幅钢筋笼重量，可用两台起重机作主吊，共同起吊钢筋笼的笼首部位，不但可以吊起整段钢筋笼，也能在第三台作为副机的起重机的协同作业之下，在空中翻转整段钢筋笼。

2）钢筋笼吊运

（1）水平吊运

近距离吊运钢筋笼时，可使钢筋笼呈水平状态，但起重机不准行进，只能旋转起重臂，因为钢筋笼呈水平状态时禁不起颠簸，容易散架。

（2）垂直吊运

远距离吊运钢筋笼时，应使钢筋笼呈垂直悬吊状态，才能行进起重机。

3）钢筋笼入槽

（1）钢筋笼入槽时，必须使钢筋笼呈自然垂直状态，并对准槽中心，不可用人力推入槽内。

（2）钢筋笼下放受阻时，应重新提出地面，查明原因，采取措施（如修壁等）后重新插入，不可用冲击方法强行下放，危害工程质量。

4）钢筋笼对接

（1）钢筋笼对接的形式

① 竖向主筋电焊：10d 长度；

② 竖向主筋搭接：70d 长度（其中有 4 组以上主筋需电焊焊接）；

③ 钢板螺栓连接；

④ 套筒压接接头。

（2）钢筋笼对接方法

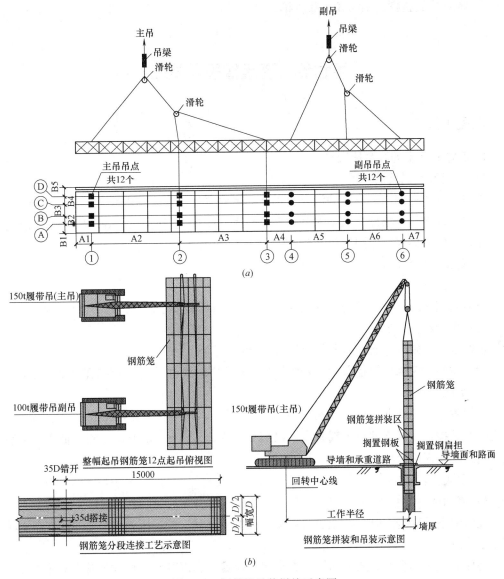

图 4-19　钢筋笼吊装拼接示意图

① 下段钢筋笼吊入槽内，用钢梁挑住，暂搁在导墙上；

② 起吊上段钢筋笼，在自然垂直状态下对准下段钢筋笼；

③ 缓慢下放上段笼，使各组竖向主筋配对理顺；

④ 对钢筋笼四周有对接限位标志的几组竖向主筋施加电焊 $[(5\sim10)d]$；

⑤ 重新拎起钢筋笼，使上下段钢筋笼呈自然垂直状态；

⑥ 对其余各组竖向主筋施加搭接焊；

⑦ 对设置吊环的几组竖向主筋施加电焊；

⑧ 完善导管插入通道与导管导向筋；

⑨ 补焊水平钢筋；

⑩ 补焊端头套箍筋、补焊预埋件、保护层垫块、补扎泡沫塑料；

⑪ 将对接成整幅的钢筋笼下放入槽。

第七节　浇灌槽段混凝土

一、混凝土配比

1. 墙体混凝土的配合比设计

1）对混凝土强度的要求

采用导管法在泥浆下浇筑的混凝土强度，通常要低于在空气中采用同样级配浇筑的混凝土强度，且在整个墙面上强度的分散性也较大，故在施工中，实际浇筑的墙体混凝土强度应比设计的墙体混凝土强度提高 5.0MPa。

2）对材料的要求

（1）水泥

一般采用 32.5～42.5 级普通硅酸盐水泥或矿渣硅酸盐水泥。

（2）粗骨料

最好采用坚硬的卵石，石子粒径不大于 25mm。

（3）黄砂：应采用粒径级配良好的河砂，砂石的氯离子含量应控制在 0.2% 以下。

3）水泥用量

一般为 370～420kg/m³。当粗骨料采用卵石时，最少的水泥用量在 370kg/m³ 以上，采用碎石并掺加了优良的减水剂时，水泥用量应在 400kg/m³ 以上，用碎石而未掺加优良减水剂时，水泥用量应在 420kg/m³ 以上。

4）水灰比：0.5～0.6。

5）流动性

浇灌地下墙混凝土时，是无法用振动器来振实混凝土的，因而混凝土自身必须具有良好的流动性。

要使混凝土具有良好的流动性，必须保证混凝土的坍落度和扩散度符合规范要求。

（1）坍落度：18～20cm；

（2）扩散度：34～38cm（测量混凝土坍落度后，接着测出混凝土在试盘平面上的平均扩散直径，即为扩散度）。

二、槽段混凝土浇灌

1. 浇灌墙体混凝土必须具备的条件

1）施工槽段经过清底换浆之后，槽内泥浆指标完全符合规定要求。

2）清底换浆合格后，应在 6h 以内吊装好钢筋笼，做好混凝土浇筑的准备工作，并开始浇混凝土。

因为槽底部泥浆相对密度及沉渣厚度等指标会随时间增长而增大，所以有关规范规定：凡超过 6h 而未能开始浇筑墙体混凝土的，应重新进行清底。

2. 混凝土导管

1）导管的构造

（1）直径：200～300mm。

（2）分节长度：1～3m。

（3）材料：4mm 以上钢板卷制管筒或无缝钢管。

（4）连接方式

① 加密封圈的快速接头连接；

② 加平板橡胶密封圈的法兰连接。

（5）密封要求：水密耐压试验 0.3MPa 不渗漏。

2）导管平面布置

（1）导管中心离接头管或接头面的距离不超过 1.5m；

（2）导管与导管的中心距不超过 3m。

3）导管插入深度

离开槽底 0.15m。

3. 墙体混凝土浇筑

1）导管内放球胆（管堵）

开浇混凝土前，导管内放入管堵（常用球胆）隔离浇入导管之内的混凝土，并借助混凝土的压力推进球胆，由推进的球胆将管内泥浆压向槽底排出管外，最终将球胆也挤出管外，以此防止泥浆混入混凝土中。

2）埋管深度

浇筑混凝土过程中，如果导管埋入混凝土中太浅，流动性很大的混凝土会从导管周围冒出，将管外被泥浆严重污染的劣质混凝土卷入墙体之内。倘若导管埋入混凝土中过深，又会使混凝土流动不畅，甚至引起钢筋笼上浮。故现行规范规定，导管埋入混凝土中的深度为 2～6m。

3）混凝土浇筑速度

混凝土浇灌量在 100m³ 左右的单元槽段，应在 4h 左右浇完混凝土。

4）浇筑混凝土的连续性

混凝土要连续浇筑，不能长时间中断，一般可容许中断 5～10min，最多不超过 30min，否则不能保证质量。夏天浇筑混凝土时，由于混凝土凝结较快，所以要在拌好后 1h 内浇完，以保持混凝土的流动性。

5）混凝土面的高差

浇筑混凝土过程中，各导管处混凝土面的高差应小于 0.5m。

6）墙顶面高程

浇筑混凝土结束时，墙顶面的高程应高于设计墙顶标高 0.3～0.5m，这样才能保证凿除墙顶面劣质混凝土后的墙顶面标高符合设计要求。

7）其他注意事项

（1）当混凝土在导管中不能畅通时，可将导管上下抽动，但抽动范围不能太大，以 30cm 为宜，以防导管作上下抽动时会把土渣和泥浆混入混凝土中，影响成墙质量；

（2）在浇筑混凝土过程中，导管不能做横向运动，因为导管做横向运动也会把土渣和泥浆混入混凝土中，影响成墙质量。

第八节 槽 段 接 头

一、槽段连接的类型

地下墙的墙体接头是指在施工槽段浇筑墙体混凝土时设置好的，与邻接槽段浇筑的墙体混凝土相结合的竖向连接接头。根据地下墙的不同用途与不同的施工方法，墙体接头有多种类型。

1. 墙体接头的类型

根据地下墙的用途与施工方法的不同，墙体接头有多种类型。

1）用接头管连接的接头

在施工槽段开挖成槽之后，先在槽段的两端吊放接头管，然后吊放钢筋笼、浇筑墙体混凝土。待墙体混凝土达到终凝状态后，再拔出接头管，开挖邻接槽段。当邻接槽段浇筑墙体混凝土时，混凝土便与拔出接头管后接头面紧密结合，形成一条自下至上的竖向接头缝。这种用接头管来连接两个邻接槽段墙体的接头形式就是接头管连接接头。

图 4-20 是接头管接头的施工顺序。

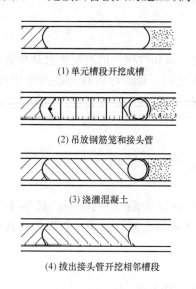

(1) 单元槽段开挖成槽

(2) 吊放钢筋笼和接头管

(3) 浇灌混凝土

(4) 拔出接头管开挖相邻槽段

图 4-20 锁口管接头施工顺序图

2）用接头桩连接的接头

3）止水接头

止水接头是指能使相邻两幅地下墙的接头缝具有一定止水防渗作用的接头。

止水接头的止水效果大多靠增长渗水曲线的办法来获得，通常采用钢板或橡胶板作止水板，竖向设置在钢筋笼的端面上，使它的一半宽度处在钢筋笼端面内侧，在浇筑混凝土时，被浇入当前施工槽段的墙体混凝土之中；另一半宽度则伸到属于邻接槽段的接头部位，浇入邻接槽段的墙体混凝土中。

为了防止当前施工槽段的混凝土绕流到邻接槽段的接头部位，使止水板被混凝土包裹而失去止水作用，通常采用在钢筋笼的端面上安装封头钢板，再在封头钢板两边安装止浆铁皮防止混凝土绕流。

为了防止伸到邻接槽段接头部位的止水板在开挖邻接槽段时遭到破坏，通常采用接头箱和反力管来保护止水板。其原理是：在施工槽段浇灌混凝土时，将混凝土的侧向压力通过接头箱和反力管传递给槽段端壁，并防止混凝土绕流到接头箱背面的空间中，使接头箱受混凝土握裹而顶拔困难。在开挖邻接槽段时，只拔出反力管，将接头箱留在槽内保护止水板，直到邻接槽段挖槽结束，吊放钢筋笼之前再拔出接头箱。

用橡胶板作止水板的止水接头不能承受竖向剪力、水平拉力及弯矩。用钢板作止水板（在开挖面以下部分的止水钢板上开有剪力孔）的止水接头能承受一定的竖向剪力、水平拉力及弯矩。

各种接头形式见图 4-21。

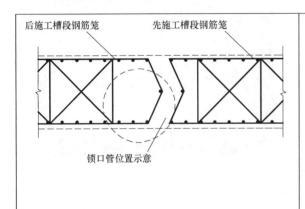

(a)

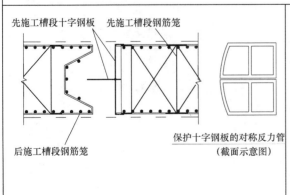

(b)

图 4-21 各种接头形式（一）
(a) 圆形锁口管接头；(b) 十字钢板接头

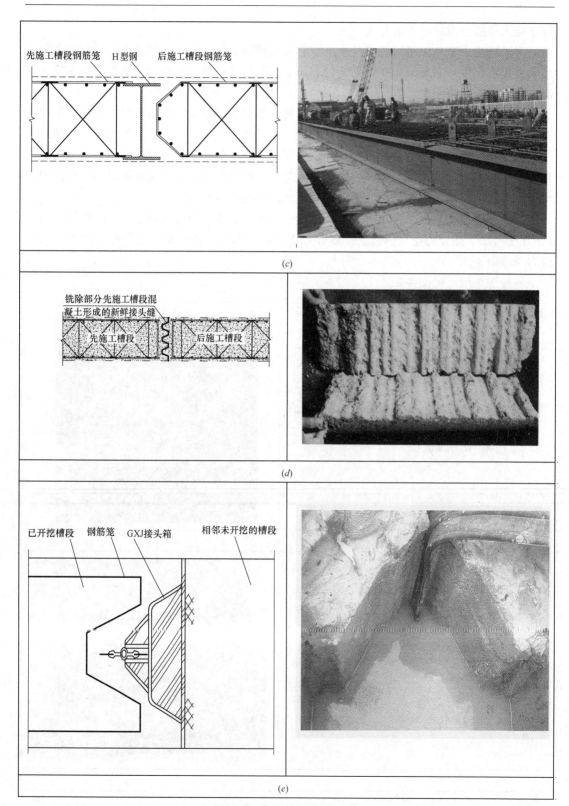

图 4-21　各种接头形式（二）

（c）工字钢接头；（d）铣接接头（套铣接头）；（e）橡胶止水接头

4）刚性接头

刚性接头通过相邻槽段的钢筋笼互相搭接而使接头部位能够承受竖向剪力、水平拉力及弯矩。

钢筋笼互相搭接的通常做法是：在用于当前施工槽段的钢筋笼的端面上设置封头钢板，钢筋笼的水平钢筋从封头钢板的孔洞中穿出，再在穿出的水平钢筋上焊接纵向钢筋，加工成与邻接槽段钢筋笼互相搭接的钢筋网片。在制作邻接槽段钢筋笼时，则把与当前施工槽段的钢筋网片互相搭接部分的钢筋笼厚度减薄，使其能镶嵌到当前施工槽段钢筋网片之中。

为了防止当前施工槽段的混凝土绕流到邻接槽段，使搭接部分的钢筋被混凝土包裹而影响邻接槽段的钢筋笼下放，通常在封头钢板两边安装止浆铁皮，防止混凝土绕流。

为了防止搭接部分的钢筋在开挖相邻槽段时遭到破坏，通常也采用接头箱和反力管来保护。

刚性接头工艺见图 4-22。

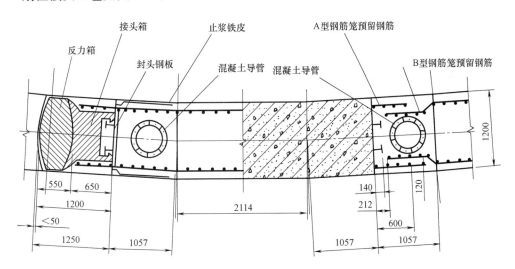

图 4-22 刚性接头工艺图

2. 接头管和反力管

接头管和反力管的构造基本相同，都是地下墙墙体接头施工的专用设备，在不少场合下，接头管与反力管可以互相代替使用，因为两者的区别在于接头管单独用于墙体接头施工，而反力管则需与接头箱组合使用。

1）接头管和反力管的作用

（1）作为施工槽段与邻接槽段之间的分界定位物；

（2）作为施工槽段浇筑混凝土时的模管，阻止混凝土流到邻接槽段之中；

（3）如果在当前施工槽段浇筑混凝土时，有混凝土绕过接头管流到邻接槽段之中，形成绕管混凝土，也因为拔出接头管之后，在已筑成的地下墙与绕管混凝土之间留下一个竖向的空洞，中断了墙体混凝土与绕管混凝土之间的整体联系，必须及时挖除绕管混凝土；

（4）由于拔出接头管之后，在已筑成的地下墙与尚未开挖的邻接槽段之间留下一个竖向的空洞，既能为邻接槽段挖槽提供方便，又能防止挖槽机械挖坏已筑成的墙体接头表面。

2）对接头管和反力管设计、制作的要求

（1）混凝土不能从接头管的两侧及底部流入邻接槽段之中；

（2）整套接头管应由首节管、尾节管和多节不同长度的中节管组成，以便通过选用适当长度的中节管，组成适用于各种不同深度的施工槽段的接头管；

（3）整套接头管在承受15m高度、具有良好流动性的混凝土的侧向压力时，不能产生较大的弹性变形，更不能产生塑性变形；

（4）接头管管节之间的连接应坚固牢靠，装拆方便，在承受2000kN顶拔力时能正常使用，在管节任意互配连接的情况下，整套接头管的垂直度保持在1/1000以上；

（5）接头管表面光滑，附着的泥渣容易清除；

（6）造价便宜。

3）接头管和反力管的构造

（1）接头管（反力管）的断面形状

① 圆形；

② 两边带翼的圆形（单眼形）；

③ 鼓形。

（2）接头管（反力管）的直径或厚度

小于地下墙厚度1～2cm。

（3）接头管管壁厚度

一般采用16～20mm钢板。

（4）接头管（反力管）的连接方式

① 螺栓连接式；

② 销轴连接式；

③ 转键连接式。

3. 接头箱

接头箱的作用：

（1）保护从当前施工槽段伸入邻接槽段内的止水板或钢筋网片；

（2）同反力管一起充填占满属于相邻槽段的空间，即使浇混凝土时有混凝土绕流，也不能进入相邻槽段，从而减小了反力管的顶拔阻力，并能保证相邻槽段的钢筋笼能顺利下放到位。

4. 吊装接头管（接头箱）

（1）分段起吊入槽，在槽口拼接成适用长度后，下放到槽底；

（2）下放到槽底后，拎起1～2m高度，再插入槽底土层中30～50cm，防止混凝土从管底部绕流到相邻槽段中去；

（3）接头管上口准确定位后，即在导墙上焊装型钢，对接头管上口作限位固定。

5. 顶拔接头管（接头箱）

1）接头管顶拔装置

液压接头管顶拔装置其工作原理是：先将接头管套入顶拔装置的抱箍之中，然后收缩水平向液压油缸使抱箍抱紧接头管，再顶升液压油缸将抱箍连同被抱箍抱住的接头管一起向上顶拔。这种接头管顶拔装置构造复杂，外形尺寸大，而且只适用于圆形接头管顶拔，因而使用有局限性。

2）接头管或接头箱顶拔要领

（1）接头管和接头箱吊装就位后，接着安装液压顶管机；

（2）为了减小接头管开始顶拔时的阻力，可在混凝土开浇以后4小时或混凝土面上升到15m左右时，启动液压顶管机顶动接头管，但顶升高度越少越好，不可使管脚脱离插入的槽底土体，以防管脚处尚未达到终凝状态的混凝土坍塌；

（3）正式开始顶拔反力管的时间，应以开始浇筑混凝土时做的混凝土试块达到终凝状态所经历的时间为依据，如没做试块，开始顶拔接头管应在开始浇筑混凝土7个小时以后，如商品混凝土掺加过缓凝型减水剂，开始顶拔接头管时间还需延迟；

（4）在顶拔反力管过程中，要根据现场混凝土浇筑记录表，计算反力管允许顶拔的高度，严禁早拔、多拔；

（5）反力管由液压机顶拔，履带吊协同作业，分段拆卸；

（6）接头箱顶拔在反力管拔出之后，顶拔时只需松动一下即可，待其所在槽段成槽完毕之后，吊装钢筋笼之前，再拔出接头箱。

图 4-23 接头箱顶拔工艺图

图 4-24 接头管顶拔工艺图

二、槽段接头的施工、防水要点

1. 清刷墙体接头

1）清刷接头的必要性

（1）挖槽作业时，土渣粘附在墙体接头面上，如不清除掉，成墙后的墙体接头缝就会夹泥漏水。

（2）墙体接头面长时间浸泡在泥浆中，表面会结泥皮，如不清除掉，成墙后的墙体接头缝就有可能渗水。

2）清刷接头的工具

（1）接触式刷壁器

（2）非接触式刷壁器

用喷淋式刷壁器贴近墙体接头面，上下往复喷淋高压水或高压泥浆洗刷墙体接头面。

113

3）清刷接头的方法

用起重机悬挂刷壁器慢速沉入槽底部，再中速向上提升刷壁器，使刷壁器贴紧墙体接头面刷壁，如此上下往复多次，直至完全刷除附着在墙体接头面的土渣和泥皮为止。

2. 免刷壁复合接头

在采用接头管连接的地下墙工程施工中，液压抓斗在开挖紧靠墙体接头一侧的槽孔时，不可避免地会碰撞墙体接头，使墙体接头表面凹凸不平。尽管在成槽之后进行了认真的刷壁，但在刷除墙体接头凸面上土渣泥皮的同时，却也把土渣泥皮搪进了墙体接头的凹坑之中，因而，成墙之后，墙体接头缝渗漏水现象仍很常见。

为了从根本上改变墙体接头缝渗漏水现象，上海隧道公司创造了一种用复合接头管连接的墙体接头新工艺，其基本原理是：用将接头箱和反力管复合而成的复合接头管代替单根接头管，把普通接头管接头当作止水接头来做。

参 考 文 献

[4-1] 王银献，刘军. 地下连续墙设计施工与案例 ［M］. 北京：中国建筑工业出版社，2014.

[4-2] 陆震铨，祝国荣. 地下连续墙的理论与实践 ［M］. 北京：中国铁道出版社，1987.

第五章 特殊混凝土的施工

第一节 水下混凝土施工

工程建设中往往要涉及水中进行混凝土的浇筑施工，通常称为水下混凝土浇筑，水下混凝土的应用范围很广，如沉井湿封底、地下水位以下的钻孔灌注桩及地下连续墙浇筑、水中浇筑基础结构等，以及其他水工、海工结构的施工等。

水下混凝土的施工方法已发展成为两大类：一是在水上拌制混凝土拌合物，进行水下灌注，如导管法、泵压法、柔性管法、倾注法、箱袋法、铺石灌浆法、开底容器法和装袋叠置法；二是水上拌制胶凝材料，进行水下预填骨料的压力灌浆，包括加压浇筑和自流浇筑。由于施工方法多样化和技术的不断发展进步，水下不但能浇筑一般的水泥混凝土，还能浇筑纤维混凝土、沥青混凝土、树脂混凝土等。近 20 年来，国内外不少科学研究和生产单位对水下浇筑混凝土进行了广泛的研究和实践，使其理论日渐成熟，工艺日趋完善。水下混凝土的施工方法越来越多，工程规模越来越大，应用范围越来越广，是一种极有发展前途的新型混凝土施工技术。

水下混凝土的浇筑施工，目前普遍采用竖管法，即用竖管将混凝土通入到灌筑面，达到混凝土的混合料与水基本隔离，相互受干扰较少，混凝土中的水泥不被水冲去，也可防止地下水进入混凝土而破坏混凝土的水灰比，影响混合料的质量。导管法能向水下迅速地浇筑大量混凝土且不用排水，能利用有利的地下条件对混凝土进行标准养护，作业设备和器具简单，能适应各种施工条件。因此本节重点介绍竖管法施工。

图 5-1 是竖管法浇筑水下混凝土的工艺示意，竖管由若干节直径 250～300mm 钢管连接而成，其最小直径不得小于粗骨料最大粒径的 5 倍，各钢管节间连接采用密封性能良好的法兰盘螺栓（或螺纹管）连接并加密封圈，接头必须确保水不进入管内，且管内的水泥浆不漏出，最上部由料斗与竖管连接，整个竖管吊于起重设备上，可以根据施工需要升降、移动。

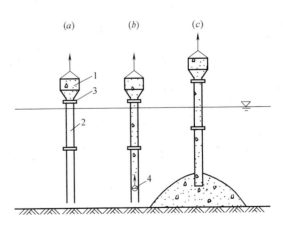

图 5-1 竖管法工艺图

1—料斗；2—竖管；3—竖管接头；4—球塞

浇筑开始时，竖管最下口用管堵塞住，这管堵可用木质、橡胶等材料制作，并用钢丝吊住，然后将混合料装满整个竖管和料斗，竖管底口离开灌筑面高度不但要保证管堵全部出竖管，还必须做到第一次出管的混凝土混合料体积量能封住并高出竖管出口（俗称埋管），如图 5-1（c）所示。接下来一面均匀地进行混凝土浇筑，一面随浇筑速度慢慢提起竖管，并保持竖管出口始终在混凝土表面之下，这样保证出竖管的新混合料不与水接触，其面上一直由最先出的混凝土覆盖，竖管的作用主要是将混凝土的混合料引导至浇筑面，并保证在此过程中混合料的原有各项性能指标不改变。

一、对水下混凝土混合料的要求

1. 混合料的流动性

从灌筑工艺可看出，混合料出导管后是依靠其自身流动性能向四周分布扩散的，为了使其有一定扩散范围并减小混凝土表面坡度，一般要求坍落度控制在 15～20cm 为宜。

2. 保持流动系数 K

保持流动系数 K 就是维持坍落度在 15cm 以上的最小时间（以小时计），要求 $K=1～2$ 小时，应保证每根导管的管辖范围内，满足 $0.5m^3/(m^2 \cdot h)$ 以上浇筑量。该浇筑量称为浇筑强度 I，即为水下混凝土面上升速度（以 m/h 记）。

3. 具有较大的黏聚性

混合料具有较大的黏聚性可减少砂浆的流失和分层，黏聚性用析水率（ΔB）表示：

$$\Delta B = V_w/V_c \tag{5-1}$$

式中　V_w——析出水体积；

　　　　V_c——混凝土体积。

ΔB 由试验测试得出，一般 ΔB 在 $0.013～0.017$ 间的混凝土混合料最稳定，说明黏聚性能最理想，最适用于水下混凝土浇筑施工。另外，从实际施工经验可知，用导管法施工水下混凝土，砂与石子的比例一般宜在 $1:1～1:3.5$。

二、施工时应注意的几个技术问题

1. 导管的作用半径

导管内混合料在重力作用下，由于其流动性，使出导管的混合料向四周扩散时，出现接近管口的混合料比远离管口的混合料的质地均匀、密实、强度较高等现象。离出口某一距离内的混凝土强度均能达到质量标准，这一距离称为导管的作用半径 R。

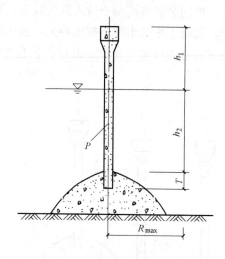

图 5-2　导管浇筑参数示意图

混凝土的最大作用半径 R_{max} 与混凝土的保持流动系数 K、混凝土的灌筑强度 I、混凝土柱的压力 P、导管插入深度 T、混凝土面平均坡度 i 等因素有关。图 5-2 为导管浇筑参数示意图。

施工中可用经验公式（5-2）求得混凝土的最大扩散半径 R_{max}（以 m 计）。

$$R_{max} = K \cdot I/i \tag{5-2}$$

式中：当导管插入深度为 $1.0～1.5m$ 时，i 值取 $1/7$。

导管的作用半径一般取 $0.85R_{\max}$，则：

$$R=0.85R_{\max}=0.85\times K\cdot I/i=0.85\times(K\cdot I)/(1/7)\approx6KI \qquad (5\text{-}3)$$

在工程实际应用中，导管作用半径 R 的最大值一般不超过 4m。

2. 首批混凝土混合料数量

在开始灌筑时，首批混凝土推动管堵冲出导管后，应保证导管下口插入混合料内 30cm，且出口处混合料堆高不小于 50cm。当施工中首批混凝土的坍落度偏小时，出料后混凝土表面坡度 $i\approx1/4$，如图 5-3 所示，每根导管所需的初始灌混凝土量体积按：$V_0=\pi\cdot R^2\cdot h/3$ 来计算，式中 R 为作用半径，h 为堆高。

3. 导管插入混凝土内的深度

根据施工资料分析发现，当导管插入混凝土内深度不足 0.5m 时，混合料出口形成的锥体会骤然下落，导管附近有局部隆起，如图 5-4（a）所

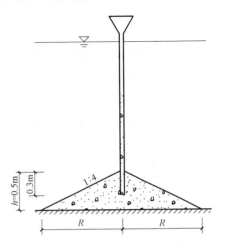

图 5-3 首批混合料数量示意图

示，表面曲线有突然转折。这说明混凝土的混合料不是在表面混凝土保护下流动，出料的混凝土在浇筑压力作用下顶穿表面保护层，在已浇筑的混凝土表面流动，影响混凝土的整体性和均匀性。

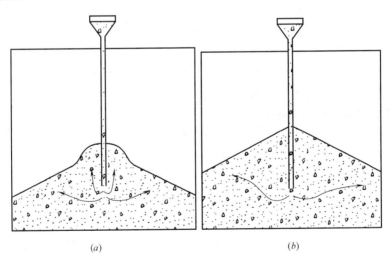

(a) $\qquad\qquad\qquad$ (b)

图 5-4 导管插入深度不同时混凝土的混合料扩散状况
（a）插入深度不够时；（b）正常的插入深度

当导管插入混凝土 1m 以上时，混凝土表面的坡度均一，新浇筑的混凝土混合料在已浇混凝土体内部流动，混凝土的质量均匀，整体性能好，如图 5-4（b）所示。由此可见，导管插入深度与混凝土的浇筑质量有着密切关系。

导管插入混凝土深度越深，混凝土向四周均匀扩散的效果越好，混凝土的密实程度好，表面也平坦。但如果埋入过深，易造成混合料在导管内向下流动不畅而形成堵管事

故。因此，应有一个插入深度最佳范围值的概念，该范围与混凝土浇筑强度和混合料的性质有关，它约等于流动性保持系数 K 和混凝土面上升速度 I 乘积的两倍。

$$T = 2K \times I \tag{5-4}$$

或

$$T = 2K \cdot q/F \tag{5-5}$$

式中　T——导管插入的最佳深度（m）；

I——混凝土面上升速度（m/h）；

K——流动性保持系数（h）；

q——每根导管的浇筑强度（m³/h）；

F——每根导管的浇筑面积（m²）。

施工中导管插入深度是无法始终保持在最佳插入深度值的，应将其控制在一个范围内，从而引出最大插入深度和最小插入深度两个值。

导管的最大插入深度，可按下式计算：

$$T_{max} = (0.8 \sim 1.0)t_f \cdot I \tag{5-6}$$

式中　T_{max}——导管最大插入深度（m）；

t_f——混凝土初凝时间（h）；

I——混凝土面上升速度（m/h）。

而导管的最小插入深度，以混凝土在水下扩散坡面不陡于 1∶5 和极限扩散半径不小于导管间距考虑：

$$T_{min} = i \cdot L \tag{5-7}$$

式中　T_{min}——最小插入深度（m）；

i——混凝土面扩散坡率（取 1/5～1/6）；

L——两导管的间距（m）。

浇筑施工时，有了最大和最小的导管插入混凝土深度，导管提升高度就有了依据，即每次提升高度 h_t 不得超过最大和最小插入深度的差值。

4. 浇筑压力（导管出水面高度）

导管浇筑混凝土，若要使混凝土混合料顺利通过导管向下流至浇筑面，则导管底部出口混凝土柱压力必须大于等于仓内水压力和导管底部处已浇筑混凝土所产生的阻力之和。从图 5-5 可知导管出水高度的变化能调节浇筑压力的大小，因此在施工中主要是控制导管的最小出水高度，以达到控制浇筑压力的目的。

即

$$P \geqslant P_1 + \gamma_w \cdot h_{cw} \tag{5-8}$$

式中　P——浇筑压力（MPa）；

P_1——导管出口处阻力（MPa）；

γ_w——水的重度（kN/m³）；

h_{cw}——水面至混凝土面高度（m）。

浇筑压力 P 是水面以上混凝土的重力，所以：

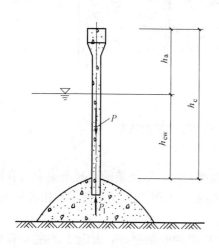

图 5-5　导管高出水面图

$$P = \gamma_c \cdot h_c \tag{5-9}$$

118

式中　γ_c——混凝土的重度（kN/m³）；

$\qquad h_c$——导管混凝土柱高度（m）。

从式（5-8）与式（5-9）可导出：

$$h_a=[P_1-(\gamma_c-\gamma_w)\cdot h_{cw}]/\gamma_c \qquad (5\text{-}10)$$

式中　h_a——导管高出水面高度（m）。

P_1值可参见表 5-1 导管出口处最小阻力。

导管出口处最小阻力表 5-1

仓面类型	桩孔	大仓面			
导管作用半径(m)	—	≤2.5	3.0	3.5	4.0
最小阻力(MPa)	0.075	0.075	0.1	0.15	0.25

5. 混凝土面的上升速度

当水下需浇筑的混凝土高度不高时，最好能使其上升速度控制在混凝土初凝之前浇筑至设计高度，即混凝土面的上升速度为：

$$I=H/t_f \qquad (5\text{-}11)$$

式中　I——混凝土面上升速度（m/h）；

$\qquad H$——一次浇筑高度（m）；

$\qquad t_f$——混凝土的初凝时间（h）。

当浇筑混凝土高度较高时，如浇筑地下连续墙的墙体混凝土，则应使浇入的混凝土达到保持流动系数的指标，并使混凝土的混合料能流动至导管作用半径的最远处，其最小上升速度按式（5-12）计算。

$$I=R/6K \qquad (5\text{-}12)$$

式中　R——导管作用半径（m）；

$\qquad K$——流动保持系数。

在实际施工中一般对仓面大的混凝土水下浇筑时，混凝土面上升速度为 0.3～0.4m/h；而小仓面时混凝土面上升速度可达 0.5～1.5m/h；一般不能小于 0.2m/h。

6. 导管的布置

首先根据导管的作用半径和施工区域面积，求出需要的导管根数，然后进行布置。若水下浇筑面基底呈水平或倾斜度小于 1‰时，采用多根导管同时浇筑，导管可按其作用半径均匀布置。如基底坡度斜率大于 1/5 或呈阶梯状及坑状时，导管要结合基底实际状况布置，可放于坑底较深处，浇筑施工亦从最深处开始。

三、柔性竖管法

用钢管作为浇筑水下混凝土的混合料导管，只能将管口埋在已浇混凝土的混合料内进行上下提管，不可水平移动，且水下混凝土必须连续浇筑，如混凝土供料不及时，则易出现管内中空而造成管内返水事故；若水下浇筑薄层混凝土，则较难形成水下平整的表面。

而采用受水压作用能自动闭合的柔性管浇筑水下混凝土，就可以避免上述的弊端。因为用柔性管浇筑水下混凝土时，当管内无混凝土的混合料通过时，柔性管被外部水压力压扁，减少了水浮力的不利影响，并能防止水侵入管内，当管内充满混合料后，管子就被混

119

合料自重产生的侧向压力撑开，使混合料能徐徐下降。管壁在外部水压力作用下，可以产生防止混合料高速下滑的摩阻力，使混合料缓慢下降，减少了下冲力，可以防止混合料产生离析。

柔性管分为单层柔性管和双层竖管法（KDT法）两种。

单层柔性管由两片尼龙布粘合而成，外部有提升链及支承环。其自重由支承环和提升链承受，管内装满混凝土拌合物时，受混凝土的挤胀力，此时由支承环加固保护。其上部带有承料漏斗，下部装在钢护筒内。由于柔性管允许移动，施工时多悬挂在吊车上。一根直径600mm的柔性管，每小时约可浇筑混凝土40m³。浇筑时，将柔性管一直下至仓底，然后利用可控制卸料速度的料斗向承料漏斗内倾注混凝土，待其数量能使混凝土拌合物在其自重作用下足以沿柔性管下滑时，便可进行浇注。如果承料漏斗较小，还可利用带螺旋推进器的柔性管进行浇注。

双层竖管法（KDT法）则较先在日本开始使用。双层竖管由刚性外管和柔性内管组成。外管上端连接承料漏斗，中部有固定柔性内管的法兰连接头，为使外部水压力能直接作用于内管，刚性外管壁上开有槽孔。内管上端固定在承料漏斗上，中部通过法兰固定在外管的节管间，下端设置一个混凝土流出时能开启、无混凝土流出时能自动关闭的弹簧夹具，因而即使下端管口从已浇注的混凝土中拔出，水也不能进入柔性内管。混凝土未浇入内管时，柔性内管被从外管槽孔进入的水压扁，水不会流入内管。混凝土浇入内管后，借助混凝土自身重量所产生的侧压力，使柔性内管扩张开来，内管外面的水通过外管壁上的槽孔流出，混凝土拌合物下落进行浇筑。在中断进料时，由于内管下端用弹簧夹具封住，尽管内管未装满混凝土，水也不会进入内管。在停止混凝土浇筑时，内管会被水压力压扁，提升竖管即可移位。用此法浇筑时，开浇方法与导管法不同，因不需用顶塞或底塞来隔绝环境水，故不会由于剪断隔水塞时发生失误而引起施工中断，安全可靠；同时双竖管法施工灵活可变，能从已灌注的混凝土中拔出移位后再插入混凝土中继续灌注，水不会流入柔性内管中，且不会产生像底盖法或滑阀法施工中由于导管内水柱下泄时，对已浇筑好的混凝土产生冲击作用。

当管内无混凝土时，柔性管被外面水压力压扁，可按浇筑需要移至新的位置，柔性管也不需要埋入混凝土一定深度，因此允许间歇浇筑，更适用浇筑水下薄层混凝土，而且浇筑后的混凝土平面较为规则。

第二节　纤维混凝土施工

一、纤维混凝土技术概述

一般工程上提到的纤维混凝土（Fiber Reinforced Concrete）是指添加了纤维的混凝土，学术上将纤维和水泥基料（水泥石、砂浆或混凝土）组成的复合材料统称为纤维混凝土。常规掺量下，添加纤维的目的主要是：（1）提高混凝土的抗裂性能，包括混凝土早期塑性阶段的裂缝和混凝土硬化后的裂缝；（2）提高混凝土韧性或延性，即当混凝土出现裂缝后，纤维可以桥接裂缝继续提供一定的承载能力；（3）通过纤维对混凝土原生微裂缝的抑制作用而表现出改善混凝土抗冲击、抗疲劳、抗渗等等一系列性能。

所用的纤维按材料性质分（图5-6），可以分为：（1）金属纤维，主要是钢纤维；（2）非金属纤维，主要是玄武岩纤维、玻璃纤维等；（3）合成纤维，主要包括，聚丙烯纤维、聚丙烯腈纤维、聚乙烯醇纤维、聚乙烯纤维等；（4）天然纤维，包括动物毛发、麻纤维等。

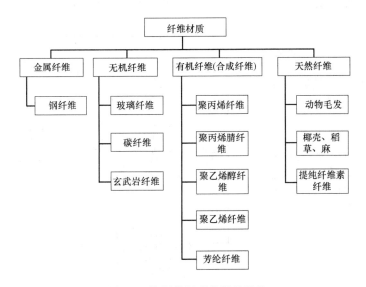

图5-6　按纤维材质分类的纤维

根据国标 GB/T 21120—2007，按纤维外形可分为：（1）细纤维，纤维当量直径小于等于 $100\mu m$；（2）粗纤维，纤维当量直径大于 $100\mu m$。欧洲标准 EN 14889-2，则将纤维分为两大类：第一类非结构纤维，用于混凝土塑性阶段抗裂之用，纤维直径小于等于 $300\mu m$；第二类为结构性纤维，可用于混凝土、砂浆和灌浆料的结构性增强之用，纤维直径大于 $300\mu m$。图5-7是目前纤维混凝土领域常见的纤维用法与功能。

目前工程上常见的纤维主要是钢纤维和合成纤维，合成纤维中最常用的是聚丙烯纤维，在一些特殊领域也有聚乙烯醇和聚丙烯腈等纤维的应用。

二、纤维混凝土施工要点

1. 原材料

制备钢纤维混凝土时，不得采用海水、海砂，严禁掺加氯盐。制备钢纤维高强混凝土时，每立方混凝土钢纤维原材料内的总碱含量（$Na_2O+0.658K_2O$）不应大于 3kg。混凝土中的氯盐含量（以氯离子重量计）不得大于水泥重量的 0.2%。当结构处于潮湿或有盐、碱等腐蚀物质作用的环境中时，氯盐含量不应大于水泥重量的 0.1%。合成纤维则由于其属于惰性材料，不受腐蚀介质影响。

2. 纤维混凝土配合比

普通混凝土直接添加纤维，会因为纤维的类型和掺量导致混凝土流动性的降低，通常情况下需要对纤维混凝土的配合比进行调整，使纤维混凝土的流动性满足施工要求。提供混凝土流动性的配合比调整方式，与普通混凝土流动性调整一致，方式主要有：

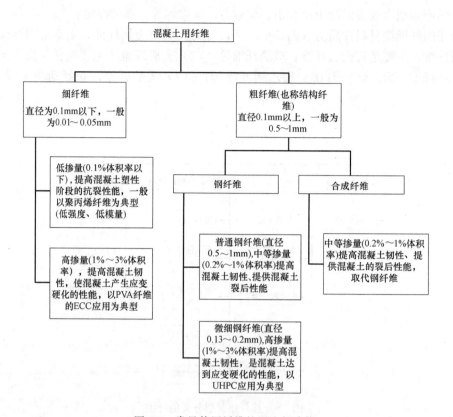

图 5-7 常见使用纤维的用法与功能

（1）调整减水剂用量；

（2）在保持水胶比不变的前提下，适当提高用水量；

（3）骨料级配及砂率调整等。

3. 纤维添加及搅拌方式

一般情况下，推荐纤维在搅拌站投料搅拌。按照搅拌站生产线的设备特点选取合适地点，以每次搅拌量和纤维设计掺量计算投料量，将纤维投加在骨料上，搅拌时间应较普通混凝土的搅拌时间适当延长。

投料点包括：

（1）骨料传输带；

（2）骨料仓；

（3）搅拌仓。

如果需要在混凝土运输搅拌车上进行纤维混凝土投料搅拌，需要注意以下几点：

（1）混凝土车装载量不超过满载量的 65%；

（2）一次投一袋纤维，并快速转动搅拌罐 15s；

（3）待纤维全部加入后，快速转动搅拌罐 3min。

如果采用现场小型搅拌机或实验室试验搅拌机，需要注意以下几点：

（1）将纤维打开包装后，尽可能分散的投入搅拌仓；

（2）搅拌时间不低于 3min。

对于零星的纤维混凝土工程需要人工搅拌纤维混凝土时，需注意以下几点：

(1) 应在平滑的铁板或其他不渗水的平板上搅拌，投料前应将板面润湿；

(2) 宜先将水泥和砂干拌均匀，再加石子继续干拌。边拌边分散加入纤维，干料混合均匀后加水搅拌，直至均匀为止。拌和宜采用铁铲翻动，拌合物不宜用铁铲插捣。

4. 纤维混凝土的运输、浇筑和养护

纤维混凝土的运输采用与普通混凝土相同的规定，应尽量缩短运输时间。

纤维混凝土的浇筑如采用混凝土自卸方式，则浇筑与普通混凝土浇筑方式一致；如采用泵送方式，则纤维混凝土在混凝土泵的格栅处下料会比普通混凝土慢一些，需要有工人进行辅助下料。另外，建议选用格栅整齐规则间距较大的混凝土泵。一旦纤维混凝土通过格栅，泵送情况与普通混凝土一致。钢纤维由于纤维本身刚性大，容易发生堵管现象，施工时应避免泵送停顿时间过长等不利因素。

对于有混凝土表面收光光洁度要求的工程，如地坪、路面等，需采取不同的措施避免纤维发生露头现象。比如，钢纤维混凝土需要通过抹光机压入混凝土面层以下，对于没有压入的纤维需要人工进行剪断拔除；合成纤维可以选择较为柔性的纤维产品，在收光过程中直接压入混凝土面层以下。

纤维混凝土的养护应采用与普通混凝土相同的养护方法，不能因为纤维具有抗裂性能而降低了养护标准。

第三节 预应力混凝土施工

预应力结构可以定义为：在结构承受外荷载之前，预先对其在外荷载作用下的受力区施加相反的应力，以改善结构使用性能的一种结构形式。目前预应力结构不仅用于混凝土工程中，而且在钢结构工程中也有应用。本章讨论预应力混凝土结构的有关施工问题。

由于混凝土的抗拉强度很低，在荷载作用下，当普通钢筋混凝土构件中里受拉钢筋应力为 $20 \sim 30$MPa 时，其相应的拉应变为 $(1.0 \sim 1.5) \times 10^{-4}$，这大致相当于混凝土的极限抗拉应变，此时受拉混凝土可能会产生裂缝。但在正常使用荷载下，钢筋应力一般在 $150 \sim 200$MPa，此时受拉混凝土不仅早已开裂，而且裂缝已展开较大宽度，另外构件的挠度也会增大。因此，为限制截面裂缝宽度、减小构件挠度，往往需要对普通钢筋混凝土构件施加预应力。

对混凝土构件受拉区施加预压应力的方法，是通过预应力钢筋或锚具，将预应力钢筋的弹性收缩力传递到混凝土构件上，并产生预应力。预应力的作用可部分或全部抵消外荷载产生的拉应力，从而提高结构的抗裂性，对于在使用荷载下出现裂缝的构件，预应力也会起到减小裂缝宽度的作用。

与非预应力结构相比，预应力结构具有如下的一些特点：改善结构的使用性能，提高结构的耐久性；减小构件截面高度，减轻自重；充分利用高强钢材；具有良好的裂缝闭合性能与变形恢复性能；提高抗剪承载力；提高抗疲劳强度，此外，预应力混凝土结构具有良好的经济性。

由于预应力混凝土结构的截面小、刚度大、抗裂性和耐久性好，在世界各国的土木工程领域中得到广泛应用。近年来，高强度钢材及高强度等级混凝土的出现，促进了预应力混凝土结构的发展，也进一步推动了预应力混凝土施工工艺的成熟和完善。

预应力混凝土根据其预应力施加工艺的不同，可分为先张法和后张法两种：

先张法是指预应力钢筋的张拉在混凝土浇筑之前进行的一种施工工艺，它采用永久或临时台座在构件混凝土浇筑之前张拉预应力筋，待混凝土达到一定强度和龄期后，将施加在预应力筋上的拉力逐渐释放，在预应力筋回缩的过程中利用其与混凝土之间的粘结力，对混凝土施加预压应力。

后张法是指预应力钢筋的张拉在混凝土浇筑之后进行的一种施工工艺，它分为有粘结后张法和无粘结后张法两种。有粘结后张法施工是在混凝土构件中预设孔道，在混凝土达到一定强度后，在孔道内穿入预应力筋。以混凝土构件本身为支承张拉预应力筋，然后用特制锚具将预应力筋锚固形成永久预加力，最后在预应力筋孔道内压注水泥浆，并使预应力筋和混凝土粘结成整体。无粘结后张法不需在混凝土构件中留孔，而是将带有塑料套管的无粘结预应力钢筋与非预应力钢筋共同绑扎形成钢筋骨架，然后浇筑混凝土，待混凝土达到预期强度后进行张拉，形成无粘结预应力结构。

预应力混凝土结构根据预应力度的不同，可分为全预应力混凝土、部分预应力混凝土；按预应力筋的黏结状态不同可分为：有黏结预应力混凝土、无黏结预应力混凝土和缓黏结预应力混凝土。按施工方法的不同又可分为：预制预应力混凝土、现浇预应力混凝土和组合预应力混凝土。

一、预应力混凝土材料

1．混凝土

如前所述，对于预应力结构的构件，混凝土的强度越高，可施加的预应力值也越大，可使构件的抗裂度明显提高，刚度也将得到相应的改善。在同样压力作用下，混凝土的徐变也越小，因而钢筋的预应力损失也减少了。由此可见，采用强度等级高的混凝土对改善构件受力性能和减轻自重均是有利的，所以《混凝土结构设计规范》规定要求预应力结构的混凝土强度等级不低于 C30；当采用碳素钢丝、钢绞线、V 级钢筋作预应力筋时，混凝土强度等级不低于 C40。目前，我国在一些重要的预应力混凝土结构中，已开始采用 C50～C60 的高强混凝土，最高混凝土强度等级已达到 C80。

混凝土强度的选择，应全面考虑预应力张拉法（先张还是后张）、构件跨度，使用情况（有无振动荷载）、构件种类等因素。

在预应力混凝土构件的施工中，不得掺用对钢筋有侵蚀作用的氯盐、氯化钠等，否则会发生严重的质量事故。

在随着预应力结构跨径的不断增加，自重也随之增大，结构的承载能力将大部分用于平衡自重。追求更高的强度／自重比是混凝土材料发展的目标之一。此外，要求预应力混凝土具有快硬、早强的性质，可尽早施加预应力，加快施工进度，提高设备以及模板的利用率。

2．预应力钢筋

预应力筋通常由单根或成束的钢丝、钢绞线或钢筋组成。有粘结预应力筋是和混凝土直接粘结的或是在张拉后通过灌浆使之与混凝土粘结的预应力筋；无粘结预应力筋是用塑料、油脂等涂包预应力钢材后制成的，可以布置在混凝土结构体内或体外，且不能与混凝土粘结，这种预应力筋的拉力永远只能通过锚具和变向装置传递给混凝土。

对预应力筋的基本要求是高强度、较好的塑性、良好的加工性能以及较好的粘结性能。目前满足塑性性能要求的钢材的极限强度可达 1800～2000MPa，近年来在预应力筋的耐久性、非金属预应力筋方面也有很大的发展。

常用的金属预应力筋可以分为高强钢筋、钢丝和钢绞线三类。

1）预应力筋用钢筋

（1）预应力混凝土用螺纹钢筋

预应力混凝土用螺纹钢筋，亦称精轧螺纹钢筋，可直接用配套的连接器接长和螺母锚固，无须冷拉焊接，施工方便，主要用于中等跨度的变截面连续梁桥和系杆拱桥的竖向预应力束，以及其他构件的直线预应力筋。

预应力混凝土用螺纹钢筋直径有 18mm、25mm、32mm、40mm 和 50mm 五种，常用直径为 25mm 和 32mm；屈服强度分别为 785N/mm²、830N/mm²、930N/mm² 和 1080N/mm² 四级；抗拉强度分别为 980N/mm²、1030N/mm²、1080N/mm² 和 1230N/mm² 四级；最大力下总伸长率为 3.5%；断后伸长率为 6%～7%；1000h 后应力松弛率≤3%。其质量检验可参照国家标准《预应力混凝土用螺纹钢筋》GB/T 20065 执行。图 5-8 是热处理钢筋的外形。

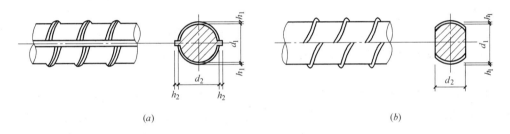

图 5-8　热处理钢筋外形
(a) 带纵肋；(b) 无纵肋

（2）预应力混凝土用钢棒

预应力混凝土用钢棒是由低合金钢盘条热轧而成，其横截面形式有光圆、螺旋槽、螺旋肋和带肋等几种，主要用于先张法构件。

预应力混凝土用钢棒直径为 φ6～φ8，其抗拉强度分别为 1080N/mm²、1230N/mm²、1420N/mm² 和 1570N/mm² 四级，规定非比例延伸强度分别不小于 930N/mm²、1080N/mm²、1280N/mm² 和 1420N/mm² 四级；最大力总伸长率 2.5%～3.5%；断后伸长率为 5%～7%，松弛率为 4.5%（低松弛）～9.0%（普通松弛），直径小于等于 10mm 的光圆和螺旋肋钢棒在规定弯曲半径反复弯曲 180°时的次数不小于 4 次，小于 16mm 的光圆和螺旋肋钢棒在弯曲直径为 10 倍钢棒的公称直径时弯曲 160°～180°后弯曲处无裂纹，其质量检验可参照国家标准《预应力混凝土用钢棒》GB/T 5223.3 执行。

（3）钢拉杆

钢拉杆的杆体是由碳素结构钢、优质碳素结构钢、低合金高强度结构钢和合金结构钢等材料构成光圆钢棒，主要用于大跨度空间预应力钢结构等领域。

钢拉杆直径为 $\phi20\sim\phi210$，屈服强度分别为 $345N/mm^2$、$460N/mm^2$、$550N/mm^2$ 和 $650N/mm^2$ 四级；抗拉强度分别为 $470N/mm^2$、$610N/mm^2$、$750N/mm^2$ 和 $850N/mm^2$ 四级；断后伸长率为 $15\%\sim21\%$，其检测质量可参照国家标准《钢拉杆》GB/T 20934 执行。

2）预应力钢丝

预应力钢丝（亦称高强钢丝），具有强度高、综合性能好、用途广的特点。

预应力混凝土用中强度钢丝采用优质碳素钢盘条拔制而成的螺旋肋钢丝和刻痕钢丝，主要用于先张法中中小型预应力混凝土构件。

预应力钢丝主要品种有：冷拉钢丝和消除预应力钢丝（简称预应力钢丝）两类，冷拉钢丝仅用于压力管道。冷拉钢丝是采用优质高碳钢盘条多次通过拔丝模冷拔而成的钢丝；预应力钢丝是对冷拉钢丝继续进行稳定化处理而成的低松弛钢筋。稳定化处理是将冷拉钢丝在承受约 $40\%\sim50\%$ 公称抗拉强度的轴向拉力时进行 $350\sim400℃$ 的短时回火处理。预应力钢丝消除了钢丝冷拔过程中产生的残余应力，大大降低应力松弛率，提高了钢丝的抗拉强度、屈服强度和弹性模量并改善塑性。

预应力钢丝公称直径为 $4\sim12mm$，公称抗拉强度 $1470N/mm^2$、$1570N/mm^2$、$1670N/mm^2$、$1770N/mm^2$ 和 $1860N/mm^2$ 五级；其力学指标为：最大总伸长率不小于 3.5%（标距 200mm）；比例极限一般不小于抗拉强度的 80%；规定非比例延伸力（名义屈服拉力）应不小于最大力的 88%；反复弯曲次数不小于 4 次；弹性模量值 $250\pm10GPa$。

目前最常用的是公称直径为 5.00mm、抗拉强度为 $1860N/mm^2$ 的预应力光圆钢丝。预应力钢丝的技术指标可参照国家标准《预应力混凝土用钢丝》GB/T 5223。

3）钢绞线

钢绞线是用冷拔钢丝绞扭而成，其方法是在绞线机上以一种稍粗的直钢丝为中心，其余钢丝则围绕其进行螺旋状绞合（图 5-9），再经低温回火处理即可。钢绞线根据深加工的要求不同又可分为普通松弛钢绞线（消除应力钢绞线）、低松弛钢绞线和镀锌钢绞线、环氧涂层钢绞线等几种。

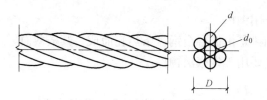

图 5-9　预应力钢绞线的截面

D—钢绞线直径；d_0—中心钢丝直径；d—外层钢丝直径

钢绞线规格有 2 股、3 股、7 股和 19 股等。直径为 15.20mm、抗拉强度为 $1860N/mm^2$ 的 7 股钢绞线由于面积较大、柔软、施工定位方便，适用于先张法和后张法预应力结构与构件，是目前国内外应用最广的一种钢绞线。

二、预应力筋用锚具、夹具及连接器

预应力筋用的锚具是在后张法预应力混凝土结构或构件中，为保持预应力筋的拉力并将其传递到混凝土上所用的永久性锚固装置。夹具则是在先张法预应力混凝土构件施工时，为保持预应力筋的拉力并将其固定在生产台座（或设备）上的临时性锚固装置；或在后张法预应力混凝土结构或构件施工时，在张拉千斤顶或设备上夹持预应力筋的临时性锚固装置。

连接器是用于连接预应力筋的装置。此外还有预应力筋与锚具等组合装配而成的受力单元，如预应力筋-锚具组装件、预应力筋-夹具组装件、预应力筋-连接器组装件等。

预应力筋用锚具、夹具、和连接器按锚固方式不同，可分为支承式、锥塞式、夹片式和握裹式四种。

1）锚具

锚具的种类很多，不同类型的预应力筋所配用的锚具不同，目前，我国采用最多的锚具是夹片式锚具和支承式锚具。

2）夹具

先张法施工中钢丝张拉与钢筋张拉均需要用夹具夹持钢筋并临时锚固，后张法有时也需要用夹具临时锚固钢筋。对钢丝及钢筋张拉所用夹具不同。

3）预应力筋、锚具、张拉机具的配套使用

锚具、夹具和连接器的选用应根据钢筋种类以及结构要求、产品技术性能和张拉施工方法等选择，张拉机械则应与锚具配套使用。在后张法施工中锚具及张拉机械的合理选择十分重要，工程中可参考表5-2进行选用。

预应力筋、锚具、张拉机械的配套使用 表 5-2

预应力筋品种	锚具形式			张拉机械
	固定端		张拉端	
	安装在结构之外	安装在结构之内		
钢绞线及钢绞线束	夹片锚具 挤压锚具	压花锚具 挤压锚具	夹片锚具	穿心式
钢丝束	夹片锚具 墩头锚具 挤压锚具	挤压锚具 墩头锚具	夹片锚具	穿心式
			墩头锚具	拉杆式
			锥塞锚具	锥锚式、拉杆式
精轧螺纹钢筋	螺母锚具	—	螺母锚具	拉杆式

三、后张法施工

后张法是在构件混凝土达到一定强度之后，直接在构件或结构上张拉预应力筋并用锚具永久固定，使混凝土产生预压应力的施工。

后张法的预应力施工，可分为有粘结预应力施工、无粘结预应力施工和缓粘结预应力施工三类，广泛应用于大型预制预应力混凝土构件和现浇预应力混凝土结构工程。

有粘结后张法预应力的主要施工工序为：浇筑好混凝土构件，并在构件中预留孔道。待混凝土达到预定强度后，将预应力钢筋穿入孔道；利用构件本身作为受力台座进行张拉（一端锚固一端张拉或两端同时张拉），在张拉预应力钢筋的同时，使混凝土受到顶压。张拉完成后，在张拉端用锚具将预应力筋锚住；最后在孔道内灌浆使预应力钢筋和混凝土构成一个整体，形成有粘结后张法预应力结构。有粘结后张法预应力施工不需要专门台座，便于在现场制作大型构件，适用于配直线及曲线预应力钢筋的构件。但其施工工艺较复杂、锚具消耗量大、成本较高。

无粘结和缓粘结预应力结构的主要施工工序为：将无粘结预应力筋准确定位，并与普通钢筋一起绑扎形成钢筋骨架，然后浇筑混凝土；待混凝土达到设计规定的强度后（设计无要求时，应不低于混凝土设计强度的 75%）进行张拉（一端锚固一端张拉或两端同时张拉）。张拉完成后，在张拉端用锚具将预应力筋锚住，切割封锚。

无粘结预应力施工工艺与有粘结后张法预应力比较相似，区别在于无粘结预应力的施工过程较为简单，它避免了预留孔道、穿预应力筋以及压力灌浆等施工工序。此外，无粘结预应力筋与混凝土之间没有粘结力，其预应力的传递完全依靠构件两端的锚具，因此对锚具的要求要高得多。

四、先张法施工

1. 先张法施工工艺流程

先张法施工工艺流程如图 5-28 所示。

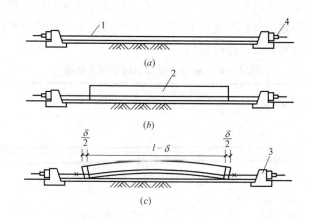

图 5-10　先张法施工工艺流程

（a）张拉预应力筋；（b）浇筑混凝土构件；（c）切割多余预应力筋

1—预应力筋；2—混凝土构件；3—台座；4—夹具

先张法的主要施工工序为：在台座上张拉预应力筋至预定长度后，将预应力筋固定在台座的传力架上；然后在张拉好的预应力筋周围浇注混凝土；待混凝土达到设计规定的强度后（设计无要求时，应达到混凝土设计强度的 75%）切断预应力筋。由于预应力筋的弹性回缩，使得与预应力筋粘结在一起的混凝土受到预压作用。因此，先张法是靠预应力筋与混凝土之间粘结力来传递预应力的。

先张法通常适用在长线台座（50~200m）上成批生产配直线预应力筋的混凝土构件，如屋面板、空心楼板、檩条等。也可以采用槽式台座。用于生产深梁、箱梁、盾构的管片等。采用流水线生产预制楼板也有用钢模板作为台座。先张法的优点为生产效率面、施工工艺简单、夹具可多次重复使用等。

2. 先张法施工设备

用台座法生产预应力混凝土构件时，预应力筋锚固在台座横梁上，台座承受全部预应力的拉力，故台座应有足够的强度、刚度和稳定性，以避免台座变形、倾覆和滑移。台座由台面、横梁和承力结构等组成。根据承力结构的不同，台座分为墩式台座、槽式台座、桩式台座等。

参 考 文 献

[5-1] 应惠清. 土木工程施工［M］. 上海：同济大学出版社，2007.

[5-2] 程良奎. 喷射混凝土［M］. 北京：中国建筑工业出版社，1990.

[5-3] 郭正兴. 土木工程施工［M］. 南京：东南大学出版社，2012.

[5-4] 中国建筑科学研究院. GB 50666—2011 混凝土结构工程施工规范［S］. 北京：中国建筑工业出版社，2011.

第六章 沉井施工

第一节 概　　述

　　沉井是指在地面制作、井内取土下沉至预定标高的构筑物。它既可以单独作为一种深基坑的支护方式，也可与本体结构相结合，成为地下结构的组成部分。沉井结构的优点是占地面积小，不需要其他的支护结构，技术上比较稳妥可靠，与大开挖相比挖土量大幅度减少，能节省投资；无需特殊的专业设备，操作简单；对相邻建筑物影响较小，特别适合于受环境条件限制或开挖困难的深厚软土地基中的深基础。

　　近年来，沉井技术早已不是局限于桥梁的建设了，在众多建筑物的施工中也开始使用沉井技术，例如地下仓库、污水泵站、矿井、地下车站、大型建筑基础等一系列的大型地下构造物。目前，我国已建成的沉井中，某大型圆形陆地沉井的直径达到 68m，深度达到 28m。2007 年开工建设，2012 年正式通车的泰州长江大桥，其中塔采用的沉井长为 67.9m 宽为 52m，整个沉井下沉深度达到 57m。随着科技的进步，有的沉井下沉深度甚至达到了 200m。我国的沉井施工技术已达到世界先进水平。

第二节　沉井的类型和构造

一、沉井的分类

　　沉井的分类方法较多，主要包括井结构的材料分类和沉井横截面形状分类。

1. 按沉井结构的材料分类

1）混凝土式沉井

　　混凝土沉井在制作过程中不使用钢筋或仅在刃脚处使用少量钢筋，可以节省沉井制作成本。此类沉井横截面形状多为圆形，圆形沉井承受水平土压力及水压力的性能较好，而方形、矩形沉井受水平压力作用时断面会产生较大的弯矩，因此方形沉井井壁应做得较圆形井壁厚一些。

2）钢筋混凝土式沉井

　　最常使用的一种沉井类型，沉井横截面可做成多种形状，多用于下沉深度比较深的地层中。

3）钢板拼接式沉井

　　此类沉井具有强度高、刚度大、制作方便等优点，适用于制作浮运沉井，但用钢量较大，制作成本高。

此外，还有混凝土夹心钢板拼接式沉井以及使用其他建筑材料制作的沉井，如木沉井、混凝土沉井等，这类沉井通常很少使用，只在特殊的情况下采用。

2. 按沉井横截面形状分类

1）圆形沉井

圆形沉井受力比较有利，当四周作用的压力均匀时，井壁仅有轴向压应力作用，不产生弯曲应力和剪应力，能够充分利用混凝土抗压强度大的特点。沉井下沉过程中，便于控制均匀挖土，从而使刃脚平稳的作用于支撑面上，整体受力更加均匀。

2）矩形沉井

矩形沉井制造方便，可以充分利用地基承载力的特点。矩形沉井在周围压力作用下，井壁会产生弯曲应力，井壁制作相对于圆形沉井要厚些。可在井内设置内隔墙，提高整体刚度，缩短井壁受弯跨度。

3）椭圆形沉井

椭圆形沉井多与圆端形墩台配合使用，此类沉井兼具圆形和矩形沉井的特点。此外，按照使用需要，沉井内若包含有两个或两个以上的井孔，各孔以内隔墙分开并在平面上按同一方向排布的称为单排孔沉井。沉井内部若设置数道纵横交叉的内隔墙，将沉井分隔成多个井孔的称为多排孔沉井，如图 6-1 所示。

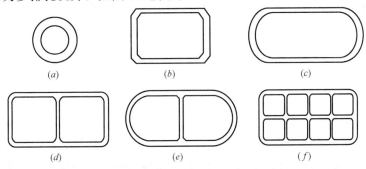

图 6-1　沉井横截面形状

（a）圆形沉井；（b）矩形沉井；（c）椭圆形沉井；（d）、（e）双孔沉井；（f）多孔沉井

二、沉井的构造

沉井一般由井壁、刃脚、内隔墙、井孔凹槽、底板、顶盖等部分组成，基本构造如图 6-2 所示。

1. 井壁

井壁是沉井的外壁，也是沉井的主要组成部分，其作用是在下沉过程中挡土、挡水及利用本身自重克服土与井壁间摩阻力下沉。井壁应有足够的厚度与强度，以承受在下沉过程中各种最不利荷载组合（水土压力）所产生的内力，同时要有足够的重量，使沉井能在自重作用下顺利下沉到设计标高。设计时通常先假定井壁厚度，再进行强度验算。井壁一般为 0.4～1.2 m 左右。对于薄壁沉井，应采用触变泥浆润滑套，壁外喷射高压空气等措施，以降低沉井下沉时的摩阻

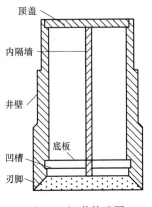

图 6-2　沉井构造图

131

力，达到减薄井壁厚度的目的。但对于这种薄壁沉井的抗浮问题，应谨慎核算，并采取适当的措施。

2. 刃脚

井壁最下端一般都做成刀刃状的"刃脚"，其主要功用是减少下沉阻力。刃脚是沉井受力最集中的部分，因此刃脚还应具有一定的强度，以免在下沉过程中产生挠曲或被破坏。刃脚底的水平面称为踏面。刃脚的式样应根据沉井下沉时所穿越土层的软硬程度和刃脚单位长度上的反力大小决定，沉井重、土质软时，踏面要宽些。相反，沉井轻，又要穿过硬土层时，踏面要窄些，有时甚至要用角钢加固的钢刃脚为有利于切土下沉，刃脚的内侧面倾角应大于 45°，其高度的确定应考虑便于抽取刃脚下的垫木及挖土施工，一般不小于 1.0 m。井内隔墙底面比刃脚底面至少应高出 50cm，以防其下的土顶住沉井而妨碍下沉。

3. 内隔墙

根据使用和结构上的需要，在沉井井筒内设置内隔墙。内隔墙的主要作用是增加沉井在下沉过程中的刚度，减小井壁受力计算跨度，同时，又把整个沉井分隔成多个施工井孔（取土井），以便在沉井下沉时掌握挖土的位置以控制下沉方向，防止或纠正沉井倾斜和偏移。内隔墙因不承受水土压力，所以，其厚度较沉井外壁要薄一些。

4. 井孔

沉井内设置的内隔墙或纵横隔墙或纵横框架形成的格子称作井孔，井孔尺寸应满足工艺要求。

5. 凹槽

凹槽位于刃脚内侧上方，为了使封底混凝土和底板与井壁间有更好的联结，以传递基底反力，使沉井成为空间结构受力体系，常于刃脚上方井壁内侧预留凹槽，以便在该外浇筑钢筋混凝土底板和楼板及井内结构。凹槽的高度应根据底板厚度决定，主要为传递底板反力而采取的构造措施。凹槽底面一般距刃脚踏面 2.0 m 左右。槽高约 1.0 m，接近于封底混凝土的厚度，以保证封底工作顺利进行，凹入深度约为 $150\sim250$ mm。

6. 封底

沉井下沉达到设计标高后，在其最下端刃脚踏面以上至凹槽处浇筑混凝土，形成封底，封底可以防止地下水涌入井内。当沉井下沉到设计标高，经过技术检验并对井底清理整平后，即可封底，以防止地下水渗入井内。沉井是否需要封底，取决于下卧层地基土的允许承载力，若下卧层地基土允许承载力足够，则应尽量采用不封底沉井。只有在允许承载力不够时，才选用封底沉井。因为沉井开挖较深，地下水的影响大，沉井封底施工一般比较困难。不封底沉井的回填，应选用渗透系数与井底地基土相同的土料，并应按要求分层进行夯实，以防止渗透变形和过大的沉降。

7. 顶盖

沉井封底后，根据需要或条件许可，井孔内不需充填任何东西时，在沉井顶部浇筑钢筋混凝土顶盖。顶盖的作用是承托上部构造物，同时也可增加井体的刚度。顶盖厚度视上部构造物载荷状况而定。

第三节 沉 井 施 工

一、工程测量

为确保围护结构的线形走向符合设计要求，严格将围护结构的轴线沿平面和高程方向的误差控制在工程许可范围内，从业主提供的测量控制点坐标验算、围护结构主要控制点实地复核、加密测点布设等方面，进行综合控制。

二、施工工艺流程

沉井施工流程如图 6-3 所示。

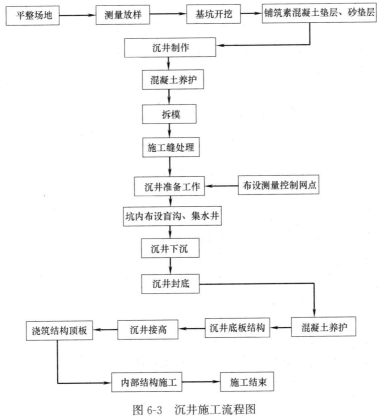

图 6-3 沉井施工流程图

三、基坑开挖

1）整平场地后根据设计图纸上的沉井坐标定出沉井中心桩以及纵横轴线控制桩，并在场地附近设置固定控制点，施工放样完毕后，经监理工程师复核后方可开工。

2）基坑开挖深度至起沉标高，基坑边坡一般采用放坡。基坑应清理平整，使地基在沉井制作过程中不致发生不均匀沉降。

3）刃脚外侧面至基坑底边的距离为 2.5m，以满足施工人员绑扎钢筋及树立外模板和设排水沟的需要。

4）基坑底部四周设排水沟与基坑四周的集水井相通。集水井比排水沟低 500mm 以上，将汇集的地面水和地下水及时用潜水泵抽除。离基坑上口 5m 道外修筑 4m 宽便道，结构为 30cm 块石 10cm 道渣围基坑一圈。便道外 2.5m 处开设 0.4m 宽×0.5m 深排水明沟，修筑小堤岸以挡住外来水。

5）在基坑底挖到要求标高后，可将砂垫层槽挖出。

四、砂垫层和素混凝土垫层计算

垫层厚度 h_s 满足下式条件：

$$p' \leqslant f \tag{6-1}$$

式中　p'——传布到砂垫层底部下卧地基表面的压力（kPa）；

f——砂垫层下地基土允许承载力（kPa）。

$$p' = [b/(b+h_s)] \times p + \gamma_s \times h_s \tag{6-2}$$

式中　b——刃脚踏面下素混凝土垫层宽度；

h_s——砂垫层厚度；

γ_s——砂垫层重度；

p——作用在砂垫层顶面的平均压力（kPa）。

$$p = Q/A \tag{6-3}$$

式中　Q——沉井自重；

A——沉井刃脚和底梁踏面下素混凝土垫层总面积。

五、脚手架工程

由于此脚手架工程为沉井制作服务，制作过程中沉井有可能小量下沉直至混凝土强度达到下沉要求既开始下沉，故制作过程中即要求脚手架与模板分离。综合考虑采用扣件式钢管脚手架。扣件式钢管脚手架由钢管和扣件组成具有安拆方便，搭设灵活、强度高、能搭设较大高度并且坚固耐用等特点。

1. 构造及技术要求

扣件式钢管脚手架的主要构件由：立杆、大横杆、横向水平杆（小横杆）、剪刀撑，横扫地杆和拉接点等组成。扣件有三种形式：直角扣件、回转扣件及对接扣件。扣件为可锻铸铁铸造，扣件和钢管用油漆喷涂以达到防锈蚀的目的。

2. 脚手架搭设

脚手架搭设前应清除障碍物、平整场地、做好排水，放线定位。脚手架立杆底部铺放垫板，垫板宜采用长度不小于 2 跨，厚度不小于 5cm 的木地板，底座应准确在定位位置上。脚手管用扣件连接，脚手架搭设应横平竖直。脚手架工作面上放 1000mm×1200mm 毛竹片脚手板，由上向下进行井壁的工作。脚手架的外侧，每步均须在外立杆里侧设 1m 高的防护栏杆和 30cm 高的踢脚板，防护栏杆和踢脚板与立杆要用扣件扣牢，防护栏杆外应全部设安全防护网。脚手架每隔 5m 要设斜撑，防止脚手架倾倒。也可把两边的脚手架通过连杆连成整体。立杆应纵成线、横成方，垂直偏差不得大于 1/200。立杆接长应使用对接扣件连接，相邻的两根立杆接头应错开 500mm，不得在同一步架内。立杆下脚应设纵、横向扫地杆。纵向水平杆在同一步架内纵向水平高差不得超过全长的 1/300，局部高差不得超过 50mm，纵向水平杆应使用对接扣件连接，相邻的两根纵向水平接头错开 500mm，不得在同一跨内。

横向水平杆应设在纵向水平杆与立杆的交点处，与纵向水平杆垂直。横向水平杆端头伸出外立杆应大于 100mm，伸出里立杆为 450mm。

剪力撑的设置应在外侧立面整个高度上连接设置。剪力撑斜杆的接长宜采用搭接，应用 2 只旋转扣件搭接，接头长度不小于 500mm，剪力撑与地面夹角为 45°～60°。剪力撑斜杆采用旋转扣件固定在与之相交的横向水平杆（小横杆）的伸出端或立杆上，旋转扣件中心线至主节点的距离不宜大于 150mm。脚手架不宜与沉井有拉结点。

马道附在脚手架搭设，采用"之"字形式，方法与前述基本相同，但增加斜横杆和平面外的斜撑。小横杆搁置于斜横杆上，间距为 60cm，在其上顺铺脚手板，使其传递荷载顺序为：脚手板→上层斜横杆→小横杆→下层斜横杆→立杆→地基。

3. 质量控制

内外脚手架搭设应按操作规程施工，多设斜撑和剪刀撑，外脚手按规定设置抛撑，扣件应紧固，以保证脚手架的稳定性和牢固性。

六、模板工程

模板拼装应按规范及设计要求施工，模板要有脚手架提供操作立模条件，预埋件及穿墙洞安放应在内模完成后进行，并应确保其位置、标高、轴线的正确。

1. 模板施工工艺

所有拼缝及模板接缝处要逐个检查嵌实，防止漏浆，模板架立好后应请业主、监理工程师进行验收，验收重点是平面尺寸和断面尺寸、平整度、预埋件、穿墙洞等项目。内外模板立模顺序原则上先立内模，后立外模。模板与钢筋安装应相互配合进行，若妨碍绑扎钢筋的模板、应待钢筋安装完毕后再立模。

2. 模板强度计算

1）混凝土对模板的侧压力及有效压力高度计算

$$F=0.22\gamma_c t_0 \beta_1 \beta_2 V^{0.5} \tag{6-4}$$

$$F=\gamma_c H \tag{6-5}$$

$$h=F/\gamma_c \tag{6-6}$$

式中 F——新浇筑混凝土对模板的最大侧压力（kN/m²）；

γ_c——混凝土的重力密度（kN/m³）；

t_0——新浇混凝土的初凝时间（h），可按实测确定。当缺乏试验资料时，可采用 $t=200/(T+15)$ 计算 [T 为混凝土的温度（℃）]；

V——混凝土的浇筑速度（m/h）；

H——混凝土侧压力计算位置处至新浇筑混凝土顶面的总高度（m），一般在 5m 以内；

β_1——外加剂影响修正系数，不掺外加剂时取 1.0；掺具有缓凝作用的外加剂时取 1.2；

β_2——混凝土坍落度影响修正系数，当坍落度小于 30mm 时，取 0.85；50～90mm 时，取 1.0；110～150mm 时，取 1.15；

h——有效压力高度（m）。

2）模板拉杆计算

$$P = F \times A \tag{6-7}$$

式中　P——模板拉杆承受的压力（N）；

F——混凝土的侧压力（N/m²）；

A——模板拉杆分担的受荷面积（m²），其值为 $A = a \times b$；

a——模板拉杆的横向间距（m）；

b——模板拉杆的纵向间距（m）。

3. 模板拆除

过早拆除模板由于混凝土强度不足会造成混凝土结构沉降变形、缺棱掉角、开裂甚至塌陷等情况发生。为保证结构的安全和使用功能，同时考虑到沉井无悬臂构件，要在混凝土强度能保证其表面及棱角不因拆除模板而受损后方可拆除模板。预留洞处的模板要在混凝土强度能保证构件和孔洞表面不发生塌陷和裂缝后方可拆除。拆模时不可用力过猛过急，拆下来的模板和支撑用料要及时运走放于指定地点。拆模的顺序一般是后支的先拆，先支的后拆，先拆非承重部分，后拆承重部分。拆除的模板要逐块传递下来，不得抛掷，拆下后清理干净，堆放整齐。

七、钢筋工程

1）钢筋采用现场制作的方法，进场的原材料钢筋必须有钢材保证书、试验报告；钢筋进场后，对钢筋外表锈蚀、麻坑、裂纹、夹砂等现象进行检查，原材料按业主要求分批取样做机械性能试验，全部指标合格后，进行钢筋加工，并向监理代表呈交质保书及相应检查报告。

2）钢筋直径≥20mm 的接头应采用焊接或机械连接，并按相应规定做机械性能试验。

3）钢筋遇孔洞应尽量绕过，如需切断时，切断钢筋应与穿墙套管加固环筋焊接。

4）现场搭接长度使用的钢筋严格执行规范规定。

5）钢筋施工人员应严格按照设计图进行翻样，并按翻样图进行弯配钢筋，确保每根钢筋的尺寸准确。而且由于构筑物多，因此每个构筑物的钢筋加工，均专人负责，立签标志，防止混淆。每种近似的成型钢筋件需设置明确标志，归类堆放，而且需有专人保管，提货。

八、混凝土浇捣工程

水平运输采用混凝土搅拌运输车，垂直运输采用泵车布料机或固定泵，浇筑采用分层平铺法，每层厚度控制在 30cm 均匀浇筑，一次连续浇筑完，浇筑混凝土时应沿着井壁四周对称进行，避免混凝土面高低相差悬殊，压力不均而产生基底不均匀沉陷，每层混凝土要求在 2h 浇捣完毕。浇捣时采用 70 型振动棒，并配部分 50 型的振动棒，解决因钢筋间距过密而振捣困难问题，振动间距不大于 50cm。振捣混凝土时，应控制好振动棒的插入度不能少振、漏振，也不能在同一深度过度振捣，以免模板发生爆模现象。

1）浇捣前对模板、钢筋、预埋件完成后，必须由监理单位进行隐蔽工程验收，经合格签证后才能进行混凝土浇捣。

2）商品混凝土选择质量有保证的搅拌站，混凝土到达后核对报码单，并在现场做坍落度核对，允许 2cm 误差，超过者立即通知搅拌站调整，严禁在现场任意加水，并按规定做好抗压和抗渗试块。

3）沉井混凝土在浇捣之前检查模内是否干净。经检查无问题方可浇捣，浇捣采用泵送，插入式振捣器振捣密实，振捣过程中应快插慢提，移动间距不大于振捣棒作用半径的 1.5 倍。不得碰挂模板、钢筋、预埋件。同时还应控制好每层初凝时间，每层混凝土浇捣应控制在 0.5m，并应均匀向上。严禁单侧浇捣，并有专人负责商品混凝土质量，严格按操作规程施工，以保证混凝土的浇捣质量。

4）混凝土振捣时有专人用木锤轻击模板外侧以检查混凝土密实度，若发现模板有漏浆走动、变形、垫块脱落等现象，应停止操作，进行处理后方可继续施工。混凝土浇捣时施工人员操作平台不得与模板、钢筋连接。

5）混凝土浇捣后的 12h 以内应及时养护，对混凝土覆盖处浇水湿润。养护期间应防止阳光暴晒，温度骤变。对于有抗渗要求的混凝土不得少于 14 昼夜。

6）混凝土浇筑间隔时间不得超过初凝时间，否则应按施工缝处理，施工缝采用水平凹缝。在第二次浇捣时必须将松散部分除去，并用水冲洗干净，充分湿润，然后铺上一层同级配（除去骨料）的水泥砂浆，厚约 2～3cm，再浇捣混凝土，要求仔细振捣，保证新老混凝土的良好结合，以防施工缝渗水影响质量。

九、施工缝设置和处理

为确保混凝土浇筑质量，现场浇捣混凝土将按要求振捣密实。根据以往的工程实践发现，施工缝是沉井渗漏的薄弱环节。沉井施工缝采用设置缓膨胀止水条形式，井壁竖向二次钢筋绑扎及混凝土浇捣前，必须将新老结合施工缝处表面浮浆层全部凿除，露出骨料，清除干净，湿润后才能进行浇捣混凝土。施工缝设置和处理如图 6-4 所示。

十、沉井井壁预留洞门施工

在沉井进出洞口处预留好穿墙管、钢环板、环封板、内封板、环状法兰盘。预留时要保证洞门结构与沉井保持刚性接头的预埋钢筋、橡胶条预埋件安装在准确的位置，然后浇注混凝土。在施作过程中有以下要求。

1）环状法兰盘的制作和安装满足设计要求。

2）所有钢材料为 Q235 镇静钢，所有预埋铁件的永久外露部分须涂红丹和灰漆各二度。

3）环状钢板必须牢固的嵌入混凝土，不得因松动而影响使用。

4）穿墙管待顶管结束后用环封板焊接。

5）穿墙管管体与钢筋挡圈的加工精度要严格控制，确保顶管能顺利穿过。

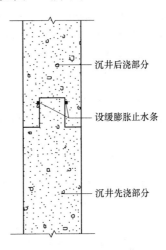

沉井后浇部分

设缓膨胀止水条

沉井先浇部分

图 6-4 施工缝处理示意图

6）沉井井壁钢筋遇穿墙管时截断，并与穿墙管钢环板焊接。

7）穿墙管管体制作后及时加设临时幅式撑，在沉井混凝土达到设计强度要求后割除。

沉井制作完成后将出洞口用砌块临时封堵，砖墙厚480mm；并加 22 号槽钢横向、竖向进行加固，槽钢与预埋钢洞圈之间满焊连接。预留洞门施工示意图如图 6-5 所示。

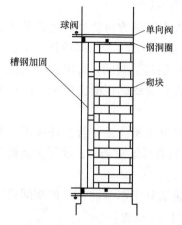

图 6-5　预留洞门施工示意图

十一、沉井下沉

1. 下沉前施工准备

沉井第一节混凝土强度达到 100%，最后一次浇筑混凝土强度达到设计强度 70%，方可开始下沉。

下沉前对沉井结构上的杂物进行清理，嵌补好对拉螺栓的保护垫层孔等。

在井内外设置二道人行扶梯，内部脚手架全部拆除；在沉井下沉时，外井壁扶梯踏步随着井的下沉逐步割除。井内影响潜水员水下作业的钢筋，要进行安全化处理，在井内安设潜水员下水平台。

沉井下沉用水、泥浆沉淀池、冲水取土设备全部落实到位。井内吊放好排泥泵，并连通管路、高压水泵等。

复核测量控制点，包括轴线和水准点，此外在沉井周围布置沉降观察点，沉井侧面下沉标尺刻度绘制完成，记录初始标高。

2. 水力排土简介

水力排土沉井下沉施工技术是通过简便的水力机械设施，就可完成将沉井内土体由高压水破碎混合成泥浆后吸排出沉井的各道工序，从而使沉井逐步下沉到位。该工艺无振动、无污染，对环境影响较小。具有技术先进、经济合理、操作简便、劳动强度低、施工安全可靠、下沉质量容易控制等优点。

工艺原理：水力排土沉井下沉工艺是使用高压水（水泵出口压力宜大于 1.2MPa）通过水枪将土体破碎并与水枪的出水混合成一定浓度的泥浆，然后由水力吸泥机或泥浆泵经由输泥管路吸排出沉井，由泥浆车送至指定的泥浆卸点进行沉淀硬化。

3. 沉井下沉方式

1）排水下沉

沉井初沉必须有一个排水下沉的过程，即 2～3m，当刃脚底部距地表 3～5m 时，井内才具备灌水条件，采用不排水下沉法。

排水下沉法，采用水力机械法施工。泥浆由管道输送至沉淀池，水力机械设备分格固定在一字底梁顶部。作业人员亦在底梁顶部。

由于沉井初沉阶段采用排水下沉法。刃脚底标高已在地下水位以下 4m 左右。水位差必将部分地下水渗入井中。按照常规经验判断，沉井扰动范围与井深之比为 1∶1。沿沉井四周 4m 左右、水平距离范围的土体因失水而扰动。可能形成局部塌陷。施工过程中应密切关注，利用现场的砂或黏土及时回填，压实，以防地面水进入扰动土体，形成更大范围的塌陷，同时也确保周边环行施工便道的安全。

排水下沉过程中为防止和减少井外土体扰动，井内取土施工也应进行有效的控制，水力机械布置应均匀，对称，先中间后逐步往边上扩展。

2）不排水下沉

沉井排水下沉 3～4m 后。水位差加大，此时井内灌水至＋3.60m 左右，井内水深约 4.0m 具备潜水员下水作业条件，沉井进入不排水下沉。水力机械设备用钢浮筒浮在水面上，四周用绳索固定，使其保持在需要的位置，吸泥管伸至泥面。

潜水员沿着潜水信绳下潜到沉井底部，利用高压水枪进行冲泥，与此同时排泥泵开启，进行排泥。潜水员冲泥可逐步加深和扩大，四周的泥土向排泥泵深处流动，排泥泵则不断地向井外排泥，水下清泥直到沉井刃脚边上有部分打空时，沉井则会徐徐下沉。沉井下沉时要注意沉井的倾斜度，沉井哪边高，沉井的锅底中心就向哪边位移，要控制沉井平稳的下沉。

3）沉井终沉

沉井刃脚标高离设计标高 700～1000mm 时，进入终沉阶段。沉井底部取土不能形成锅底而应在沿刃脚边定量取土，如每次 100mm，使沉井底部泥面逐步形成反锅底。由于井内灌满了水浮力会很大，即使刃脚踏面下定量取土后沉井也不会自沉。可采用适量降低井内水位，浮力减少、使下沉力增加。终沉顺序依次为定量挖土，井内降水，观察，井内加水。3～4 个循环使沉井标高达到设计要求。沉井下沉到设计标高后，刃脚踏面的地基持力层位于④层土，待 8h 的累计下沉量不大于 10mm 时沉井下沉趋于稳定，方可进行封底。

4）沉井水力排土施工工艺流程

沉井水力排土施工工艺流程如图 6-6 所示。

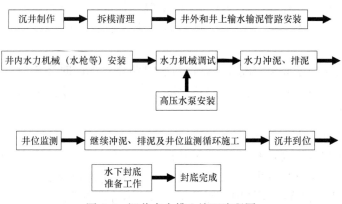

图 6-6　沉井水力排土施工流程图

5）潜水员水下冲吸泥程序及注意事项

采用不排水取土下沉时，要求潜水员在水下作业时，应严格按事先制定的施工要求，根据下沉情况，必须做到以下事项：

（1）潜水员水下冲吸泥主要操作程序，用高压水枪把井内所取的土冲成浆糊状，再用空气吸泥机吸除。

（2）潜水员水下冲吸泥时，必须严格控制井内水位，不低于地下水位。

（3）沉井沉到设计标高后，在清理"锅底"部分和刃脚部分的淤泥，确保水下封底的质量。

十二、沉井下沉验算

1. 沉井下沉安全系数

$$K = \frac{G_k - F_k}{T_f} \tag{6-8}$$

式中 G_k——井体自重＋荷载重；

F_k——被井壁排出的水重力；

T_f——井壁与土间的摩阻力；

K——沉井下沉安全系数，一般应不小于 1.15～1.25。

2. 沉井下沉稳定性系数

$$K_0 = \frac{G_k - F_k}{r + T_f} \tag{6-9}$$

式中 G_k——井体自重＋荷载重；

F_k——被井壁排出的水重力（kN）；

T_f——井壁与土间的摩阻力（kN）；

r——刃脚反力；

K_0——沉井下沉稳定性系数，一般应小于 1.0。

十三、沉井封底施工

1. 水下封底

1）沉井下沉至设计标高后，因水力冲刷坑底成锅底形，需用抛石进行找平。抛石厚度根据测量而定，一般在 30～40cm，抛石粒径为 10cm 大小。找平后再进行混凝土的浇筑。

2）沉井底部由一字底梁分隔成 2 仓，封底时两仓对称同时浇筑。每组浇筑时确保导管放置位置、导管移动速度、混凝土浇筑速度、浇筑量保持一致，各仓浇筑半径小于 4m。

2. 封底施工

1）水下封底混凝土标号为 C20。

2）当沉井至设计标高，并在 8h 内沉井自沉累计不大于 10mm 时方可进行封底。

3）封底前潜水员还应仔细观测井内十面，进行适当的修理整平，形成锅底形状，并清除封底处刃脚上的淤泥，应特别注意刃脚斜面上不可有淤泥及其他杂物，以防水下封底不牢。

4）在进行水下封底时，井内水位应保持与井外地下水位持平，水下浇捣混凝土封底时，用单根导管泵送，导管的有效作用半径为 3～4m，导管应埋入混凝土的深度控制在 1.0～1.5m，混凝土平均升高速度不应小于 0.25m/h，要连续浇筑，不得停顿。同时需做好试块。

5）水下封混凝土底试块，由于该井施工期限较紧，故在浇筑混凝土时，做好二组试块，一组试块做好后按照同条件养护，另一组则按标准养护进行，水下混凝土保养在 15 天后进行试压，如达到设计值，即可抽干井内水，凿除表面松散层，整平表面，并迅速扎好底板钢筋，浇好底板。

6）另外，根据设计要求，为保证水下混凝土与井壁的结合，在拆模后，与水下封底混凝土接触段井壁应将接触面凿毛。底板与井壁、井壁与隔墙以及底板与隔墙的连接处亦需凿毛。

7）同时在封底前，2 仓内部分别设置 $\phi 400$ 泄压孔，泄压孔采用钢管，长度 2.4m。

3. 水下封底操作安全措施

1）潜水员在水下作业前，严格检查潜水员的上岗证及潜水衣的质量和供氧系统的完好。确保自身的安全，同时对专用设备，专人监护。

2）井壁顶外壁防护安全栏，以防止井上部杂物坠落到井内伤害水下作业人员。

3）由于井内局部预留钢筋，水下作业特别注意钢筋不伤潜水衣服，防止意外事故的发生。

4）严格遵守各项施工现场安全条例，包括潜水员水下作业安全要求同时认真执行上海市有关安全规定，确保施工的正常进行。

4. 底板制作

沉井水下封底到了养护期以后，抽干沉井仓内的水，然后凿去封底混凝土浮渣或质量差及超高部分混凝土，并清洗干净，然后按设计图纸进行绑扎钢筋与浇筑混凝土工作。浇筑时为了保证混凝土底板与沉井内壁的密实，除了必须清除沉井接口内壁表面的垃圾并凿毛外，底板混凝土浇筑前，必须落实混凝土的供应条件，以保证底板混凝土的连续浇筑。本工程混凝土浇筑采用长臂泵车或导管输送。

第四节　沉井下沉若干技术问题及处理方法

一、沉井下沉对周边环境的影响分析

沉井施工时下沉使得土体应力重新分布，由初始应力状态变为第 2 应力状态，致使井体周边土体发生变形、位移，引起地表沉陷与土层位移，从而对邻近建（构）筑物和地下设施带来不利影响。因此，在确定沉井的施工工艺时应根据沉井构筑物的场地，各种施工工艺的特点、水文地质及工程地质条件、邻近建筑物或市政设施、地下埋藏物（如底下电缆、各种管道）的状况进行合理选择。

1. 地面沉降机理分析

有关研究表明：施工排水引起地层压密而产生的地面沉降，是由于含水层（组）内地下水位下降，土层内液压降低，使粒间应力，即有效应力增加。假设地表下某深度 z 处地层总应力为 P，有效应力为 σ，孔隙水压力为 u_{w}。依据太沙基有效应力原理，抽水前诸力满足下述关系式：

$$P = \sigma + u_{w} \tag{6-10}$$

抽水过程中，随着水位下降，孔隙水压力随之下降，但由于抽水过程中土层的总应力保持不变，故此，下降了的孔隙水压力值，转化为有效应力的增加。因此，有下式成立：

$$P = (\sigma + u_{w}) + (u_{w} + \Delta u_{w}) \tag{6-11}$$

式中，P、σ、u_w 分别表示 z 处地层的总应力、有效应力和孔隙水压力。

有效应力的增加，可归纳为 2 种作用过程：

1）水位波动改变了土粒间的浮托力，水位下降使得浮托力减小。

2）由于水头压力的改变，土层中产生水头梯度，由此导致渗透压力的产生。浮托力及渗透压力的改变，导致土层发生压密或膨胀。大多数情况下，压密或膨胀属于一维变形，压密的时间延滞应与土层的透水性有关。一般认为，砂层的压密是瞬间发生的，黏性土的压密时间较长。

2. 沉井对周边环境的影响范围

1）排水下沉

当地下水位较高时，井内采用人工或水力机械冲泥，土的含水层被切断，地下水会不断地补给，为保证正常施工，就需要降低地下水，地下水位降低后，在抽水影响半径范围内土会产生固结，从而引起地面的沉降。同时，在井内挖土时，井内外地下水位存在一定的水头差，在动水压力作用下，井内会发生流土、砂涌现象，导致井体周边松动破坏，引起塌陷，这种塌陷所影响的范围与井下沉的深度呈正比。

据有关资料表明，地表沉陷范围内沉陷范围的长度为沉井外边的 2 倍，沉陷宽度 W 取：

$$W = H\tan(45° - \varphi/2) \tag{6-12}$$

式中，H 为沉井的下沉高度；φ 为土的内摩擦角（最好取三轴快剪试验测定的内摩擦角）。

2）不排水下沉

当地下水位较高，在易产生涌流或塌陷的不稳定土层地段，周边建（构）筑物较近时，为减小对周边的影响，采用不排水下沉。不排水下沉靠沉井自重进行下沉，不对周边进行降水，因此对周边土体影响较小。但并不等于说就是对周边没有影响，由于在下沉时要不断地冲泥排水，沉井周边的土体也会出现卜沉及变化，只是其影响的范围要比排水下沉法小得多，根据笔者的经验，其影响范围是沉井深度的 1/3～1/4。

二、降水方案的确定

1. 深井的构造与设计要求

1）井口：井口应高于地面以上 0.50m，以防止地表污水渗入井内，一般采用优质黏土封闭，其深度不小于 2.00m。

2）井壁管：坑外的降压井均采用 4mm 的焊接钢管，井壁管直径 ϕ273mm（外径）；疏干井均采用壁厚 4mm 的焊接钢管，井壁管直径 ϕ273mm（外径）。

3）过滤器（滤水管）：深井井点所有滤水管孔隙率不宜小于 15%，降压井外均包两层网，一层钢丝网，一层 30～40 目的尼龙网，疏干井外包一层 30～40 目的尼龙网，滤水管的直径与井壁管的直径相同。

4）沉淀管：沉淀管主要起到过滤器不致因井内沉砂堵塞而影响进水的作用，沉淀管接在滤水管底部，直径与滤水管相同，长度为 1.00m，沉淀管底口用铁板封死。

5）填砾料。

6）填黏性土隔水封孔：在黏土或滤砂的围填面以上采用优质黏土填至地表并夯实，并做好井口管外的封闭工作。

2. 成孔成井施工工艺与技术要求

采用正循环回转钻进泥浆护壁的成孔工艺及下井壁管、滤水管，围填填滤、黏性土等成井工艺。其工艺流程如下：

1）测放井位：根据降水井点平面布置图测放井位，当布设的井点受地面障碍物或施工条件的影响时，现场可作适当调整；

2）埋设护口管：护口管底口应插入原状土层中，管外应用黏性土和草辫子封严，防止施工时管外返浆，护口管上部应高出地面 0.10～0.30m；

3）安装钻机：机台应安装稳固水平，大钩对准孔中心，大钩、转盘与孔的中心三点呈一线；

4）钻进成孔：疏干井开孔孔径为 ϕ550mm，降压井开孔孔径为 ϕ600mm，一径到底。钻进开孔时应吊紧大钩钢丝绳，轻压慢转，以保证开孔钻进的垂直度，成孔施工采用孔内自然造浆，钻进过程中泥浆密度控制在 1.10～1.15，当提升钻具或停工时，孔内必须压满泥浆，以防止孔壁坍塌；

5）清孔换浆：钻孔钻至设计标高后，在提钻前将钻杆提至离孔底 0.50m，进行冲孔清除孔内杂物，同时将孔内的泥浆密度逐步调至 1.10，孔底沉淤＜30cm，返出的泥浆内不含泥块为止；

6）下井管：管子进场后，应检查过滤器的缝隙是否符合设计要求。下管前必须测量孔深，孔深符合设计要求后，开始下井管，下管时在滤水管上下两端各设一套直径小于孔径5cm的扶正器（找正器），以保证滤水管能居中，井管焊接要牢固，垂直，下到设计深度后，井口固定居中；

7）填滤料（中粗砂）：填滤料前在井管内下入钻杆至离孔底 0.30～0.50m，井管上口应加闷头密封后，从钻杆内泵送泥浆进行边冲孔边逐步稀释泥浆，使孔内的泥浆从滤水管内向外由井管与孔壁的环状间隙内返浆，使孔内的泥浆密度逐步稀释到 1.05，然后开小泵量按前述井的构造设计要求填入滤料，并随填随测填滤料的高度，直至滤料下入预定位置为止；

8）井口填黏性土封闭：为防止泥浆及地表污水从管外流入井内，在地表以下回填 3.00m 厚黏性土封孔；

9）洗井：在提出钻杆前利用井管内的钻杆接上空压机先进行空压机抽水，待井能出水后提出钻杆再用活塞洗井，活塞必须从滤水管下部向上拉，将水拉出孔口，对出水量很少的井可将活塞在过滤器部位上下窜动，冲击孔壁泥皮，此时应向井内边注水边拉活塞。当活塞拉出的水基本不含泥砂后，再用空压机抽水洗井，吹出管底沉淤，直到水清不含砂为止；

10）安泵试抽：成井施工结束后，在疏干井内及时下入潜水泵与接真空管、排设排水管道、地面真空泵安装、电缆等，电缆与管道系统在设置时应注意避免在抽水过程中不被挖土机、吊车等碾压、碰撞损坏，因此，现场要在这些设备上进行标识。抽水与排水系统安装完毕，即可开始试抽水。先采用真空泵与潜水泵交替抽水，真空抽水时管路系统内的真空度不宜小于－0.06MPa，以确保真空抽水的效果；

11）排水：洗井及降水运行时应用管道将水排至场地四周的明渠内，通过排水渠将水排入场外市政管道中。

3. 深井降水运行技术要求

1）试运行

（1）试运行之前，准确测定各井口和地面标高、静止水位，然后开始试运行，以检查抽水设备、抽水与排水系统能否满足降水要求。

（2）在疏干井的成井施工阶段应边施工边抽水，即完成一口投入降水运行一口，力争在基坑开挖前，将基坑底部土层含水量减小到最低。

2）降水运行

（1）在基坑正式开挖时，基坑内的疏干井应在基坑开挖前十天进行抽水，做到能及时降低围护内基坑中的地下水位；

（2）坑内疏干井抽水时，潜水泵的抽水间隔时间自短至长，每次抽水井内水抽干后，应立即停泵，以免电机烧坏。对于出水量较大的井每天开泵的抽水的次数相应要增多。

（3）抽水需要每天24h派人现场值班，并做好抽水记录，记录内容包括降水井涌水量 Q 和水头降 S，并在现场绘制流量 Q，观测孔（点）水位降、各监测点的观测资料、理论计算资料和施工进程（开挖深度）与时间的相关曲线，以掌握动态，指导降水运行达到最优。

（4）整个降水过程中应备有双电源，和以最快速度交换电源的线路开关装置，以确保降水连续进行。如电源供电无法保证会造成井底突水，后果不堪设想。

（5）降水结束提泵后应及时将井注浆封闭，补好盖板。

3）降水运行的注意事项

（1）做好基坑内的明排水准备工作，以防基坑开挖时遇降雨能及时将基坑内的积水抽干。

（2）降水运行阶段应经常检查水泵的工作状态，一旦发现不正常应及时调泵并修复。

（3）井管口设置醒目标志，做好标识工作，做好井管保护工作。

4）降水井井管保护技术措施

（1）井管口设置醒目标志，做好标识工作。

（2）坑内降压井采取搭设辅助工作平台进行后期的运营管理与保护；

（3）随着基坑开挖深度的不断加深，基坑内降压井井管的暴露长度不断加大，井管沿纵向与每道支撑要及时焊接钢筋加固。

（4）挖土施工人员做好井管保护工作。

三、沉井封底后的抗浮稳定性验算

沉井抗浮稳定性计算中，可视作沉井为位于水中的船，浮力 W 考虑为水浮力（或者考虑为沉井底板下承压水水头压力，取大者），结构抗力考虑沉井（含封底垫层）自重 G 和沉井侧壁摩阻力 F。另参照《地基规范》和《荷载规范》的有关规定，可取抗力结构自重的系数为 0.9，效应浮力的系数为 1.0。

抗浮计算公式为：

$$K = \frac{G+F}{W} \tag{6-13}$$

式中　K——抗浮系数；

　　G——沉井及垫层自重；

　　F——井外壁摩擦阻力；

　　W——水的浮托力。

　　沉井在下沉过程中，井周外侧土体被扰动，摩擦阻力减小，若不考虑井外壁摩擦阻力 F 的抗浮作用，井自重 G 将小于水浮力 F，沉井有上浮的风险，故在沉井施工完毕后井周土应回填密实，并应保持连续降水，以降低水头压力。

四、沉井下沉施工减摩措施

　　减小施工摩擦可以减少沉井下沉带土现象，防止周围土体坍塌，保护周边建筑物；使沉井井壁四周摩阻力均匀，易于纠偏，有利于沉井稳定下沉。主要措施有沥青柏油涂层和空气幕法。

1. 沥青柏油涂层

　　为封闭混凝土毛细孔，减少沉井下沉施工对周围土体的带土现象，沉井模板拆除后，将井外壁均匀涂刷一度沥青柏油，待沥青柏油干燥后进行下沉施工。

2. 空气幕法

　　空气幕法是通过沉井井壁内预埋管路上的喷气孔向壁外喷射压缩空气，使井壁外的土液化以降低井壁与土层的摩擦阻力，从而使沉井加速下沉。

五、沉井施工质量通病及预防措施

1. 防止倾斜措施

　　1）沉井起沉时防倾斜措施

　　（1）凿除素混凝土垫层时应先内后外，保持对称。

　　（2）挖土方法：呈锅底状，对称，缓慢。

　　（3）注意观测：遵循沉多少挖、沉少多挖原则。

　　2）沉井下沉过程中防倾斜措施

　　根据沉井下沉系数计算，沉井下沉系数较小，需采取一定助沉措施，但在沉井下沉过程中，可能因土质变化原因发生突沉、倾斜等不正常情况，如遇这种情况我们将采取以下纠偏技术措施：

　　（1）冲除沉井较高一侧的刃脚下土体，而另一侧的刃脚下土体不冲除。

　　（2）在较高一侧外边适当冲水减阻。

　　（3）沉井下沉到离设计标高还有 1m 时，应放慢下沉速度。加强井顶标高监测。刃脚下的土体不能挖空。当沉井下沉到离设计标高还有 20cm 时，应停止挖土。由其自然下沉到设计标高后进行封底，防止沉井在下沉过程中突沉。

2. 防止沉井超沉措施

　　1）当沉井沉至接近设计标高时，注意观测，减慢挖土速度。

　　2）可采取增大井壁摩阻力措施来控制。

　　3）至两层不同土质的界线时，应减慢挖土速度，注意观测，如发现异样情况应立即停止挖土，制定方案，方可继续挖土。

　　4）沉井穿越砂性土层的防倾斜措施。由于砂性土层含水量高，极易产生沉井倾斜现象。因此，在沉井下沉至此类土层前，必要时在沉井外壁四周对这层土进行注浆处理。

3. 沉井干封底防止渗漏措施

除了应采取措施防止混凝土产生收缩缝外，还应注意以下几点：

1）做好底板与井壁接缝处理：应对井壁进行凿毛、清洗，污染的钢筋要清洗干净。

2）在浇筑底板混凝土时应一次浇筑完成，不得中途停顿，避免产生施工缝而造成渗漏现象。

3）底板与井壁结合处采取止水措施。

4）沉井能满足抗浮要求时方可封填设置在底板上的滤鼓，封填先应清洗干净，封填必须密实防止渗漏。

4. 防止沉井偏移措施

控制沉井不再向偏移方向再倾斜，有意使沉井向偏位的相反方向倾斜，当几次倾斜纠正后，即可恢复到正确位置或有意使沉井向偏位的一方倾斜，然后沿倾斜方向下沉，直到刃脚处中心线与设计中线位置相吻合或接近时，再将倾斜纠正。

5. 沉井井壁接高时，防止失稳措施

当沉井采用分节制作时，如接高后的沉井下沉系数大于1.0，刃脚下地基沉载力及沉井周围土体的摩阻力不足以承受接高后的沉井重量，则将产生沉井失稳现象。因此在沉井接高施工前必须按地基承载力和沉井接高后的总重量验算下沉系数，以保证刃脚下地基的稳定性，从而防止沉井出现失稳现象。除此之外还应注意以下几点：

1）在沉井下沉过程中挖土要严格按照施工技术规范进行操作：挖土顺序若土质较软，挖土由中到边；若土质坚实，挖土由边到中。挖土必须对称，均匀、同步进行，沉井应连续作业，中途不应有长时间停歇。

2）在沉井下沉过程中应有专人进行高差、倾斜测量，轴线位移测量等做到勤测、勤纠、缓纠，沉井下沉间隙最长不超过 2h，并根据测量结果及时指挥挖土，并做好下沉记录。

3）在沉井开始下沉和将沉至设计标高时，周边开挖深度应小于 30cm，避免发生倾斜。尤其在开始下沉 5m 以内时，其平面位置与垂直度要特别注意保持正确，否则继续下沉不易调整。在离设计深度 20cm 左右应停止取土，依自重下沉至设计标高。

4）在沉井第一次制作阶段，在沉井内部设置若干预埋钢板，接高时，沉井内侧脚手架与预埋钢板连接，将内外脚手架分离。

6. 沉井封底防止渗漏措施

除了应采取措施防止混凝土产生收缩缝外，还应注意以下几点：

1）做好底板与井壁的接缝处理：应对井壁进行凿毛、清洗，污染的钢筋要清洗干净。

2）在浇筑素混凝土时应一次浇筑完成，不得中途停顿，避免产生施工缝而造成渗漏现象。

3）底板与井壁结合处采取止水措施。

4）沉井能满足抗浮要求时方可封填积水井，封填应先清洗干净，封填必须密实防止渗漏。

7. 大体积混凝土浇筑时防止出现蜂窝、麻面及混凝土收缩裂缝措施

1）严格把好原材料质量关，水泥、碎石、砂、外掺剂等材料要达到国家规范规定标准。

2）混凝土坍落度严加控制，现场根据实际情况随机抽查，抽查次数不少于1次/100m³。到达现场坍落度为100±20mm。严禁现场任意加水现象的发生。按GB 14902规定要求批量制作混凝土试块，抗压试块1组/200m³，标准养护；抗渗试块2组/500m³，其中一组标准养护，另外一组与现场同条件养护。

3）搅拌站协调员向搅拌站反馈现场混凝土实际坍落度、可泵性、和易性等质量信息，以有利于控制搅拌站出料质量。

4）按照浇捣方案，组织全体技术人员召开技术交底会，使每个操作工人对技术要求、混凝土下料方法、振捣步骤等做到心中有数。

5）混凝土搅拌车进场，混凝土品质严格把关，检查搅拌车运输时间、混凝土坍落度、可泵性是否达到规定要求。对不合格者坚决予以退车，严禁不合格混凝土进入泵车输送。

6）每台泵车进料量要及时反映到调度室，按浇捣总量及时平衡搅拌车进入各泵位，基本做到浇捣速度相同，齐头并进。

7）混凝土浇捣时下料高度控制在50cm，做到边下料边振捣，每台泵的混凝土浇筑面不少于3只振动棒进行振捣。混凝土的自由落差≤2.0m。

8）若混凝土散落在坑内，经估计后当混凝土捣至散落处的时间不超过混凝土初凝时间，则可以不派人去清理。若混凝土浇捣至散落处的时间超过混凝土的初凝时间，则立即派人进行散落混凝土的清理，在混凝土浇捣至该处之前，必须清理干净。

9）混凝土浇捣必须连续进行，中途操作者、施工及管理人员轮流交替用餐。

10）采用测温、保温（混凝土表面）、控温（混凝土内部）等技术措施，确保混凝土内外温差不超过25℃，不产生结构性裂缝。

第五节　沉井特殊施工方法

一、障碍物的处理

沉井在下沉的过程中，遇到障碍物时，应立即停止下沉进行仔细的调查。刃脚下如遇到较小的孤石，可将刃脚周围的土掏空以后，把孤石取出。较大的孤石、大块石及破损的污工等，可使用风动工具或爆破的方法将其破碎成小块然后取出。对刃脚下面的孤石打眼放炮，炮眼必须与刃脚平行，装药量控制在0.2kg以内，并在上面覆盖重物，如草袋等，以免刃脚受到损伤。潜水爆破作业孤石时，除打眼爆破作业外，也可以用射水管在孤石下面掏洞放药爆破。遇到成层的大块卵石时，先派潜水员下水清理石层上覆盖的泥砂，在孤石层面寻找软弱面进行开挖，先将小的石块取出，造成小坑，接着将小坑边上临空的石块挖出，逐步扩大，用抓土斗抓出已经松动的土石，然后继续挖深和扩大，如此循环进行，直至卵石取出为止。然后利用已挖成的深坑临空面以抓土斗挖掘边坡，刃脚下面的石块，则用风枪和撬棍处理。如遇铁件，进行水下切割。

二、硬质土层的处理

沉井下沉时遇到胶结土层，抓土斗的斗齿无法插入时，进行如下处理：

1. 排水开挖下沉

排水开挖下沉时，人工用钢钎打入土层一定的深度并向上撬动，将硬土一块块撬起或使用风镐挖掘，或爆破处理。

2. 不排水开挖下沉

不排水开挖下沉时，可以采用重型抓土斗、射水管和爆破联合作业，即先在沉井中用抓土斗抓出深度 2.0m 左右的锅底坑，由潜水员用射水管在锅底坑底向四角方向冲出 4 个40cm 深的炮眼，每个炮眼中放入少于 0.2kg 的炸药进行爆破，剩下的部分在用射水管冲射掉。也可以用钢轨等重物进行冲击，再用抓土斗抓出。

三、倾斜岩层的处理

沉井下沉至倾斜岩层时，可以做如下处理：

1. 土不会向内塌陷

若沉井已经下沉至设计标高而刃脚外的土在井内抽水时不会向内塌陷，将沉井范围内的土全部挖净后，进行封底。

2. 土易向井内坍塌

若涌水量大，井外的土易向井内坍塌，可以不排水，由潜水员下井，一边挖土一边以装有水泥砂浆的或混凝土的麻袋堵塞缺口，堵塞完毕后再清除浮渣，进行封底。

3. 土向井内有较大坍塌

若刃脚下的岩层比较厚，开挖时刃脚外的土向井内有较大坍塌，容易引起沉井倾斜，井底岩面的倾斜面适当地凿成台阶状。

参 考 文 献

[6-1] 刘青. 沉井结构侧壁土压力分布研究 [D]. 西安建筑科技大学，2010.

[6-2] 王涛. 沉井群的设计与施工 [D]. 河海大学，2006.

[6-3] 李溪源. 沉井施工下沉对周围环境的影响分析 [D]. 湖北工业大学，2013.

[6-4] 黄学庆. 沉井工程施工的环境效应及防治对策 [J]. 特种结构，20 (2)：2003.

[6-5] 陈仲颐，叶书麟. 基础工程学 [M]. 北京：中国建筑工业出版社，1990.

[6-6] 顾晓鲁等. 地基与基础 [M]. 北京：中国建筑工业出版社，1994.

[6-7] 基础工程施工手册编写组. 基础工程施工手册（第一版）[M]. 北京：中国计划出版社，2002.

[6-8] 刘景政，杨素春，钟冬波. 地基处理与实例分析 [M]. 中国建筑工业出版社，1998.

[6-9] 北京市市政工程设计研究总院. GB 50069—2002 给排水工程构筑物结构设计规范 [S]. 北京：中国建筑工业出版社，2003.

[6-10] 中国工程建设标准化协会. CECS 137：2002 给水排水工程钢筋混凝土沉井结构设计规范 [S]. 北京：中国建筑工业出版社，2003.

[6-11] 葛春辉. 钢筋混凝土沉井结构设计施工手册 [M]. 北京：中国建筑工业出版社，2004.

[6-12] 黄兴安. 市政工程质量通病防治手册 [M]. 北京：中国建筑工业出版社，1999.

第七章　隧道掘进机施工

第一节　概　　述

隧道掘进机（Tunnel Boring Machine，简称 TBM）法是一种机械化的隧道非开挖方法，主要采用隧道掘进机（TBM）进行施工。TBM 集机、电、液、传感、信息等技术于一体，具有开挖切削地层、渣土输送、隧道衬砌施作（一般是管片或锚喷支护）、测量导向纠偏等功能，目前已广泛用于城市地铁、铁路、公路、市政、水电隧道等工程中。值得注意的是，习惯上，特别是在中国等亚洲国家，人们通常将用于土层或土岩混合地层的隧道掘进机称为盾构（图 7-1），而将用于岩石地层的隧道掘进机称为 TBM（图 7-2）。

图 7-1　盾构刀盘及其外部结构图　　　　　图 7-2　TBM 刀盘及其外部结构

盾构法典型施工流程如图 7-3 所示。

图 7-3　盾构法流程示意

第二节　盾 构 分 类

盾构的具体分类情况如下所示：

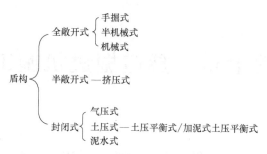

此外，根据盾构掘削断面的形式，可分为圆形和非圆形两大类。其中，非圆形盾构又称为异形盾构，包括双圆盾构（图7-4）、多圆盾构（图7-5）以及非圆盾构。非圆盾构又可分为矩形盾构（图7-6）、类矩形盾构（图7-7）、马蹄形盾构（图7-8）、半圆形盾构、分叉盾构（图7-9）、子母盾构等。

图7-4　双圆盾构

图7-5　三圆盾构

图7-6　矩形盾构

图7-7　类矩形盾构

按断面尺寸，盾构可分为微型盾构（直径 $\phi \leqslant 1m$）、小型盾构（直径 $\phi 1 \sim 4m$）、中型盾构（直径 $\phi 4 \sim 6m$）、大直径盾构（直径 $\phi 6 \sim 14m$）、超大直径盾构（直径 $\phi 14m$ 及以上）。

本章将着重介绍使用最广泛的土压平衡式和泥水平衡式盾构掘进机，两者的特点对比见表7-1。

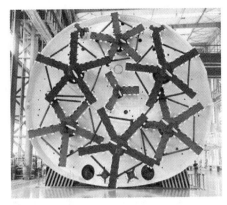

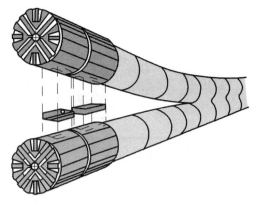

图 7-8　马蹄形盾构　　　　　　　　　图 7-9　分叉盾构

土压平衡盾构和泥水平衡盾构对比　　　　　　　　　表 7-1

	土压平衡盾构机	泥水平衡盾构机
地层适应性	一般适应黏土地层,砂性土在采用膨润土、泡沫或高分子聚合物等技术改良后也可使用	对地下水压较大、渗透系数大的砂层适应性好
开挖面平衡	利用开挖进舱的保压土体提供开挖面的压力平衡	利用保压泥浆的压力和在开挖面的成膜特性提供开挖面的压力支撑
系统封闭性	可以封闭,能够控制地下水损失程度	全封闭系统,无地下水损失
刀盘驱动扭矩	刀盘驱动所需扭矩与渣土改良性能关系很大,当盾构机尺寸大时,难以提供所需扭矩	由于所需刀盘驱动扭矩比较小,有利于超大直径盾构机,盾构机刀盘的磨损也比较小
刀具更换	施工更换刀具较难	施工中不易更换刀具
出渣尺寸	采用螺旋输送机出渣,出渣尺寸受螺旋输送机尺寸限制,一般不大于 500mm	渣土直径受液压破碎钳和管路影响,可以破碎较大粒径卵石,但一般不大于 500mm
渣土处理	渣土直接经渣车运至弃土场	施工渣土需船运或固化处理后车运
掘进速度	盾构掘进速度与隧道施工运输能力有关	盾构掘进速度和地面泥水处理速度之间的联系密切
额外设备	可能需要渣土改良设备	需要泥水分离设备
施工场地	需要的施工场地比较小,施工成本造价相对便宜	需要的工作场地较大,施工能耗高,成本较高

一、土压平衡盾构

如图 7-10 所示,土压平衡(Earth Pressure-Balanced,EPB)盾构利用安装在盾构机最前面的切削刀盘,使正面土体切削下来进入刀盘后面的储留密封舱,并使舱内保持一定的压力与开挖面水土压力保持平衡,以减少盾构机推进对地层土体的扰动,从而控制地表沉降。在出土时,由安装在密封舱下部的螺旋输送机向排土口连续地将渣土排出。随着社会经济的快速发展,近年来大直径土压平衡盾构得到了快速发展,目前已有多项 14m 以上超大直径盾构的应用实例。

土压平衡盾构的特点如下:

1)可根据土压变化调整出土和盾构推进速度,易保证开挖面的稳定,减少地层变形;

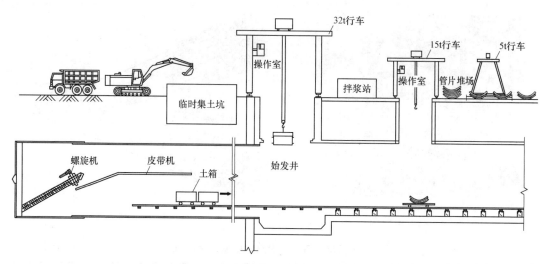

图 7-10　土压平衡盾构施工工法示意图

2）对土体开挖能形成自动控制管理，机械自动化程度高，施工速度快。

1. 土压平衡盾构的构造形式

土压平衡盾构从开挖面向后依次可分为切口环、支承环和盾尾三部分，通过盾构外壳钢板连成整体。

1）切口环

切口环是盾构开挖和挡土部分，它位于盾构的最前端，施工时最先切入地层并掩护开挖作业，部分盾构切口环前端设有刃口以减少掘进时对地层的扰动。切口环主要用于维持工作面的稳定，并作为开挖下来的渣土输送到后方的通道。

2）支承环（主要为前盾和中盾）

支承环是盾构的主体结构，是承受作用于盾构上全部荷载的骨架。它紧接于切口环，位于盾构中部，通常是一个刚性较大的圆形结构。地层压力、所有千斤顶的反作用力以及切口入土正面阻力，衬砌拼装时的施工荷载等均由支承环来承受。

3）盾尾

盾尾即盾构的后部。盾尾为管片拼装空间，该空间内装有拼装管片的举重臂（或称管片拼装机）。为了防止周围地层中的土砂、地下水及同步注浆浆液进入该部位，特别设置盾尾密封装置。

2. 土压平衡盾构的主要机械装置

土压平衡盾构整个系统由许多机械设备组装而成，主要有刀盘，开挖面土体改良装置，盾构千斤顶、螺旋输送机、同步注浆系统、盾尾密封系统、管片拼装系统、设备润滑密封系统等。

1）盾构刀盘

刀盘是机械化盾构的掘削机构，刀盘结构应根据地质适应性的要求进行设计，必须考虑到地层的变化，特别是在确保开挖面稳定的情况下，提高掘进速度。刀盘设计时，应充分考虑刀盘的结构形式、刀盘支撑方式、刀盘开口率、刀具的布置等因素。盾构刀盘通常具有三大功能：

（1）开挖功能：刀盘切削盾构隧道开挖面的土体，对开挖面的地层进行开挖，开挖后的渣土通过刀盘的开口进入土舱。

（2）稳定功能：刀盘的骨架结构还可用于支撑开挖面，具有稳定开挖面的功能。

（3）搅拌功能：刀盘对土舱内的渣土进行搅拌，使渣土具有一定的塑流性，从而进行部分土体改良。

盾构刀盘的结构形式与工程的地质情况有着密切的关系，对于不同地层应选用不同的刀盘结构形式。土压平衡盾构的刀盘有三种形式——面板式（图7-11）、辐条式（图7-12）以及辐条面板混合式（图7-13）。

面板式刀盘在中途开舱换刀时安全可靠且经济，但土体进入土舱的通路易黏结堵塞；辐条式刀盘对地层扰动较小，对地层的沉降控制效果也较好。介于辐条和面板的辐条面板式刀盘能更好地平衡二者矛盾。

图 7-11　面板式　　　　图 7-12　辐条式　　　　图 7-13　辐条面板混合式

2）膨润土添加系统与泡沫系统

膨润土添加系统和泡沫系统是隧道掘进的调节媒介。采用该系统，对于不良的地质条件，通过添加流塑化改性材料，改善盾构土舱内切削土体的流塑性即可实现平衡开挖面水土压力，又能向外顺畅排土，拓宽了土压平衡盾构的适用范围，是土压平衡盾构的重要组成部分。

3）盾构千斤顶

盾构推进的动力是靠液压系统带动若干个千斤顶工作所组成的推进机构，它是盾构重要的基本构造之一。盾构千斤顶的选择和配置应根据盾构的灵活性、管片的构造、拼装衬砌的作业条件来定。

4）螺旋输送机

螺旋输送机由伸缩筒、出渣筒、液压马达、螺旋轴、出渣闸门组成，是土压平衡的排土装置，主要有以下三个功能。

（1）将盾构土舱内的土体向外连续排出。

（2）土体在螺旋输送机向外排出的过程中形成密封土塞，阻止土体中的水分散失，保持土舱内土压的稳定。

（3）随时调整向外排土的速度，控制盾构土舱内实现连续的动态土压平衡过程，确保盾构连续正常向前掘进。

5）同步注浆系统

同步注浆的目的主要有以下三个方面。

（1）即时填充盾尾构筑空隙，有效地控制地表沉降。

（2）为管片提供早期的基本稳定并最终使管片与周围地质体一体化，限制隧道结构非正常变形，且有利于盾构姿态的控制，并能确保盾构隧道的最终稳定。

6）盾构密封系统

盾构密封系统是盾构正常掘进的关键系统，盾构法隧道施工所发生的安全事故经常发生在密封处。铰接式盾构的盾尾密封系统包括铰接密封和盾尾密封两处。

（1）铰接密封。铰接密封一般有三种形式：采用一道或多道橡胶式唇口密封；采用石墨石棉或橡胶材料的盘根加气囊式密封；双排气囊式密封。

（2）盾尾密封。盾尾密封通常由钢板束、钢丝刷等组成。盾尾油脂泵向每道钢丝刷密封之间供应油脂，以提高止水性能，一般盾尾设三道钢丝密封刷（图7-14）。

图7-14 盾尾钢丝刷

7）管片拼装机

管片拼装机俗称举重臂，是盾构的主要设备之一，常以液压为动力。拼装机的形式有环型、中空轴型、齿轮齿条型等，一般常用的是环型拼装机。这种拼装机安装在支承环的后部，或者盾构千斤顶撑板附件的盾尾部，它如同一个可以自由伸缩的支架，安装在具有支承滚轮、能够转动的中空圆环上。该形式中间空间大，便于安装出土设备。

管片拼装机抓紧管片的形式有两种：机械抓取式和真空吸盘式。目前，大直径盾构单个管片的质量较大，多采用真空吸盘式，真空吸盘式具有管片钳捏简便、拼装平稳及碎裂现象少等优点。

3. 土压平衡盾构开挖面稳定机理

土压平衡盾构将刀盘开挖下来的渣土填满土舱，在切削刀盘后面及其隔板上各焊有能使土舱内渣土强制混合的搅拌棒。借助盾构推进油缸的推力通过隔板进行加压，产生泥土压力，这一压力作用于整个作业面，使得作业面稳定。刀盘切削下来的渣土量与螺旋输送机向外输送量相互平衡，使土舱内压力稳定在预定的范围内。

土舱内的土压力通过土压传感器进行测量，并通过控制推进力、推进速度、螺旋输送机转速来控制。

在砂土地层推进时，由于砂土流动性差、砂土的摩擦阻力大、渗透系数高、地下水丰富等原因，土舱压力不易稳定，所以需进行渣土改良。向土舱里注入膨润土或泡沫剂，然后进行强制搅拌，将砂质土泥土化，使其具有塑性和不透水性，从而使土舱内的压力容易稳定。

4. 土压平衡盾构的地层适应性

土压平衡盾构主要应用在黏土质土层中，该类土渗透性低，在螺旋输送机内压缩形成防水土塞，使土舱和螺旋输送机内部产生土压力来平衡开挖面的土压力和水压力。

土压平衡盾构用开挖的渣土作为稳定开挖面的介质，渣土需具有良好的塑性、较小的内摩擦角及较低的渗透系数。如果渣土不完全具有这些特性，则需进行改良。改良的方法通常为加水、膨润土、聚合物或泡沫等，具体情况根据实际地层情况选定。

二、泥水平衡盾构

泥水平衡（Slurry Pressure-Balanced）盾构，简称 SPB 盾构，是在机械掘削式盾构的前部、刀盘后侧设置隔板，使之与刀盘之间形成泥水室，将泥浆送入泥水压力室，当泥水压力室充满泥浆后，通过加压作用和压力保持机构，来保证开挖面的稳定。盾构推进时，刀盘切削下来的渣土经搅拌装置搅拌后形成高浓度泥浆，用流体输送方式输送到地面，这是泥水平衡式盾构的主要工作过程。目前使用最多的是气垫式泥水平衡盾构，它将泥水舱分割为两个：一个是原来传统意义上的泥水舱，另一个是泥水与气垫混合的气垫舱，通过调节气体压力的方式对泥水舱内的压力进行调节，其气压调节精度更高，可控性更好。

在地面泥浆拌和槽中，将泥浆调整到适合地层土质状态后，经泥水输送泵加压，经管路输送到盾构开挖面泥水压力室，泥浆在稳定开挖面的同时，将刀盘切削下来的渣土搅拌成浓泥浆，再由排泥泵经管路输送到地面。被送到地面的泥浆，根据渣土颗粒直径，经过一次分离设备和二次分离设备将土砂分离并脱水后，排去分离后的水，经泥浆拌和槽再次调整，使其成为优质泥浆再循环到隧道开挖面。排出的土砂量由排泥量测定装置进行测定，由此来推测开挖面的情况。

泥水平衡盾构最适宜开挖难以稳定、止水困难的砂层或含水率高的松软黏性土层及隧道上方有水体的地层中。

1. 泥水平衡盾构的系统构成

泥水平衡盾构的施工主要包括盾构掘进、渣土输送、泥水分离等作业流程，通常由以下 5 大系统构成。

1）盾构掘进系统：一边利用刀盘挖掘整个开挖面、一边推进盾构前进的掘进系统。

2）泥水加压和循环系统：可调节泥浆物性，并将其送至开挖面，保持开挖面稳定的泥水循环系统。

3）综合管理系统：综合管理送排泥状态、泥水压力及泥水处理设备运转状况的综合管理系统。

4）泥水分离处理系统：将掘削下来的渣土形成泥水，通过流体进行输出；经分离系统分离成土砂和水，最后将渣土排弃的处理系统。

5）壁后同步注浆系统：当盾构拼装完管片后，及时向壁后间隙注入浆液的系统，主要用于填充间隙、控制地表沉降，加强成环隧道的早期稳定。

2. 泥水平衡盾构开挖面稳定机理

第一，以泥水压力来平衡开挖面的土压力和水压力以保持开挖面的稳定，同时控制开挖面地层的变形。

第二，在开挖面形成弱透水性泥膜，保持泥水压力有效作用于开挖面。

第三，随着加压后的泥水不断渗入土体中填充空隙，可形成渗透系数非常小的泥膜。泥膜形成后减小了开挖面的压力损失，泥水压力可有效地作用于开挖面，从而防止开挖面的变形和崩塌，保持开挖面的稳定。因此，在泥水盾构施工中，控制泥水质量和控制泥水压力是两个非常重要的课题。

此外，由于泥水中的黏粒受到上述压力差的作用在开挖面形成一层泥膜，且该泥膜的形成是在很短的时间内完成的，这对提高开挖面的稳定性起到至关重要的作用，尤其在砂层中稳定作用尤为显著。泥水的重度随着土层的不同而不同，在黏性土中重度可小一些，在砂土与砂砾石中要大一些。

1）泥膜的形成机理

泥水平衡盾构是通过在支承环前面装置隔板的密封舱中，注入适当压力的泥浆，使其在开挖面形成泥膜，支承正面土体，并由安装在正面的刀盘切削土体表面泥膜，与泥水混合后，形成高密度泥浆，然后由排泥泵及管道把泥浆输送到地面处理。整个过程是通过盾构中央控制室内的泥水平衡自动控制系统统一管理。

在泥水平衡理论中，泥膜的形成至关重要。当泥水压力大于地下水压力时，按照达西定律，泥水渗入土体，形成与土体间隙呈一定比例的悬浮颗粒，被捕获并积聚于土与泥水的接触表面，形成泥膜。随着时间的推移，泥膜的厚度不断增加，渗透抗力逐渐增强。当泥膜抵抗力远大于正面土压力时，产生泥水平衡效果。

2）泥膜形成的基本要素

从泥水平衡理论可以看出，在泥水盾构施工中，尽快形成不透水的泥膜是一个相当关键的环节，为了保持开挖面稳定，必须迅速可靠地形成泥膜，以使压力有效地作用于开挖面。为此，要形成泥膜必须满足下列四项基本条件。

（1）泥水密度——为保持开挖面的稳定，应尽量提高泥水的密度。理论上，泥水密度的提高能使泥水压力增大，同时泥膜的稳定性增强。值得注意的是，大密度的泥水会引起泥浆泵超负荷运转以及泥水处理困难。而小密度的泥水虽可减轻泥浆泵的负荷，但因泥粒渗透流失量增加，泥膜形成慢，对开挖面稳定不利。因此，在选定泥水密度时，应综合土层特点和设备能力进行综合考虑。

（2）含砂量——在强透水性土体中，泥膜形成的快慢与掺入泥水中砂粒的最大粒径以及含砂量（黏粒重/黏土颗粒重）有密切的关系，这是因为砂粒具有填堵土体孔隙的作用。为了充分发挥这一作用，砂粒的粒径应比土体孔隙大而且含量适中。

（3）泥水的黏性——泥水必须具有适当的黏性，以便起到防止泥水中的黏土、砂粒在泥水舱底部沉积、保持开挖面稳定的效果；提高泥水黏性，增大阻力，使开挖下来的弃土以流体输送，经泥水处理设备将泥水分离。

（4）泥水压力——虽然渗透流失的量随着泥水压力的上升而上升，但该增加量远小于压力的增加，因此增加泥水压力将提高作用于开挖面的有效支承压力，使得开挖面处在高质量泥浆条件下，有利于保持开挖面的稳定性。

3）盾构掘进速度与泥膜的关系

泥水盾构处于正在掘进的状态时，刀具并不直接切削原状土体，而是对已形成的泥膜进行切削。在切削后的一瞬间，又形成了下一层泥膜。由于盾构刀盘转速一般为一定值，且盾构掘进速度最大能力受到一定限制，因此掘进速度只和切入土体的深度有关，而和泥膜无关。但是当泥水盾构在不正常掘进状态时，特别当泥水质量和泥水压力达不到设计要求时，泥膜经过较长时间才能形成，这样就约束了掘进速度。

3. 泥水盾构的地层适用范围

泥水盾构最初是在冲积黏土和洪积砂土交错出现的特殊地层中使用，由于泥水对开挖面的作用明显，因此在软弱的淤泥质土层、松动的砂土层、卵石砂砾层、砂粒和坚硬土的互层等地层中均适用。

第三节　盾构始发与到达

盾构始发，是指在盾构始发工作竖井内利用反力架和临时组装的负环管片等设备或设施，将处于始发基座上的盾构推入端头加固土体，然后进入地层原状土区域，并沿着设计线路掘进的一系列作业过程。

盾构到达，是指盾构在掘进过程中由原状土进入到达工作竖井端头加固土体区域，然后将盾构推进至到达工作竖井的围护结构处后，从工作竖井外侧破除井壁进入竖井内接收台架上的一系列作业过程。上述的盾构工作竖井，如果是与地铁车站合建的话，一般是指车站端头井。

盾构始发与到达施工作业是盾构施工中最容易产生事故的工序。盾构设备机型不同，竖井井壁始发与到达洞门的构造不同，始发与到达的施工工序也不同，本节主要以土压平衡盾构和泥水平衡盾构为主介绍封闭式盾构的始发与到达施工过程。

一、盾构始发

1. 盾构始发分类

根据破除洞门围护结构和防止开挖面地层塌陷的方法不同，目前盾构始发施工主要有以下几种类型。

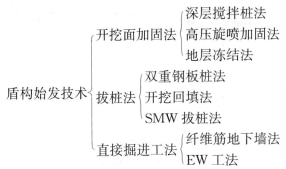

1）掘削面自稳法

掘削面自稳法是采取加固措施对盾构始发端头地层进行加固处理，使开挖面地层自稳，随后将盾构推进到加固过的自稳地层中掘进。端头加固方法主要有三轴搅拌法、注浆加固法、冻结法、降水地层自稳法等。目前我国在盾构工法始发与到达施工时主要采用以下几种方法。

2）拔桩法

拔桩法根据具体的工艺材料不同又可分为双重钢板桩法、开挖回填法、SMW拔芯法三种。

钢板桩盾构始发，是把盾构始发竖井的钢板桩挡土墙做成两层。拔除内层钢板桩后盾构掘进，由于外层钢板桩的挡土作用，可以确保外层土体不会坍塌，即确保盾构稳定掘进。当盾构推进到外层钢板桩前面时，盾构停止推进拔除外侧钢板桩，由于内外钢板桩间的加固土体具有一定的自稳能力，可以维持外侧钢板桩拔除后盾构的正常掘进。

开挖回填法，是把盾构始发竖井做成长方形，长度一般大于盾构主机的 2 倍长度，竖井中间设置隔板（或者构筑两个并列竖井），一半作盾构组装始发用，当盾构推进到另一半竖井时回填，由于回填土的支撑作用可以确保拔除终边井壁钢板桩时地层不坍塌，为盾构安全贯入地层提供可靠的保障。

SMW 拔芯法是用 SMW 法把挡土墙做在竖井始发墙体内侧衬砌中，盾构始发前拔除芯材工字钢，最后盾构始发掘削没有芯材的井壁。

3）直接掘削井壁法

直接掘削井壁法主要有纤维地下墙工法和 EW 工法两种，是可以用盾构刀盘直接切削纤维混凝土始发的工法。

纤维地下墙工法的特点是始发洞门墙体材料不采用钢筋，而是用刀盘直接切削纤维混凝土，如玻璃纤维筋等。该工法始发作业简单，无需辅助工法，安全可靠性好。

EW 工法的原理是盾构始发前，通过电蚀手段，把挡土墙中的芯材工字钢腐蚀掉，给盾构直接始发掘削带来方便，优点与纤维地下墙工法相同。但 EW 工法造价较高，因此在盾构法施工中使用较少。

2. 盾构始发

盾构始发利用反力架和负环管片，将拼装调试完的盾构，由始发基座推入地层，开始沿设计线路掘进一系列施工作业过程。其主要内容包括：竖井周围端头地层加固、安装盾构始发基座、盾构组装与调试、安装反力架、安装洞门密封、凿除洞门临时墙及围护结构、盾构姿态复核、拼装负环管片、盾构贯入开挖面建立土压和试掘进等，如图 7-15 所示。

1）盾构始发准备作业

采用泥水平衡盾构时，需配备泥水处理设备、泥水输送设备、壁后注浆设备、搬运设备等。采用土压平衡盾构时，需配备出土设备、壁后注浆设备、搬运设备等。在进行以上作业的同时，还要进行其他相关的始发准备作业。

始发准备作业包括始发架设置、盾构组装、入口密封系统安装、反力架设置、后配套台车设置、盾构试运转等。如采用拆除临时挡土墙随后盾构掘进的始发方式，则需对地层加固。

2）拆除临时围护结构

盾构始发洞门的破除作业易造成地层坍塌，地下水涌入等事故，故拆除前要确认地层自稳性、止水性等是否满足要求。本着对土体扰动尽

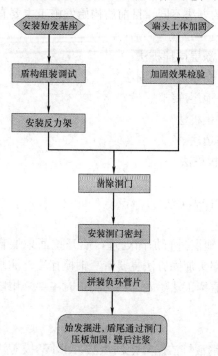

图 7-15　盾构始发流程图

可能小的原则，把围护结构分成多个小块，按照先中间后两边，先下边后上边的原则依次拆除（如果是围护桩，可视情况采取整桩吊出的方案）。

3）盾构始发掘进

围护结构拆除后，立即推进盾构，如采用泥水平衡盾构，由于临时围护结构残渣堵塞泥水循环，故必须在确认障碍物已清除干净后才能推进。

盾构进入地层后，对掘削面加压，同时密切观测与监控洞门处密封装置（一般为橡胶帘布和压板，根据压力不同而有不同的结构设计）状况，缓慢提高压力，直到预设压力值。盾尾通过洞门密封装置时，因密封装置容易改变状态，所以应引起高度重视，同时盾构应低速推进，盾构整体进入洞门后即可进行壁后注浆，密封稳定洞门。

二、盾构到达

1. 盾构到达分类

盾构的到达施工通常有两种，一种是盾构到达后拆除到达竖井的围护结构（刀盘顶上围护结构），或者是围护结构由盾构刀盘直接破除，然后将盾构推进至指定位置；另一种是事先拆除围护结构，再将盾构推进到指定位置。

1）盾构到达后拆除围护结构再推进盾构

这种方法是当盾构刀盘到达竖井端头处的围护结构后，利用地层加固措施使得土体自稳，同时拆除围护结构，再将盾构推进到指定位置。

该方法破除洞门围护结构时，盾构刀盘与到达竖井间的间隙小，故端头土体自稳性好，工序少，施工容易，能较好地保证盾构到达施工的安全，因而被广泛采用，多用于地层稳定性较好的中小型断面盾构工程。

需要特别注意的是，如果盾构到达端的地层中存有地下有水管线（如雨污水管、上水管、热力管等）时，无水地层也应按照有水地层对待处理。这种方法的另外一种变化形式即为盾构水中到达技术，一般为泥水盾构到达时使用，如上海长江隧道等，或上压平衡盾构紧急情况下不得已而为之。

2）先拆除围护结构再进行盾构到达的施工

盾构刀盘顶上围护结构之前预先拆除洞门处的围护结构，端头土体将直接暴露出来，如果地层条件较差，很容易发生端头土体失稳，因此采用此工法进行盾构到达施工时必须采用相应的土体改良措施，提前对竖井附近的端头地层进行加固处理，使端头加固土体满足强度、稳定性和渗透性的要求。

该工法盾构不用停机再启动，能较好地防止地层坍塌，洞口处的防渗性也较强，但是地层加固规模较大，一般在地层较差、盾构开挖断面较大的到达施工中采用。

这种方法的关键是根据端头的地层条件，选取合适端头加固方法，确保端头加固范围和加固效果满足要求。

2. 盾构到达流程

盾构到达是指盾构沿设计线路通过区间隧道贯通前 100m 至盾构进入接收井、上接收架的整个施工过程。盾构到达一般遵照下列程序进行：到达端头加固、接收基座安装定位、洞门密封安装、洞门凿除、到达掘进、盾构接收，如图 7-16 所示。

按施工过程，盾构到达可以分为以下三个阶段。

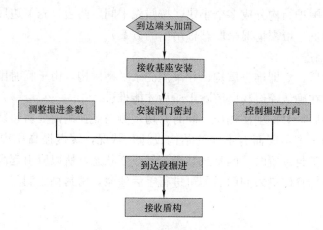

图 7-16　盾构到达施工流程

1）盾构到达竖井前的掘进

盾构到达之前，要充分地进行基线测量，以确保盾构的准确就位。由于盾构必须严格按照到达洞门的设计线路轨迹进入洞门，因此一般应在盾构到达前 50～100m 时严格进行隧道测量，以便精确定位，确定盾构具体纠偏方向和各环的纠偏量，保证线形无误。

盾构推进至洞门附近时，洞门的衬砌及围护结构容易发生变形，对于特别容易变形的板和桩之类的围护结构，应预先进行加固，防止受到盾构推力的作用而影响整体稳定性。当盾构刀盘逐渐接近工作竖井时，应对洞门处的围护结构和衬砌的变形状态进行实时监测并及时校核盾构推进姿态，确保盾构推进线路与设计线路之间的误差在允许的范围内，特别是开挖面土压力逐渐下降时容易造成出土量控制困难而导致发生地层垮落或地面塌陷，故需要综合考虑盾构的位置、地层加固范围、围护结构的位移、地表面沉降量等因素，来确定掘削面的压力。

2）盾构到达

刀具不能切削或推力上升等机械操作方面的变化，可以提示盾构刀盘已经到达围护结构，但为了确保安全，仍建议从到达竖井的临时围护结构钻孔来测量以确定盾构的准确位置，再确定是否停止推进。盾构到达时前应采取足够的措施确保到达处地层的稳定，特别是水砂压力并存情况的存在与否，然后确定是否进行盾构到达施工。

3）临时围护结构的拆除

在拆除临时围护结构之前，首先应该在临时围护结构上开几个检查口，以确定地层状况和盾构到达的位置。围护结构的拆除与盾构始发基本类似，地层的自稳性可能随着时间的推移而有所变化，故盾构到达施工作业应该迅速进行，力求稳定端头地层。特别是在拆除了临时围护结构后将盾构向工作井推进的过程中，应仔细监测地层变形状况，谨慎、快速、平稳地施工到位。

第四节　管片拼装及防水

从 1932 年在 West Middlesex 污水隧道第一次使用至今，钢筋混凝土预制管片已有 80

多年历史。目前，钢筋混凝土管片已是盾构隧道最常使用的衬砌类型。为了确保钢筋混凝土预制管片的"三高"要求，即强度等级要高、抗渗性要高和尺寸精度要高，管片要在高精度的钢模内制作成型，并对其原材料、外加剂、拌制及振捣养护均有严格的要求。

一、钢筋混凝土管片制作

1. 钢模设计加工

要确保制作后管片有统一尺寸，误差在一定精度的范围内，关键是钢模的刚度，强度及精度，所以需要设计加工高精度、拆装方便、刚度大、变形极小的钢模，来满足管片精度要求。

2. 钢筋成型

这里指钢筋笼成型，单根钢筋要在专门的搭片、搭块架上进行组合成型。

3. 混凝土浇捣

将成型的钢筋骨架块放入钢模内浇捣混凝土，混凝土浇捣按钢模形式可有整环浇捣和分块浇捣之分。

1）整环浇捣，即钢模是整环形式。这种方法制作的管片，环向螺栓易穿，管片厚度准确，但环面精度稍差。由于生产以环为单位，所以管片要成环使用。

2）分块浇捣，每块均为标准产品。当采用人工振捣时，管片的外弧面为自由面，人工收水抹面，故管片厚度精度及外弧面质量稍差。

4. 养护、脱模

管片一般采用蒸养后自然养护，蒸养混凝土强度要达到50%以上，主要为加快钢模的周转使用，脱模后，管片入水池养护。

5. 检漏

管片用于地下工程，要抗地下水的渗入，对成品管片除强度满足设计要求外，防水抗渗亦是一项主要指标。所以对成品管片按比例作检漏试验，从而鉴定管片的抗渗能力。

6. 管片的堆放

混凝土管片受碰撞易碎裂，在搬运堆放过程中应特别注意，场地要平整，卧式堆放不得超过3块，管片端头用枕木垫实，不能驮放受力。

二、管片防水

在饱和含水软土地层中采用装配式钢筋混凝土管片作为隧道衬砌，除应满足结构强度和刚度的要求外，另一重要的技术要求是有效解决隧道防水问题。要能比较完美地解决隧道防水的问题，必须从管片生产工艺、衬砌结构设计、接缝防水材料等几个方面进行综合处理，其中尤以接缝防水材料的选择为突出的技术关键。

1. 管片抗渗

管片埋设在含水地层内，承受着一定静水压力，管片在这种静水压的作用下必须具有相当的抗渗能力，管片本身的抗渗能力在下列几个方面得到满足后具有相应的保证：

1）合理提出管片本身的抗渗指标。

2）经过抗渗试验的混凝土的合适配合比，严格控制水灰比，一般不大于0.4，另加塑化剂以增加混凝土的和易性。

3）衬砌构件的最小混凝土厚度和钢筋保护层。

4）管片生产工艺：振捣方式和养护条件的选择。

5）严格的产品质量检验制度。

6）减少管片在堆放、运输和拼装过程中的损坏率。

2. 接缝防水

对接缝防水材料的基本技术要求为：

1）保持永久的弹性状态和具有足够的承压能力，使之适应隧道长期处于"蠕动"状态而产生的接缝张开和错动。

2）具有令人满意的弹性龄期和工作效能。

3）与混凝土构件具有一定的粘结力。

4）能适应地下水的侵蚀。

环、纵缝上的防水密封垫除了要满足上述的基本要求外，还得按各自所承担的工作效能相应提出不一样的要求。环缝密封垫需要有足够的承压能力和弹性复原力，能承受和均布盾构千斤顶顶力，防止管片顶碎。并在千斤顶顶力往复作用下，密封垫仍保持良好的弹性变形性能。纵缝密封垫具有比环缝密封垫相对较低的承压能力，能对管片的纵缝初始缝隙进行填平补齐，并对局部的集中应力具有一定的缓冲和抑制作用。

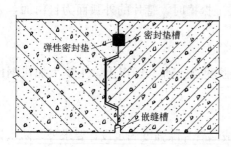

图 7-17　接缝防水构造

管片接缝除了设置防水密封垫外，根据已有的施工实践资料来看，较可靠的是在环、纵缝沿隧道内测设置嵌缝槽，在槽内填嵌密封防水材料，要求嵌缝防水材料在衬砌外壁的静水压力作用下，能适应隧道接缝变形达到防水的要求（图7-17）。嵌缝材料最好在隧道变形已趋于基本稳定的情况下进行施工。一般情况下，正在施工的隧道内，盾构推力影响不到的区段，即可进行嵌缝作业。

此外，目前还出现了一种新型密封垫——锚固式橡胶密封垫。这种胶密封垫的主要材料为三元乙丙（EPDM）橡胶，与常见的弹性橡胶密封垫相比，该橡胶密封垫的不同之处在于其密封垫下部多出了一处或者两处脚部延伸（图7-18），这样即可在管片生产过程中

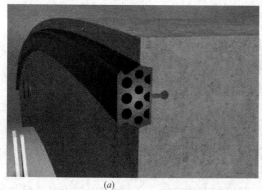

(a)　　　　　　　　　　　　　　　　　(b)

图 7-18　多出一处或两处脚部延伸的嵌入式橡胶密封垫

将其锚固在混凝土之中，从而省去了管片下井之前将密封垫粘合到沟槽中的这道常规工序。较之于常见的弹性橡胶密封垫，使用锚固式橡胶密封垫，不仅省去了粘合密封垫所需的时间，也排除了将密封垫圈从管片沟槽取出导致渗水的可能，从而提高了密封的质量。此外，将密封垫嵌入到管片之中，可以消除在管片脱模过程中出现问题的可能性，也会确保砂浆渗入接头的机会减少。

按材料组成，可以将其分为两类（图7-19）：一类生产材料完全为三元乙丙橡胶，另一类则为三元乙丙橡胶与遇水膨胀橡胶的组合，其中遇水膨胀橡胶需在管片下井之前才能安装到位（图7-20）。

图 7-19 两类嵌入式橡胶密封垫

3. 其他

隧道防水还有其他的一些附加措施可以采用，诸如隧道外围的压浆以及地层注浆等，视不同情况予以采用。

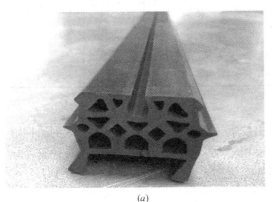
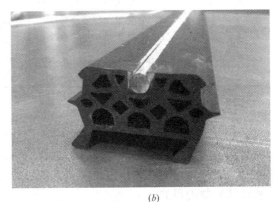

(a)   (b)

图 7-20 第二类嵌入式橡胶密封垫（安装遇水膨胀橡胶前后）

三、盾构新型管片形式

1. 通用管片衬砌

所谓"通用"是指在整条隧道施工中只使用一种具有一定楔形量的衬砌圆环，通过楔形圆环的有序旋转和有序组合，使得在同一条隧道内仅采用这一种管片形式就能适合于直线、左转曲线、右转曲线、空间曲线、进洞区、出洞区等各种工况条件，从而拟合出设计所需的线路（图7-21）。因而，理论上只需要一种管片（一套钢模）即可实现任何线形隧道的掘进施工，做到"以不变应万变"。在隧道管片设计中，通用管片更适用于设计轴

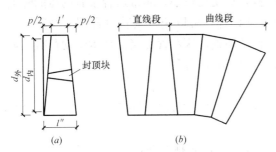

图 7-21 通用管片衬砌环
(a) 通用管片环；(b) 平面形式

线中存在较多曲线段的隧道。衬砌环组合形式对比见表 7-2。

衬砌环组合形式对比

表 7-2

方法		特点	优点	缺点	国内的应用情况
普通衬砌环	标准环＋左转弯环＋右转弯环	直线段除施工纠偏外,多采用标准环;曲线段可通过标准环与左、右转弯环组合使用,以模拟曲线	施工方便,操作简单;简化施工控制,减少管片选型工作量	管片的生产数量控制相对复杂;管片模具的利用率可能低	上海为代表
	左转弯环＋右转弯环	通过左转弯环、右转弯环组合来拟合线路			未采用
通用管片		通过楔行圆环的有序旋转和有序组合,使得在同一条隧道内仅采用一种管片就适用各种工况条件	模具利用率高,工程造价低;管片生产、运输和储存比较方便;管片成环质量高,踏步小,环面平整,止水效果明显;可以在三维空间内对线路进行拟合,不需要采用楔形贴片来拟合竖曲线	拼装难度较高;对施工控制与管理水平要求高	宁波、温州、福州、厦门……

2. 预应力管片

我国主要在水工隧洞混凝土衬砌采用预应力技术。把预应力混凝土技术引入到盾构隧道管片结构中,其主要实施原理是:在盾构隧道预应力管片内部放置预应力筋,使管片建立起环向的预应力,并作为拼装方式取代普通的螺栓连接方式,以达到改善管片受力性能和经济效益的目的。

预应力钢筋混凝土管片结构具有如下优点:

1）由于引入预应力使钢筋混凝土管片的裂缝不易发生和开展,因此管片中的钢筋不易受到侵蚀,从而大大提高了衬砌结构的耐久性。

2）从整个管片环的角度来看,通过引入预应力把单块管片联系成一个整环,使得整环的刚度大大提高,有利于其承载力的提高,即使在管片结构开裂之后,由于预应力的引入加大了管片受力的弹性范围,使得衬砌结构管径变化较小,非常适合于有内压的隧道。

3）单从管片接头的角度分析,通过合理的设计,可以使接头获得合理的刚度,同时预应力还可以使接头根据实际受力情况进行自动调整,这对管片接头在承受动荷载（如列车产生的荷载和地震荷载）时,对其耐久性的提高非常有利。

4）采用高强度材料,可大大减轻结构自重、降低工程造价。

5）用预应力拼装方式取代螺栓拼接方式,还可以大大提高拼接效率,缩短施工周期。

3. 纤维复合管片

钢纤维混凝土（Steel Fiber Reinforced Concrete,简称 SFRC）是 20 世纪 70 年代发展起来的新型复合建筑材料。具有优良的物理、力学性能。第一个钢纤维混凝土管片衬砌工程是 1989 年在意大利西西里建造的供水隧道,随后法国、德国、英国、日本等国家相继在地铁隧道和输水管道等方面进行工程实践，管片形式由有筋发展到无筋。但其耐腐蚀性依然较差，若采用不锈钢材料则成本大大增加，并且钢纤维在控制混凝土早期塑性收缩方面也不尽如人意。

合成纤维因其具有较强的增韧效果以及较好的耐腐蚀性、耐火性、经济性、环保性等特点，在土木工程中具有广大的发展前景，也使它成为当下国内外学者争相研究的对象。在英国、澳大利亚、美国、挪威等国家的隧道工程中，已有使用结构合成纤维替代钢筋的工程实例；我国有将非结构性合成纤维应用于渠道防渗工程、喷射混凝土加固的实例，合成纤维的掺入使得混凝土的抗裂和抗渗能力显著提高，经济效益明显，但仍未有在结构部位使用结构合成纤维以减少钢筋量的实例。

第五节　盾构法施工信息技术

信息技术是盾构法隧道施工观测和控制的基础。在隧道施工中，在开挖的局部范围内，岩土介质发生短暂的局部破坏以及自组织过程，连续的微元体形态的力学平衡系统发生局部间断，连续介质力学的公式化知识系统局部失效，智能化的信息系统成为地下工程中监测、观察、预测和控制的认知和行为手段。

一、盾构机信息采集

1. 盾构机掘进信息内容

围绕着工程安全和质量控制的目标，需要采集反应盾构机自身状态的信息。这些信息可以分为两个方面：一方面是盾构开挖的信息；另一方面是盾构及管片姿态的信息。

盾构开挖信息主要有土舱内土压力、千斤顶推力、刀盘转速、刀盘扭矩、螺旋机转速、掘进速度、注浆压力、注浆量、千斤顶的行程、铰接千斤顶的使用状态等。盾构及管片姿态信息主要有盾构机切口和盾尾的里程、平面偏差、高程偏差、盾构机的滚转角、盾构机俯仰角、管片与盾尾的间隙、管片的平面偏差、高程偏差。

2. 盾构开挖信息采集

盾构开挖信息的采集，首先由逻辑编程控制器（PLC）从传感器处实时采样标准电流信号数据，然后再由逻辑编程控制器传到控制计算机内，最后由盾构施工信息采集管理软件对这些信息做处理，并做初步的信息筛选加工。

1）土舱内土压力

土舱内土压力的测定，主要是通过土舱内的压力传感器，采集模拟信号，再通过数字模拟转换模块转化后，传递到盾构机逻辑编程控制器。最终以数据量的形式传送到控制电脑，提供给操作者。土舱内土压力的设定，主要取决于刀盘前的土压力，一般以刀盘中心处的土压力为准，可按式（7-1）计算。

$$P_1 = K_0 \cdot \gamma \cdot h \tag{7-1}$$

式中，P_1 为土舱内设定土压；K_0 为静止侧压力系数；γ 为土的重度；h 为刀盘中心的埋深。

注：日本同行认为，$P_1 = K_0 \cdot \gamma \cdot h - c$，其中 c 为黏聚力

2）千斤顶推力

通过千斤顶油压压力传感器，采集数据信号，传输到盾构机逻辑编程控制器后，再根据设定好的相关计算方法和数据，换算出千斤顶的推力，最终传送到控制电脑。

3）刀盘转速

通过安装在刀盘处的测数器，采集到数据信号，传输到盾构机逻辑编程控制器，根据一定的换算方法就可以得到刀盘转速的准确信号，最终传送到控制电脑。

4）刀盘扭矩

通过刀盘液压油流量传感器以及刀盘油压传感器，采集到相关的信号，传输到盾构机逻辑编程控制器，再根据逻辑编程控制器中设定好的相关计算方法，换算到刀盘扭矩，最终传送到控制电脑。当工作扭矩达到额定扭矩时，刀盘停止转动。

5）螺旋机转速

通过安装在螺旋机处的测数器采集数据信号，传输到盾构机逻辑编程控制器，根据一定的换算方法，得到螺旋机转速的准确信号，最终传送到控制电脑。螺旋机转速的设定，根据维持土舱压力的需要，或视出土口的出土情况调整。

6）掘进速度

通过千斤顶行程传感器，采集到行程数据，传输到盾构机逻辑编程控制器，再根据相应的时间信号和一定的换算方法，得到盾构机掘进速度的准确信号，传送到控制电脑。一般根据土质、扭矩、推力和土舱压力等综合确定，受土质的影响最大。

7）注浆压力

通过相应的压力传感器采集到浆液的压力信号，传输到盾构机逻辑编程控制器。在注浆处水土压力的基础上相应提高一定比例，使浆液不会进入土舱和压坏管片，并保证地面的隆起或陷落值在允许范围内。

3. 盾构机管片姿态信息采集

盾构机管片姿态的信息采集，有人工测量和自动测量两类方法。先进的盾构姿态自动测量系统实时性好，自动化程度高。目前比较成熟的可分为激光法和棱镜法两类。其中，激光法的代表是德国 VMT 公司的 SLS-T 自动导向系统，棱镜法的代表是日本演算工房的 ROBTEC 系统。国内的部分产品已达到国际先进水平，其中 STEC 盾构掘进姿态测量系统是一个代表。

1）激光法盾构导向系统

通过把全站仪自动采集的测量数据集激光感应器 ELS 标靶采集的数据传送到逻辑编程控制器，再由软件系统对数据进行处理计算，得出盾构机切口及盾尾的三维坐标，再结合隧道设计轴线数据库（DTA）生成相应的盾构偏差报表，实时显示盾构切口及盾尾的平面和高程偏差。该系统工作流程如图 7-22 所示。

2）棱镜法盾构导向系统

相比激光法，棱镜法盾构导向系统在硬件上少了激光发射和接收的装置，但在盾构机内多安装了 1 或 2 个目标棱镜。在盾构机安装时，可以确定两个棱镜在盾构机坐标系中的局部坐标参数。这样，在三维空间测量 2 个点和盾构机的倾斜和侧滚角度，就可以计算盾构机上任一点的坐标。而这 2 个点的三维坐标是通过全站仪（TCA）对棱镜实时跟踪测量获取的。盾构机的倾斜和侧滚角是通过安装在盾构机内的双轴传感器来实现的。由于隧

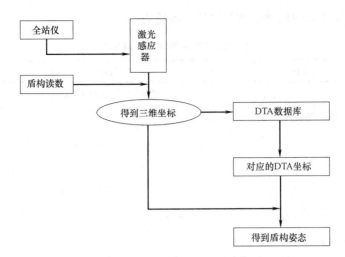

图 7-22　激光法自动导向系统流程图

道设计轴线数据库（DTA）已经预先输入系统，可以计算盾构机切口中心和盾尾中心与DTA 的偏差值及盾构机趋势。

对初始局部坐标转角和坡度旋转改正，解算旋转和俯仰后的局部坐标；应用改正后的局部坐标及目标棱镜的施工坐标，求解盾构实际方位角；盾构切口中心和盾尾中心的三维坐标，是根据实测目标棱镜坐标，方位、转角、坡度三个空间旋转角度及目标棱镜局部坐标，应用三参数空间旋转坐标公式得到的。

二、隧道及周边监测信息采集

1. 隧道及周边监测信息内容

地下工程有完善的监测设计，包括监测管理，监测方法及监测设备等。由于监测与监测数据的反馈处理对技术人员专业水平要求较高，将监测作为一个独立的工序从工程项目中分离出来，由具备专业资质的队伍承包，可以保证监测的客观性与公正性。

1）必测项目

隧道结构变形测量，地面沉降观测，变形区内燃气、热力和上水、污水等管线变形测量，变形区内建筑物等变形量，属于必测项目。隧道结构变形测量包括沉降量和隧道收敛，见表 7-3。

盾构施工变形监测的必测项目　　　　　　　　　　　　　　　　　　　表 7-3

量测项目	主要仪器	测点布置	监测目的	监测频率
施工线路地标和沿线建筑物、构筑物和管线沉降变形测量	水准仪、全站仪	每 30m 一个断面，必要时加密	监测地表沉降及沿线建筑物和管线的沉降，确保施工安全	（1）开挖面距监测断面前后 <20m 时，1～2 次/天； （2）开挖面距监测断面前后 <50m 时，1 次/2 天； （3）开挖面距监测断面前后 >50m 时，1 次/周
隧道结构变形测量（包括拱顶下沉、隧道收敛）	水准仪、收敛计	每 5～10m 一个断面	确保隧道的线形	

2）选测项目

选测的受力和变形测量包括土的垂直和水平位移，管片内力和变形，土层压应力和孔隙水压力等。选测变形的监测分类及仪器设备见表7-4。

盾构施工变形监测的选测项目 表7-4

量测项目	主要仪器	测点布置	监测目的	监测频率
土体内部位移	水准仪、分层沉降仪、测斜仪	选择代表地段设置监测断面	监测施工引起的地层位移，并反馈施工，调整参数，确保安全	(1)开挖面距监测断面前后<20m时，1~2次/天；(2)开挖面距监测断面前后<50m时，1次/2天；(3)开挖面距监测断面前后>50m时，1次/周
管片内力和变形	压力计		了解施工过程中的结构内力情况	
土层压应力	压力计		了解施工过程中的地层载荷情况	
孔隙水压力	孔隙水压计			

2. 隧道及周边监测

隧道及周边监测可采用常规监测技术以及远程自动化监测技术。

1) 常规检测技术

（1）几何水准观测

几何水准观测技术，如地面沉降、建筑物倾斜等，是传统监测技术，具有严格的操作规范、技术要求（如水准网的布设和平差）和成本要求。测量时间间隔较长，无法满足高频率实时监测的需要，测量结果稳定性受人的因素影响较大。

（2）传感器应用

在盾构法隧道施工监测中，不但盾构机的施工参数靠传感器来获取，土压力、孔隙水压力、衬砌受力等也都要靠传感器获取。

（3）盾构施工主要的监测项目和监测仪器见表7-5。

监测项目及仪器方法表 表7-5

序号	监测项目	监测仪器 名称	监测仪器 结构	监测方法
1	盾构机的施工参数	各种传感器	钢弦式、电阻应变式	传感器测定
2	地面沉降	地表桩、水准仪	钢筋混凝土桩	水准测量
3	土的沉降	分层沉降计	磁环	分层沉降仪测定
4	土的变形	测斜管	塑料、铝管	倾斜仪测定
5	土压力	土压计	钢弦式、电阻应变式	频率仪、应变仪测定
6	孔隙水压力	水压计	钢弦式、电阻应变式	应变仪测定
7	衬砌应力	钢筋计	钢弦式、电阻应变式	频率仪、应变仪测定
8	隧道变形	收敛仪		仪器测定
9	建筑物沉降	沉降桩、水准仪	钢制	水准测量
10	建筑物倾斜	经纬仪		经纬仪测定
11	建筑物裂缝	百分表裂缝观察仪	电子式光学式	仪器测定

2) 远程自动化监测技术

随着检测设备及传感器不断完善，监测技术向远程化、自动化方面发展，实现实时数据采集和数据分析，监测精度不断提高。自动化监测多应用于盾构在掘进过程中穿越地铁、高架、防汛墙、重要建筑物和构筑物等。常见监测系统有近景摄影测量系统、光纤监测技术、非接触监测系统、静力水准仪系统、巴塞特结构收敛系统、多通道无线遥测系统。

（1）近景摄影测量系统

用于监测变形的近景摄影测量系统，一种是带有框标和定向设备的测量相机——摄影经纬仪；另一种是没有框标和定向设备的非测量相机——普通相机。根据目标点（控制点和待定点）在像空间坐标系的坐标和物理空间坐标之间的关系，建立目标点（地物点）、像点和投影中心的共线方程。近景摄影测量地下工程位移的实质，是测算目标点的空间坐标及其变化。

（2）非接触监测系统

采用带自动跟踪测量的全站仪进行监测，将自动全站仪安置在通视的稳定位置，在需要监测的点上安装棱镜，并且使全站仪与计算机相连。从全站仪内置的软件或计算机上的软件发送指令定时自动观测，并采集和存储观测数据，计算出精确数值。再与系统内部设定的预警值及历史数据做判定，自动处理。

第六节　盾构法新进展

一、矩形盾构

从隧道的使用功能来分析，城市交通人行地道、地下共同沟、地铁隧道的断面形式以矩形最为合适，最为经济，因而矩形盾构掘进机的重新研究开发和应用意义十分重大。矩形断面与圆形断面相比，其有效使用面积比圆形增加20%以上。城市交通过街人行通道要求埋深浅，因此矩形隧道更能满足人行通道的施工要求。城市交通过街人行通道作为地铁车站的进出口日益增多，城市地下管线共同沟也将在我国得到发展，而这类地下隧道工程以矩形最为经济，因此矩形隧道的研究和应用可直接为工程建设的需求服务，并有广泛的应用前景。

二、无工作井盾构法施工

传统盾构隧道始发与接收均需要建造工作井，对地面与地下连接区域进行大面积的开挖。盾构工作井的施工不仅要考虑到地下工程自身的稳定，还要考虑到其对周边地层及地面的影响。施工过程中的竖井周围加固及地下工程涌水、涌砂等不可预见性因素，都会影响施工质量、进度、安全及经济效益，给工程带来巨大

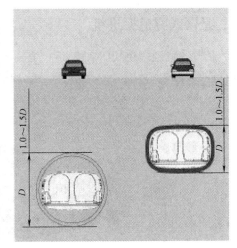

图 7-23　矩形断面与圆形断面的比较

的风险。同时，大面积的开挖不仅会阻塞交通，而且施工机械产生的噪声、振动会给周边居民的生活带来诸多不便。

为解决十字路口、立交路口等的地下立交下穿越施工给交通带来的诸多不便影响，日本提出了快速地下穿越法，即浅覆土下盾构快速穿越法（Ultra Rapid Under Pass，简称URUP）。

该方法于 2003 年开始研发，2004 年 9 月完成矩形土压加泥盾构试验机研制，2005 年完成试验段应用。2008 年日立造船株式会社完成 ϕ13.6m 土压平衡式盾构机制造，并应用于中央环状品川线大井地区（图 7-24）。

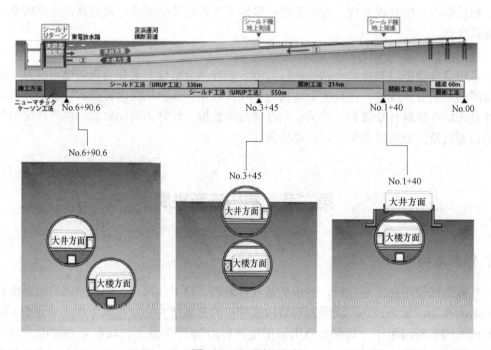

图 7-24　工程概况图

三、悬臂式隧道掘进机

悬臂式隧道掘进机（图 7-25）是一种集切削、装渣、转运和行走于一身的机械设备，具有连续掘进、对围岩的扰动小、减少超欠挖、便于施工综合配套等优点，是软弱岩层理

图 7-25　悬臂式掘进机

想的开挖设备（图 7-26）。

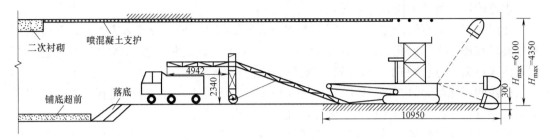

图 7-26　悬臂掘进机施工示意

悬臂掘进机最初主要在我国煤矿部门使用，铁路、公路、水电等隧道（洞）工程中的应用尚属探索阶段。但其在英国、德国、奥地利、日本、澳大利亚等国外交通隧道的应用中积累了大量的经验，开挖断面在 20～100m^2 范围，工程应用效果良好（表 7-6）。

悬臂掘进机部分工程应用　　　　　　　　　　　　表 7-6

序号	项目名称	国家	长度/断面积	地质情况	进度水平与施工方法
1	维也纳供水管线隧道	奥地利	5500m/10m^2	黑色页岩占 60%，无侧限抗压强度 5～40MPa；石碳质砂岩占 30%，无侧限抗压强度 60～110MPa	平均 20m/d
2	毕尔巴鄂市地铁	西班牙		无侧限抗压强度 20～50MPa	最高开挖速度 100m^3/h
3	悉尼市南郡铁路隧道	澳大利亚	2200m/90m^2	隧道全在砂岩中，无侧限抗压强度 20～70MPa；石英含量在 70% 以上	净开挖速度 100m^3/h，刀具消耗每 m^3 小于 0.2 个，长台阶法，台阶 100m
4	多京根公路隧道	德国	2173m/90m^2	泥灰岩占 10%，无侧限抗压强度 30～50MPa；白云岩占 20%，无侧限抗压强度 80～120MPa；石灰岩占 70%，无侧限抗压强度 30～50MPa	平均开挖速度 60m^3/h 最高开挖速度 100m^3/h 每天大约 4.5m 进尺 长台阶法，台阶 80m

四、克泥效工法

克泥效是一种无毒环保的，主要用于隧道工程外周的充填材料。它由合成钙基黏土矿物、纤维素衍生剂、胶体稳定剂和分散剂构成。它具有以下优点：

① 可在盾构掘进发生沉降、空洞、喷涌等情况时即时补救，起到止水、充填及支撑作用；

② 价格合理；

③ 使用方式简单快捷；

④ 无须另外添置其他设备，可直接使用盾构机中的高速混合机完成操作。

克泥效工法是将高浓度的泥水材料与塑强调整剂（即水玻璃）两种液体分别以配管压送到指定位置，再将此两种液体以适当比例混合成高黏度塑性胶化体后，再通过径向孔注入的一种新型工法。混合后的流动塑性胶化体不易受水稀释，且其黏性也不随时间而变化。

克泥效工法使用时材料配比为：

　　克泥效：水玻璃＝20∶1，每立方米用量为400kg，每吨克泥效可拌合2.5m³。

　　水玻璃：波美比∶Be40　比重∶1.38～1.39

　　使用克泥效进行沉降控制，应同时由盾构机的径向孔向盾体外注入克泥效，及时填充开挖直径和盾体之间的孔隙，注入率为120％～130％，同时控制注入压力和注入量。克泥效注入点为11点钟和1点钟位置，由径向孔轮流注入。

　　中铁四局沈阳地铁10号线14标"井冈山1号"盾构机，首次采用克泥效工法顺利下穿通过爱群小区高楼，确保白人居民楼房和百米临街商铺安全。

　　穿越台湾桃园机场跑道，同样采用了克泥效工法进行沉降控制，未使用克泥效前，地表沉降量约在1.0～1.2mm之间，开始注入克泥效后，沉降值下降到0.24～0.26mm。

　　除此以外，克泥效还能用于以下方面：

　　① 盾构机始发同时产生土压；

　　② 盾构机长期停止时的土压保持；

　　③ 盾构机姿态控制；

　　④ 盾构机出洞掘进时的止水；

　　⑤ 盾构机空洞填充及防喷涌；

　　⑥ 助换刀；

　　⑦ 盾构机小半径转弯时对超挖部分的填充；

　　⑧ 地上加固，降低盾构机换刀被困率。

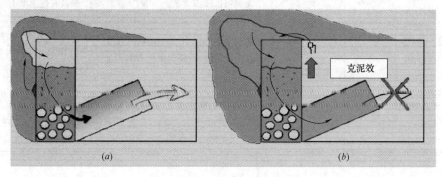

图7-27　克泥效的效果

(a)水量过多时添加可以防止喷发；(b)空洞过大时添加可以防止下陷

参 考 文 献

[7-1]　陈馈，洪开荣，吴学松. 盾构施工技术［M］. 北京：人民交通出版社，2009.

[7-2]　乐贵平，王良，关龙. 盾构工程技术问答［M］. 北京：人民交通出版社，2013.

[7-3]　傅德明. 我国隧道盾构掘进机技术的发展现状［J］. 地下工程技术，2003.

[7-4]　雷升祥，尹宜成. 悬臂掘进机在铁路隧道施工中的应用探讨［J］. 铁道工程学报，2001.

[7-5]　张踌琦. 用臂式掘进机开挖隧道的初步探索［J］. 现代隧道技术，2001.

[7-6]　项志敏，袁仁爱，田郎. 浏阳河隧道悬臂掘进机铣挖工艺研究［J］. 铁道标准设计，2008.

[7-7]　白云，丁志诚，刘千伟. 隧道掘进机施工技术［M］. 北京：中国建筑工业出版社，2013.

[7-8]　吴惠明，周文波，滕丽. 地面出入式盾构法隧道新技术［J］. 隧道建设，2014.

第八章 顶管法施工

第一节 概　　述

顶管法（Pipe Jacking Method）是城市市政管道和地下隧道工程常用的一种非开挖方法。顶管法采用液压千斤顶或由具有顶进、牵引功能的设备，利用工作井承压壁，将管节按照设计高程、方位、坡度，逐节顶入土层，直至首节管节被顶入接收端工作井。其施工流程示意图如图 8-1 所示。

与明挖法相比，顶管法围护结构要求少、降水要求不高、不影响市区交通、对邻近管线和建筑物的影响较小。与盾构法相比，顶管法更适用于修建中小型地下管道。在埋深较大、交通干线附近，以及周围环境对沉降、降水有严格限制的地段，顶管法的施工安全性和经济性尤为显著。

图 8-1　顶管法施工流程示意

顶管施工典型示意图如图 8-2 所示。

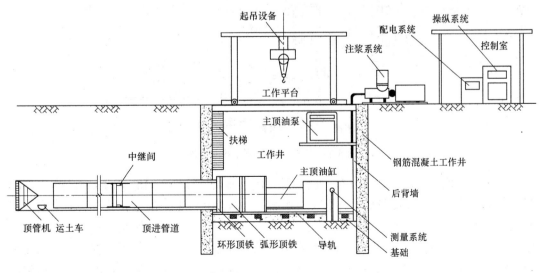

图 8-2　顶管施工示意图

顶管技术在以下工程中具有明显的优势：

1）穿越江河、湖泊、港湾水体下的供水、输气、输油管道工程；

2）穿越城市建筑群、繁华街道的上下水、煤气管道工程；

3）穿越重要公路、铁路路基下的通信、电力电缆管道工程；

4）水库、坝体、涵管重建工程等。

随着科学技术的发展，先后发展了中继环顶推装置、触变泥浆减阻技术、自动测斜纠偏技术、泥水平衡技术、土压平衡技术、气压保护技术和曲线顶管等技术，大大推进了顶管技术的发展。

第二节　顶管机分类

顶管机（Pipe Jacker）也称为顶管工具管，通常可分为手掘式、挤压式、局部气压水力挖土式、泥水平衡式、土压平衡式以及岩石顶管机等。其中，手掘式、挤压式和局部气压水力挖土式因工艺落后、环境保护能力差，目前已越来越少见。本书将着重介绍泥水平衡式和土压平衡式顶管机。

一、泥水平衡式顶管机

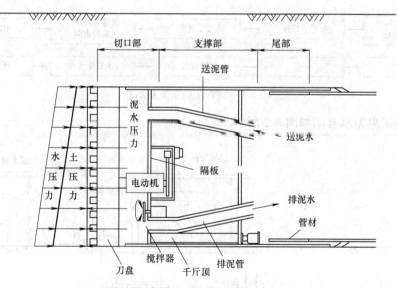

图 8-3　泥水平衡式顶管机示意图

泥水平衡顶管机的刀盘后方有一道密封隔板，隔板与刀盘之间的空间构成泥水仓（图8-3）。施工时，施工人员把水、黏土及添加剂混合制成的泥水经输送管道压入泥水仓，使其充满泥水，泥水形成的压力（称为泥水压力）与开挖面水土压力平衡。同时，泥水在开挖面上形成一层不透水的泥膜，阻止泥水向开挖面外渗透。刀盘切削下来的土渣进入泥水仓，经搅拌与泥水混合，形成一种高浓度的泥浆。这种高浓度的泥浆通过泥浆泵被送到地表，由地表的泥水分离系统进行土渣与泥水的分离。渣土分离后，施工人员把滤除土渣的泥水重新压送回泥水舱。如此不断循环完成切削、排土和推进。

隧道掘进的关键问题之一在于保证开挖面的稳定，采用泥水来实现顶管前方土体的稳定，其机理在于利用了泥水向开挖面前方渗透所形成的隔水泥膜。图 8-4 展示了泥水的渗透过程。泥水与开挖面土层接触时，由于泥水压大于地层的水压力，泥水中的细粒成分及泥水通过地层间隙流入开挖地层。其中，细粒成分填充地层间隙，使地层的渗透系数变小。而泥水通过间隙流入地层，这部分流入地层的泥水称为过滤水。

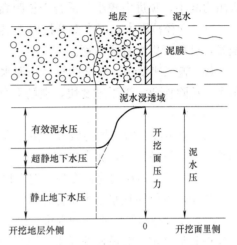

图 8-4 开挖面附近的压力分布

随着时间的增加，地层间隙逐渐被细粒成分充分填充，地层的渗水系数越来越小；滤水量越来越小；即地层间隙完全被填充。另外，由于泥水中的黏土颗粒带负电荷，而地层土颗粒带正电荷，故泥水中的黏土颗粒吸附聚集在开挖面的表面形成泥膜。另因黏土颗粒均匀地悬浮于泥水中，所以泥膜在开挖面上是均匀分布的。综上所述，泥膜形成的因素有两种，前者为渗透填充因素，后者是表面吸附聚集因素。

泥水平衡顶管机在进行顶进作业时，刀盘切削的主要是泥膜层。随着泥水的渗透，泥膜以一定速度向顶进方向发展。掘进机的刀盘以相应的速度切削泥膜，不断推进。顶管机的推进与泥膜的发展构成一个向前的动态过程。在适宜地质条件下，泥膜形成速度较快，顶管机掘进速度也相对较快。

根据泥水平衡式顶管机的原理，在以下地层中应慎用：

1) 覆土层过薄或渗透系数特别大的砂砾、卵石层。泥水平衡式顶管机常发生泥水溢出到地面，或很快渗透到地下水中，致使施工受阻；

2) 黏度大的硬黏土层。泥水平衡式顶管机易出现黏土粘附面板、槽口及出土管道，致使刀盘空转、槽口及出土管道堵塞，导致地层隆起、沉降；

3) 松散的卵石层（孔隙率大、孔隙有效直径大）。泥水平衡式顶管机常因无法形成泥膜或泥水损失量大，致使泥水压力降低且不稳定，开挖面稳定性差。

1. 泥水平衡式顶管机的优、缺点

1) 优点

（1）地层的扰动小、地表沉降小：泥水平衡式顶管机利用泥水压力平衡地下水压和土层压力，泥水渗入地层形成不透水的泥膜，可以有效地保证开挖面的稳定性，减小掘进对周围地层的扰动。泥水介质对压力变化更为敏感，可实现对开挖面泥水仓压力的精确控制，进而控制地表沉降变形。

（2）适用土质范围广：适用于淤泥质黏土、淤泥质粉质黏土、粉质黏土、黏质粉土、砂质粉土等地层；浓泥水式顶管机甚至可以在卵石地层中进行顶进作业。地下水位很高、变化范围大的地层中，泥水平衡式顶管机也能适用。

（3）顶进中顶管机摆动小：泥水渗入地层的浸泡作用使开挖地层变得松软，地层对刀盘的切削阻力减小，顶管机的水平、竖直摆动小。

（4）顶力较小：泥水渗入地层的浸泡作用软化开挖面土层，尤其在黏土层中，刀盘贯入阻力减小，顶进力较小，适合于长距离顶管。

（5）管径范围大：泥水对开挖面土层的软化作用，减小了刀盘的切削扭矩。同样扭矩配备，可用于更大直径顶管。

（6）施工速度快、安全性较高：泥水输送土体能够实现连续作业，不存在土方运输、吊运等危险作业，工程进度快，现场干净整洁。

2）缺点

（1）成本高、所需场地较大：由于采用泥水出土，现场还需配备泥水处理系统，所需场地较大，设备复杂，成本较高。

（2）工序间相互制约程度高：泥水顶管的设备较复杂，相互间联系紧密，一旦某部分出现故障，可能导致整个施工停止。

（3）大管径顶管泥水处理困难：进行大口径的泥水顶管作业时，泥水处理量很大，泥水处理非常困难，对设备的需求、成本控制等都提出了考验。

（4）不适用地层：在硬黏土层中，切削的土体不易进入泥水仓，即使进入，也容易引起泥浆管堵塞，无法正常出土顶进。

二、土压平衡式顶管机

土压平衡式顶管机（图 8-5）是一种封闭顶管机，由局部气压水力出土式顶管机、泥水平衡式顶管机发展而来。其主要特点是在顶进过程中，土体被刀盘切削后进入土仓，由后部螺旋输送机进行出土。通过综合控制土体切削量与螺旋机出土量，使得土仓内土体保持一定的压力，与开挖面的水土压力保持平衡。图 8-6 为海瑞克某型土压平衡式顶管机构成示意图。

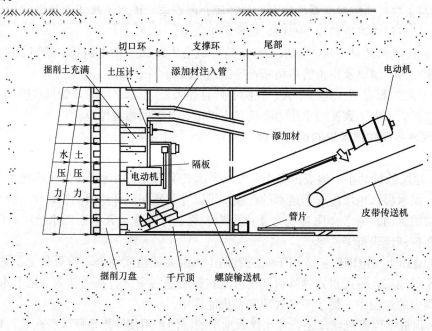

图 8-5　土压平衡式顶管机示意图

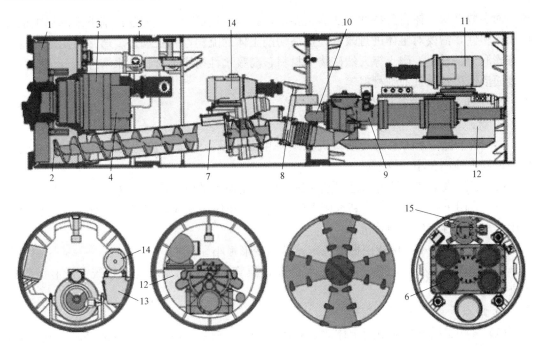

图 8-6　海瑞克某型土压平衡式顶管机

1—刀盘；2—土压仓；3—动力箱；4—主轴调速器；5—壳体密封；6—驱动电机；
7—螺旋机；8—排土口；9—排泥泵；10—排泥泵进口；11—排泥泵动力箱；
12—排泥泵水箱；13—液压动力站；14—电动机；15—人孔

土压平衡式顶管与泥水平衡式顶管的最大差别在于平衡开挖面水土压力的承压介质不同。泥水平衡式顶管的介质为泥水，土压平衡式顶管的介质为泥土。两者稳定开挖面的基本原理是一致的，从开挖引起地层应力变化角度分析，刀盘的切削作业相当于卸载，要使开挖面稳定，必须在其上施加相当于卸载的土压与水压。

1. 工作原理

根据工作原理分析，维持土压平衡状态，保证开挖面稳定，需要满足以下三个条件：

1）泥土压力应能平衡开挖面地层的水土压力。

2）螺旋输送机等排土器械应能随时调整排土速度。

3）对于需添加改良材料的土质，注入的改良材料必须使切削土体的流塑性和抗渗性满足开挖面稳定要求。

土仓泥土压力主要依靠螺旋机出土量与顶管掘进速度进行控制。如果螺旋输送机输土量不变，泥土压力与掘进速度成正比。如果推进速度恒定，泥土压力与螺旋输送机的排土量成反比。同时改变掘进速度与排土量，也可以控制土压力在规定的范围内。当推进速度提高时，土压力随之上升，同时也适当提高螺旋输送机的排土量。

此外，土压平衡顶管机要求土体具有一定的流塑性和抗渗性，即土压平衡顶管机施工的关键技术之一在于形成流塑状土体。一方面，土体切削后能够顺利进入泥土仓。另一方面，土体能有效填充螺旋机内部空间，并形成螺旋状的连续出土状态（俗称"挤牙膏"），即在螺旋机内部形成"土塞"，达到保压止水效果。

对于软弱黏土地层，土体自身的流塑性和抗渗性既能满足上述要求，不需要进行处理。而多数地层土体自身特性无法满足要求，就砂性地层而言，刀盘掘削下来的泥土很难形成流塑性，需要对土体进行改良，提高切削土体的流塑性和抗渗性。通常使用的改良材料有膨润土、黏土、陶土等天然矿物类材料，高吸水性树脂类材料，水溶性高分子类材料或表面活性类特殊气泡剂材料等。

2. 土压平衡式顶管机的优缺点

1) 优点

（1）成本低：土压平衡式顶管机无须采用泥水平衡式顶管机的泥水处理系统，设备少、现场占地面积小、成本低。

（2）出土效率高：排出的是泥土，排土效率比泥水平衡式顶管机高。

（3）适用土质范围广：除高水压含砂地层外，土压平衡式顶管机几乎对所有土质均可适用，是适用性最广的顶管机。

（4）地面变形小：保持挖掘面稳定，地面变形极小。

（5）环境影响小：无须采用与泥水平衡式顶管机配套的泥水处理系统，没有泥水的污染。

2) 缺点

（1）某些工况下必须使用土体改良材料：如在砂砾层或黏粒含量少的砂层中施工时，需采用添加剂对土体进行改良。

（2）切削扭矩大：因添加材的相对密度大，对切削地层的浸渗作用小，切削摩阻力大，切削扭矩大，易造成顶管机的装备扭矩大、功耗大。

（3）不宜用于高水压含砂地层：该地层中，刀盘与开挖面土体摩擦大，刀具磨损速度加快；切削土体在螺旋输送机内输送连续性差，不易形成土塞效应，开挖面不易稳定；高压地下水的存在，螺旋输送机无法保证正常的压力梯降，无法形成有效的土塞效应，易产生渣土喷涌现象，危害施工。

3. 土压平衡式和泥水平衡式顶管机对比及选用

1) 特点对比

两种顶管机在工作原理、配套出渣设备、施工场地、效率、经济性、环境等多方面各具特点，归纳如表 8-1 所示。

土压平衡式和泥水平衡式顶管机对比　　　　　　表 8-1

项目	土压平衡式顶管机	泥水平衡式顶管机
稳定开挖面	需用机械保持土仓压力、维持开挖面土体稳定	有压泥水保持开挖面地层稳定
地质条件适应性	在砂性土等透水性地层中要有土体改良的特殊措施	无须特殊土体改良措施，有循环的泥水（浆）即能适应各种地质条件
抵抗水土压力	靠泥土的不透水性在螺旋机内形成土塞效应抵抗水土压力	靠泥水在开挖面形成的泥膜抵抗水土压力，更能适应高水压地层
控制地表沉降	保持土仓压力、控制推进速度、维持切削量与出土量相平衡	控制泥浆质量、压力及推进速度、保持送排泥量的动态平衡
隧道内出渣	用机车牵引渣车进行运输，由门吊提升出渣，效率低	使用泥浆泵这种流体形式出渣，效率高
渣土处理	直接外运	需要进行泥水处理系统分离处理
所需顶进力	土层对顶管机的阻力大，所需顶进力比泥水平衡式顶管机大	由于泥浆的润滑作用，土层对顶管机的阻力小，所需顶进力比土压平衡式顶管机小

项目	土压平衡式顶管机	泥水平衡式顶管机
刀盘寿命及刀盘扭矩	刀盘与开挖面的摩擦力大，土仓中土渣与添加材搅拌阻力也大，故其刀具、刀盘的寿命比泥水平衡式顶管机要短，刀盘驱动扭矩比泥水平衡式顶管机大	切削面及土仓中充满泥水，对刀具、刀盘起到润滑冷却作用，摩擦阻力与土压平衡式顶管机相比要小，泥浆搅拌阻力小，相对土压平衡式顶管机而言，其刀具、刀盘的寿命要长，刀盘驱动扭矩小
推进效率	开挖土的输送随着顶进距离的增加，其施工效率也降低，辅助工作多	切削下来的渣土转换成泥水通过管道输送，并且施工性能良好，辅助工作少，故效率比土压平衡式顶管机高
隧道内环境	需矿车运送渣土，渣土可能撒落，相对而言，环境较差	采用流体输送方式出渣，不需要矿车，隧道内施工环境良好
施工场地	渣土呈泥状，无须进行任何处理即可运送，所以占地面积较小	在施工地面需配置必要的泥水处理设备，占地面积较大
经济性	只需要出渣矿车和配套的门吊，整套设备购置费用低	需要泥水处理系统，整套设备购置费用高

2）选用原则

顶管机选型应根据工程的地质条件，结合效率、施工场地、施工的经济性来综合考虑。科学的顶管机选型，必须能够保证施工的安全性和可靠性，减少施工风险，满足工程施工的工期要求。

（1）当地层的透水系数小于 $10^{-7}\,\mathrm{m/s}$ 时，可以选用土压平衡式顶管机；当地层的渗水系数在 $10^{-7}\,\mathrm{m/s}$ 和 $10^{-4}\,\mathrm{m/s}$ 之间时，既可以选用土压平衡式顶管机，也可以选用泥水平衡式顶管机；当地层的透水系数大于 $10^{-4}\,\mathrm{m/s}$ 时，宜选用泥水平衡式顶管机。

（2）顶管机选型时，还应考虑和地层土颗粒级配之间的关系，如图 8-7 所示。

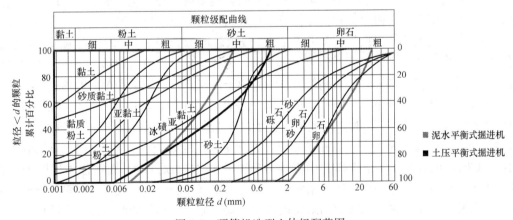

图 8-7 顶管机选型土体级配范围

第三节 工 作 井

为了完成管节的顶进，在顶管两端需设置工作竖井，称为工作井（图 8-8）。工作井通常为方形或圆形基坑，具体又分为两类，一种是供顶管机安装和始发用的工作井（始发井）；一种是供顶管机接收和拆卸用的接收工作井（接收井）。作为顶管施工时在现场设置的临时性设施，顶管工作井是人员、材料、机械较集中的活动场所，属于顶管工程的配套设施。

图 8-8 顶管工作井

一、工作井选址

布置工作井时，应满足以下条件：

1）充分考虑隧道井室的位置，尽可能利用基坑壁后土体作为后背墙；

2）秉承便于排水、出土和运输的原则，选址在距电源和水源较近，交通方便处；

3）当顶管需要在地下水位以下顶进时，工作井要设在管线下游，逆隧道坡度方向顶进，这样将有利于隧道排水；

4）整个顶管工程中，应尽可能减少工作井的数量，即顶进过程中要力求长距离顶进；

5）在隧道拐弯处或转向检查井处，应尽量双向顶进，提高工作井的利用率；

6）多排顶进或多向顶进时，应尽可能利用一个工作井，以节约成本；

7）工作井的选址应尽量避开房屋、地下管线、池塘、架空电线等不利于顶管施工的场所。

二、工作井形式

工作井实质上是一个小型的基坑，其类型同普通基坑一样，包括地下连续墙、柱列式钻孔灌注桩、钢板桩、树根桩和搅拌桩等多种形式。与一般基坑不同的是因其平面尺寸较小，还经常采用沉井。当顶管管径大于 1.8m 或顶管埋深大于 5.5m 时，普遍采用钢筋混凝土沉井作为工作井。采用沉井作为工作井时，为减少顶管设备的转移，一般采用双向顶进；而采用钢板桩工作井时，为确保后背墙后的土体稳定，一般采用单向的顶进。

工作井形状一般有矩形、圆形、腰圆形、多边形等几种，其中矩形工作井最为常见。当上下游管线的夹角＞170°时，一般采用直线顶进工作井，即矩形工作井。矩形工作井的短边与长边之比通常为 2∶3，常用的矩形工作井平面尺寸如表 8-2 所示。当上下游管线夹角≤170°时，或者是在一个工作井中需要向几个不同方向顶进时，则往往采用圆形工作井。另外，较深的工作井也一般采用圆形，且常采用沉井法施工。沉井材料采用钢筋混凝土，工程竣工后沉井则成为隧道的附属构筑物。腰圆形的工作井的两端各为半圆形状，而其两边则为直线；这种形状的工作井多用成品的钢板构筑而成，大多用于小口径顶管中。

矩形工作井平面尺寸选用表   表 8-2

顶管内径 （mm）	顶进井 （宽×长）(m)	接收井 （宽×长）(m)	顶管内径 （mm）	顶进井 （宽×长）(m)	接收井（宽×长） (m)
800～1200	3.5～7.5	3.5×（4.0～5.0）	1800～2000	4.5～8.0	4.5×（5.0～6.0）
1350～1650	4.0～8.0	4.0×（4.0～5.0）	2200～2400	5.0～9.0	5.0×（5.0～6.0）

注：采用泥水平衡式顶管机施工时，工作井的宽度应在一侧增加 1m 宽度，以布置泥水旁通装置。

第四节 隧道内设施

隧道内设施主要包括顶管机、管节、中继间、纠偏千斤顶等。本节只介绍管节、中继间、纠偏千斤顶三个部分，顶管机部分请参见第二节。

一、顶管管节

顶管管节的分类方法很多，有按管节的材料来分，有按管节的生产工艺来分，也有按接口形式来分等。普遍采用的分类方法是按管节的材料来分，可分为：钢筋混凝土管、钢管、铸铁管、玻璃钢夹砂管、塑料管和钢筒混凝土管等。顶管法施工中使用最广的是钢筋混凝土管和钢管，近年来也逐渐开始应用玻璃钢夹砂管等新型管材。各种顶管用管材的优缺点及适用范围如表 8-3 所示。

各种顶管用管材的比较和应用 表 8-3

管材	优点	缺点	适用范围
钢筋混凝土管	1)抗腐蚀能力强； 2)接头连接较快； 3)施工效率高	1)密封、抗渗性能较差； 2)抵抗内水压力的能力有限； 3)管壁较厚，比较笨重	使用最多，多用于水压较小的管道
钢管	1)强度大； 2)不透水； 3)焊接接头的强度和抗压、密封性能好	1)环向刚度小； 2)易变形； 3)管内外防腐要求高； 4)施工焊接工作量大； 5)与钢筋混凝土管比造价较高； 6)能承受的顶力较小	1)使用程度仅次于钢筋混凝土管； 2)多用于对抗渗要求高、内外水压大的管道； 3)不适于曲线顶管
铸铁管	1)使用寿命比塑料管材和钢管更长； 2)能承受较大顶力； 3)硬度高	1)外管壁防腐要求严格； 2)不可锻性，切割困难； 3)可缩性差，易劈裂	1)一般情况下，铸铁管不宜用来作顶管用管； 2)对耐腐蚀性和接口的柔性等有特殊要求时，必须采用铸铁管
玻璃钢夹砂管	1)内外表面光滑，水力性能优异，维护成本低； 2)纠偏容易，安装方便，施工进度快； 3)质量轻，强度高，弹性变形大； 4)耐磨损； 5)耐腐蚀，无污染	1)造价较高； 2)存在废旧料的再生回收、焚烧处置的问题； 3)生产工艺复杂，不便控制质量	适合于长距离顶管，目前只能用于直线顶管
塑料管	1)接口适应性好； 2)安装方便	1)管径较小； 2)推进距离较短	多用于小口径管道
钢筒混凝土管	1)高抗渗性； 2)良好的接口密封性及适应性； 3)能承受较高的内、外荷载； 4)强防腐能力和通水能力	费用较高，抗腐蚀力较弱	作为一种钢管和钢筋混凝土管的复合管材，克服了钢管和钢筋混凝土管的缺点

1. 钢筋混凝土管

钢筋混凝土管是顶管中使用最多的一种管材。钢筋混凝土管的密封及抗渗性能较差，抵抗内水压力的能力有限，多用于水压较小的管道。钢筋混凝土管壁比较厚，较为笨重，但在管内介质相同的情况下抗腐蚀能力强于钢管。其接头连接比较快，不需另做防腐处理，施工效率优于钢管。顶管用的钢筋混凝土管管壁厚度约为管径的 1/10。

钢筋混凝土管按其生产工艺分为离心管、悬辊管、芯模振动管和立式振捣管等。根据《顶进施工法用钢筋混凝土排水管》JC/T 640—2010，按其接口形式可分为企口式、双插口式和钢承口式三种。各接口的优缺点如表 8-4 所示。

钢筋混凝土管各接口形式 表 8-4

接口形式	优点	缺点	备注
企口式	①接口构造简单，安装止水圈比较容易，止水性能较好； ②由于接口没有钢套环等，所以不会因为钢套环锈蚀而使接口的止水性变差，更不会因此而使接口失效； ③生产效率高，成本较低	①由于管端面承受顶力的面积较小，虽然抗压强度高，但它的允许顶力要比同口径的其他接口形式小很多； ②承口混凝土在顶进过程中容易碎裂，造成接口失效； ③当采用芯模振动快速脱模工艺生产时，其外表比较粗糙，与其他类型的管子比较，顶进阻力较大； ④由于它的最大允许偏角仅为 0.75°，而且偏角每增加 0.5°，允许顶力就下降 50%，所以不适用于曲线顶管	目前不常用
双插口式	双插口管适用范围较广，管径为 $\phi 200mm \sim \phi 3500m$ 之内各种口径的混凝土管都可以用	不适用于砂性土中的顶进	即 T 形接口
钢承口式	①与 T 形套环管接口相比，既节省了一层衬垫及一根橡胶圈等材料，又增加了可靠性；同时也扩大了它的适用范围，即使在砂砾土中，它也可使用； ②由于钢套环是埋在混凝土管中的，这就增加了它的刚度，在运输中也不易变形； ③适用于曲线顶管，其最大张角可达 1°左右，也不会产生接口渗漏，可靠性好； ④与企口管接口相比，管端面承受顶力的面积差不多增加了一倍多，所以适用于长距离顶管	①接口中多采用楔形橡胶圈，管子对接时易翻转，造成局部渗漏； ②顶进中如有混凝土压碎，不仅造成密封问题，而且加大了修复难度； ③钢套环与混凝土结合面是此接口形式的薄弱环节	即 F 形接口，是目前最常用的接口形式

1) 企口式

这种管节（图 8-9）既适合于开挖法埋管也适于采用顶管施工，其橡胶止水圈安装在管接头部位的间隙内。橡胶止水圈的右边壁厚为 1.5mm 的空腔内充有少许硅油，在两个管子对接时，充有硅油的腔可以滑动到橡胶体的上方及左边，便于安装，橡胶体不易翻转。该橡胶止水圈采用丁苯橡胶制成，像一个小写的英文字母"q"形，又称为"q"形橡胶止水圈（图 8-10）。

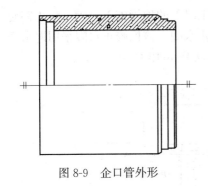

图 8-9　企口管外形

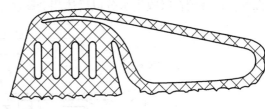

图 8-10　"q"形橡胶止水圈

2）双插口式

双插口混凝土管节也称 T 形套环管接口管节，其结构形式是用一个 T 形钢套环把两段管节联接在一起的接口形式。接口的止水部分由安装在混凝土管与钢套环之间的橡胶圈承担，常见的橡胶圈有齿形橡胶圈和鹰嘴型橡胶圈两种（图 8-11）。为了保护管端和增加管端间的接触面积，在两个管端与钢套环的筋板两侧都安装有一个衬垫。

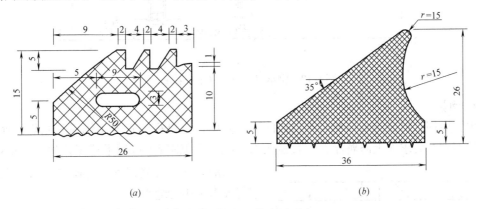

图 8-11　常见的橡胶圈形式
（a）齿形橡胶圈；（b）鹰嘴型橡胶圈

T 形钢套环在套入之前，必须先把齿形橡胶止水圈用胶粘剂胶粘在混凝土管的槽口内。T 形钢套环是顺着齿形橡胶圈的斜面滑进去的，为了使安装顺利，应在齿形橡胶圈外涂抹一层润滑剂。最普通的润滑剂就是用肥皂削成碎片所泡成的肥皂水。安装时，还应注意不能让橡胶圈被挤出，否则接口就会漏水。

双插口管适用范围较广，但是不适用于砂性土中的顶进。当双插口管在砂土中推进时，由于方向校正的缘故，前面部分会有缝口产生。随着管子的推进，大量的砂会从这个缝口中进来，挤满钢套环与混凝土管之间的空隙。此时如果需要向相反的方向进行纠偏时，缝口内的砂被挤实，而且不易被挤出。钢套环的边缘有可能被撕裂或卷边，从而使管接口的密封失效。长此下去，管接口甚至可能被压碎。而在黏土中，由于缝口内的黏土容易挤出，因而不会发生上述现象。

3）钢承口式

钢承口管是目前国内外顶管施工中使用最多的一种管材，俗称 F 形管。钢承口一般采用 6～10mm 厚的钢板制作。管节制作时，将钢套环的前面一半埋入到混凝土管节中去的形式，克服了双插口管接口的缺点，使其适应于各种工况下的顶管施工。为了防止钢套环与混凝土管结合面产生渗漏，在凹槽处设了一个橡胶止水圈。该橡胶止水圈采用遇水膨胀橡胶，该橡胶在吸收了水分以后体积会膨胀 1~3 倍，如图 8-12 所示。

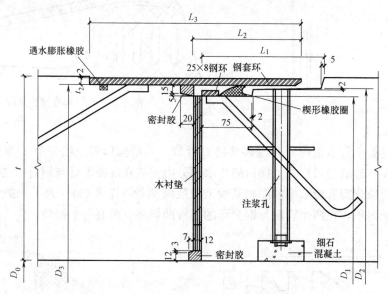

图 8-12　钢承口示意图（单位：mm）

2. 钢管

顶管用钢管可分为大口径与小口径两类。其中，大口径钢管多由钢板卷制焊接而成，并根据不同的要求涂上防腐涂料。直径在 1.0m 以下的钢管可以用上述工艺生产，也可采购成品的有缝或无缝钢管；直径在 0.3m 以下的钢管大多采用无缝钢管。

顶管所用钢管的壁厚与其埋设深度以及推进长度有关。埋设浅则管壁薄，埋设深则管壁厚。钢管接口主要采用焊接，接口强度高、节约金属和劳动力。焊接采用对接接口，如图 8-13 所示，焊缝有三种形式：

1) I 形焊缝：接口不开坡口的焊缝，用于管壁厚度为 4mm 以下的薄壁管，缝隙 c 为 1.0~1.4mm；

2) V 形焊缝：当管壁厚度为 6~14mm 时，采用 V 形焊缝，即坡口对接。开口角一般为 45°，焊缝间隙为 1.5~2.0mm；

3) X 形焊缝：当管壁厚度在 14mm 以上时，应采用 X 形焊缝，即两面开口，以利于充分焊接。两边开口角一般为 45°，焊缝间隙为 1.5~2.0mm。

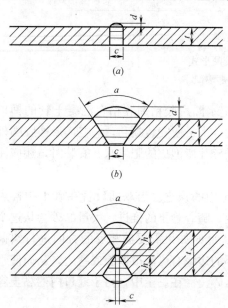

图 8-13　焊缝形式
(a) I 形；(b) V 形；(c) X 形

3. 铸铁管

铸铁具有不可锻、切割困难的特点，一旦在顶进过程中出现偏差，管节不易取出。一般情况下，铸铁管不宜用作顶管。但铸铁管具有硬度高、较好的耐腐蚀性和接口柔性等优点，当对上述条件有特殊要求时，可采用铸铁管来顶管。

4. 玻璃钢夹砂管

玻璃纤维增强塑料夹砂管（简称玻璃钢夹砂管）是一种柔性非金属复合材料管道，该管以玻璃纤维及其制品为增强材料，以不饱和聚酯树脂、环氧树脂等为基体材料，以石英砂及碳酸钙等无机非金属颗粒材料为主要原料按一定工艺方法制成。管节内外两个表面的浅层里都缠绕一层强度很高的玻璃纤维，见图 8-14。与混凝土管的接口形式一样，这种管材接口可以有企口形、T形或F形等。在顶距较长及覆土较深的情况下适合用这种玻璃纤维加强管。

图 8-14　玻璃钢夹砂管

作为新型管材，玻璃钢夹砂管克服了传统钢管和混凝土管材的耐腐蚀性差、影响水质等主要缺陷，具有内表面光滑，水力性能优异，维护成本低，纠偏容易，施工进度快，质量轻，强度高，安装方便，外表光滑，顶力小，单次顶进长度大，对顶进设备要求低，适合长距离等优点。但玻璃钢管材单价较高，生产工艺复杂，存在废旧料的再生回收难的问题，难以推广应用。到目前为止，玻璃钢夹砂管只用于直线顶管。

5. 塑料管

塑料管常与其他管材一起以复合管的形式应用在顶管工程中，单独选用塑料作为管材的工程比较少见。常用的顶管塑料硬聚氯乙烯管（UPVC）塑料于 20 世纪 40 年代在欧洲、美国、日本等国家相继开发，于 60 年代在我国开始使用。这种塑料管具有管径较小，推进距离较短的特点。

目前，塑料管顶管工程中，塑料管往往套在钢管内，与钢管形成复合管；或在顶进完成后拔出钢管，再在拔除钢管的缝隙周边浇筑混凝土，使其成为内部为塑料、外部为混凝土的复合管。

6. 钢筒混凝土管

钢筒混凝土管是一种钢板与预应力混凝土的复合顶管（PCCP），是基于预应力钢筒混凝土，在钢筒内、外壁浇筑混凝土层，在外层混凝土表面缠绕预应力钢丝，用水泥砂浆作保护层制成的管节（图 8-15）。这种技术源于法国，20 世纪 40 年代在欧美竞相发展，并于 90 年代被引进到国内。这种管材兼有钢管和混凝土管的特点，能承受较高的内、外荷载，是普通的混凝土管和钢管无法替代的。因此，需使用钢筒混凝土管作为顶管管材的工程大多有特殊要求，其造价也相对较高。

二、中继间

中继间（图 8-16）也称为中间顶推站、中继站或中继环，是安装在顶进管线的某些部位，把顶进隧道分成若干个推进区间的设施。它主要由多个均匀分布于保护外壳内的顶推千斤顶、特殊的钢制外壳、前后两个特殊的顶进管节和均压环、密封件等组成。当所需的顶进力超过主顶工作站的顶进能力、隧道管节或者后座装置所允许承受的最大荷载时，则需要在管节间安装中继间进行辅助施工。

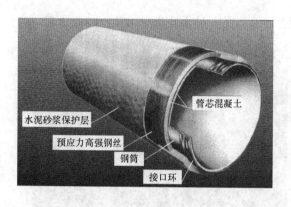

管芯混凝土

水泥砂浆保护层

预应力高强钢丝

钢筒

接口环

图 8-15 PCCP 管结构示意图

图 8-16 中继间

长距离隧道常需多个中继间。顶进施工时，全部中继站只有一个处在顶进状态，其他中继间都保持不动。各中继间按从前往后顺序依次完成顶进，按次序依次将每段管节向前推移，最后由主顶工作站完成顶进循环的最后顶进。

在含水地层中的顶管，中继间装配的密封装置应具有良好的密封性能、良好的耐磨性和较长的寿命，以避免浆液、地下水或泥沙等进入中继间外壳和外壳内管节之间的缝隙。施工人员可以通过注油管定期地向内外弹性密封环之间以及密封环的外部注入油脂润滑。

一般来说，在顶管作业结束后，将前特殊管、后特殊管以及钢制外壳留在地层中，不再进行回收，但是其内部的组成部分（如推进千斤顶、连接件、均压环和液压管线等）手工拆卸回收，以备它用。拆卸工作完成之后，所留下的区间，可以借助于后面的中继间或主顶工作站将其合拢封闭，或者通过现浇混凝土的方法形成衬砌。

三、注浆系统

注浆系统由拌浆、注浆和管道三部分组成。

（1）拌浆：拌浆是把注浆材料加水以后再搅拌成所需的浆液；

（2）注浆：注浆是通过注浆泵来进行的，它可以控制注浆压力和注浆量；

（3）管道：管道分为总管和支管，总管安装在管道内的一侧，支管则把总管内压送过来的浆液输送到每个注浆孔去。

第五节　工作井内设施

工作井内设施主要包括导轨基础、导轨、后背墙、顶铁及其他部分组成。

一、导轨基础

导轨基础的形式取决于基底土的性质、管节的重量以及地下水位，一般分为土槽木枕基础、卵石木枕基础、混凝土木枕基础三种形式。

1. 土槽木枕基础

土槽木枕基础适用于土质好，无地下水的工作井。工作井底部整平后，在坑底挖槽并埋枕木，枕木上安放导轨。这种基础施工操作简便、用料少，可在方木上直接铺设导轨。

2. 卵石木枕基础

卵石木枕基础适用于有地下水但渗透量较小、地基土为细粒的粉砂土。为减少对地基土的扰动，可铺设一层 10cm 的卵石以增加承载力。

3. 混凝土木枕基础

混凝土木枕基础适用于地下水位高，同时地基土质差的工作井。其具体做法：在工作井地基上浇筑一定厚度的混凝土，在混凝土上表面预留沟槽以铺设轨枕方木，将导轨安装在木轨枕上。

二、导轨

1. 导轨安装

导轨安装是顶管施工中的一项重要工作，安装的准确与否直接影响管节的顶进质量。导轨宜选用钢质材料制作，并应有足够的刚度。其安装要求如下：

1）两导轨应顺直、平行、等高，其坡度应与隧道设计坡度一致。当隧道坡度>1％时，导轨可按平坡铺设；

2）安装后的导轨应牢固，顶进中承受各种负载时不产生位移、不沉降、不变形；

3）导轨安放前，应先复核隧道中心的位置，并应在施工中经常检查校核；

4）导轨安装的允许偏差应为，轴线位置：3mm；顶面高程：0～＋3mm；两轨内距：±2mm。

2. 常用导轨类型

目前常用的导轨形式有两种：普通导轨和复合型导轨。

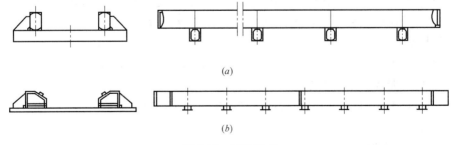

(a)

(b)

图 8-17 导轨形式

普通导轨适用于小口径顶管，是用两根槽钢相背焊接在轨枕上制成的，如图 8-17（a）所示。

复合型基坑导轨的寿命比普通型长很多，它的每一根导轨上都有两个工作面：水平工

187

作面是供顶铁在其上滑动，倾斜工作面则是与管子接触，如图 8-17（b）所示。为了测量及导轨安放的方便，导轨的水平工作面仍然与钢筋混凝土管内的管底标高同处一个水平面上。每一副复合导轨中有六只可以调节的撑脚。

三、后背墙

后背墙（Reaction Wall）是顶管顶进时为千斤顶提供反作用力的一种结构，有时也称为后背或者后背墙等。在施工中，要求后背墙必须保持稳定，具有足够的强度和刚度。

1. 应满足的要求

1）足够的强度：在顶管施工中能承受主顶工作站千斤顶的最大反作用力而不致破坏。

2）足够的刚度：当受到主顶工作站的反作用力时，后背墙材料受压缩而产生变形，卸荷后要恢复原状。

3）表面平直：后背墙表面应平直，并垂直于顶进隧道的轴线，以防产生偏心受压，使顶力损失或发生质量、安全事故。

4）材质均匀：后背墙材料的材质要均匀一致，以防承受较大的后坐力时造成后背墙材料压缩不匀而造成倾斜现象。

5）结构简单、装拆方便：装配式或临时性后背墙都要求采用普通材料、装拆方便。

2. 结构形式

1）按建造形式

可分为整体式和装配式两类。整体式后背墙由现场浇筑混凝土建成。装配式后背墙由预制构件装配而成，是常用的形式，具有结构简单、安装和拆卸方便、适用性较强等优点。

装配式后背墙应满足：

（1）装配式后背墙宜采用方木、型钢或钢板等组装，组装后的后背墙有足够的强度和刚度；

（2）后背墙土体壁面平整，并与隧道顶进方向垂直；

（3）装配式后背墙的底端宜在工作坑底以下（不宜小于50cm）；

（4）后背墙土体壁面与后背墙贴紧，有间隙时以砂石料填塞密实；

（5）组装后背墙的构件在同层内的规格一致，各层之间的接触应紧贴，并层层固定；

（6）顶管工作坑及装配式后背墙的墙面与隧道轴线垂直。

2）按墙后支座

可分为原状土支座、人工后背墙支座、已竣工隧道 3 类。选用要求如下：

（1）应尽可能选用原状土作为墙后支座；

（2）无原状土作为支座时，应设计结构简单、稳定可靠、就地取材、拆除方便的人工后背墙支座；

（3）利用已顶进完毕的隧道作后背墙时，应满足：

① 要顶进隧道的顶进力应小于已顶隧道的顶进力；

② 后背墙钢板与管口之间应衬垫缓冲材料；

③ 采取措施保护已顶入隧道的接口不受损伤。

在设计后背墙时应充分利用土抗力，在工程进行中应严密检测后背土的压缩变形值，将残余变形值控制在 20mm 左右。当发现变形过大时，应考虑采取辅助措施，必要时可对后背土进行加固，以提高土抗力。

3. 后背墙反力计算方法

1）计算方法 1

若忽略钢制后背的影响，假定主顶千斤顶施加的顶进力是通过后背墙均匀地作用在工作坑后的土体上。为确保后背在顶进过程中的安全，后背的反力或土抗力应为的总顶进力的 1.2～1.6 倍，反力可采用式（8-1）计算：

$$R = \alpha \cdot B \cdot \left(\gamma \cdot H^2 \cdot \frac{K_p}{2} + 2c \cdot H \cdot \sqrt{K_p} + \gamma \cdot h \cdot H \cdot K_p \right) \qquad (8\text{-}1)$$

式中　R——总推力之反力（kN）；

　　　α——系数，取 $\alpha = 1.5 \sim 2.5$；

　　　B——后背墙的宽度，m；

　　　γ——土的重度（kN/m³）；

　　　H——后背墙的高度（m）；

　　　K_p——被动土压系数；

　　　c——土的黏聚力（kPa）；

　　　h——地面到后背墙顶部土体的高度（m）。

2）计算方法 2

若将后背板桩支承的联合作用对土抗力的影响加以考虑，水平顶进力通过后背墙传递到土体上，近似弹性的荷载曲线（图 8-18），顶力将分散传递，扩大了支承面。为了简化计算，将弹性载荷曲线简化为一梯形力系（图 8-19），此时作用在后背土体上的应力可通过公式（8-2）进行计算：

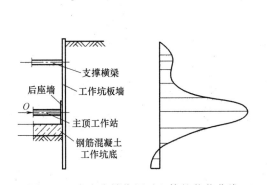

图 8-18　考虑支撑作用时土体的载荷曲线

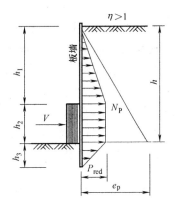

图 8-19　简化的后背受力模型

$$p_{red} = \frac{2h_2}{h_1 + 2h_2 + h_3} \cdot p \qquad (8\text{-}2)$$

式中　$p = \dfrac{V}{b \cdot h_2}$；

　　　p_{red}——作用在后背土体上的应力（kN/m²）；

　　　V——顶进力（kN）；

　　　b——后背宽度（m）；

h_2——后背高度（m）。

从图 8-20 可以看出，为了保证后背的稳定，被动土压力 e_p 必须满足：

$$e_p > \eta \cdot p_{red} \tag{8-3}$$

$$e_p = K_p \cdot \gamma \cdot h \tag{8-4}$$

式中　η——安全系数，通常取 $\eta \geqslant 1.5$；

　　　h——工作坑的深度（m）。

所以由上述公式经过整理可得后背的结构形状和允许施加的顶进力 F 的关系如下：

在不考虑后背支撑时：

$$F = \frac{K_p \cdot \gamma \cdot h}{\eta} \cdot b \cdot h_2 \tag{8-5}$$

在考虑后背支撑情况时：

$$F = \frac{K_p \cdot \gamma \cdot b \cdot h}{2 \cdot \eta}(h_1 + 2h_2 + h_3) \tag{8-6}$$

为了增加钢板桩后背墙的整体刚度，也可在受顶力的钢板桩处现浇钢筋混凝土后背墙。根据顶进力的大小，混凝土后背墙的弯拉区应设置网格钢筋。混凝土墙的一般厚度应根据隧道直径大小确定，一般为 0.8～1.0m。混凝土的强度为 C20 以上，在达到其强度的 80% 以上时才可以承受顶进力。

图 8-20　顶铁

四、顶铁

顶铁（图 8-20）是主顶千斤顶前端特殊形状的铁块，又称为承压环或者均压环，主要作用是把主顶千斤顶的推力比较均匀地分散到顶进管段的端面上，保护管端，并延长短行程千斤顶的行程。

顶铁由各种型钢制成，根据形状不同可分成矩形顶铁、环形顶铁、弧形顶铁、马蹄形顶铁和 U 形顶铁等，对比如表 8-5 所示。顶铁应具有足够的强度和刚度，尤其要注意主顶油缸的受力点与顶铁相对应位置肋板的强度，防止顶进受力后顶铁变形和破坏。

不同顶铁的特点或作用　　　　　　　　　　　表 8-5

顶铁形式	特点或作用
矩形顶铁	断面为矩形，是最常用的一种顶铁
环形顶铁	千斤顶与管段不能直接接触时，环形顶铁能连接千斤顶与管段，并直接与管段接触，使主顶油缸的推力较均匀地传递到所顶管段的端面上
弧形顶铁	用于顶力很大的钢筋混凝土管，能够扩大承压面积，使主顶油缸的推力较均匀地传递到所顶管段的端面上
马蹄形顶铁	构造和作用与弧形顶铁基本相同，不同的是它安放在基坑导轨上时开口是向下的，这样在主顶油缸后加顶铁时不需要拆除进排泥管道
U 形顶铁	一种组合式顶铁，刚度大，能比较均匀地分布顶力，但比较笨重，一般用于大顶力的顶进，一般用于钢管顶管

五、其他设施

1. 洞口止水圈

洞口止水圈指用来制止地下水和泥砂流到工作井和接收井的构造，常安装在顶进工作井的出洞洞口和接收工作井的进洞洞口，包括止水墙、预埋螺栓、橡胶止水圈、压板四个部分。如图 8-21 所示。

不同构造的工作井洞口止水的方式也不同：

1）钢板桩围成的工作井：在管段顶进前方的井浇筑一道前止水墙，墙体可由级配较高的素混凝土构成。其宽度约为 2.0～5.0m，具体数据根据管径的不同而定，厚度约为 0.3～0.5m，高度约为 1.5～4.5m。

2）钢筋混凝土沉井或用钢筋混凝土浇筑成的方形工作井：无前止水墙。

3）圆形工作井：浇筑一堵弓形的前止水墙，洞口止水圈安装在平面而非圆弧面上。

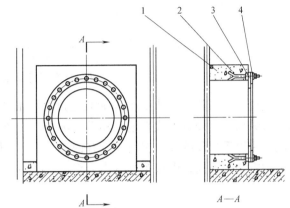

图 8-21　洞口止水圈的构造
1—前止水墙；2—预埋螺栓；3—橡胶止水圈；4—压板

4）覆土深度很深（大于 10m）或者在穿越江河的顶管工作井：洞口需两道止水圈。前止水圈是充气式的，结构如同自行车内胎，与管子不直接接触。前止水圈平时不充气，只有当后面一道止水圈损坏需更换时才充气，起止水作用。

2. 主顶设备

主顶设备主要包括 4 个部分：①主顶千斤顶；②主顶油泵；③操纵系统；④油管。

图 8-22　主顶油缸

主顶千斤顶安装于顶进工作井中，用于向土中顶进管节，是顶管推进的动力。主顶千斤顶一般均匀布置在管壁周边，主要由油缸缸体（图 8-22）、活塞杆及密封件组成，其形式多为液压驱动的活塞式双作用油缸。常用的千斤顶的组合布置可分为固定式、移动式、双冲程组合式三种。

在安装主顶千斤顶时，应遵循以下原则：

1）千斤顶宜固定在支架上，并关于管节中心的垂线对称，其合力的作用点应在隧道中心的垂直线上；

2）当千斤顶多于一台时，应尽量做到取偶数，规格相同，行程同步，当千斤顶规格不同时，其行程应同步，并应将同规格的千斤顶对称布置；

3）千斤顶的油路必须并联，每台千斤顶应有进油、退油的控制系统。

主顶千斤顶可固定在组合千斤顶架上做整体吊装，根据其顶进力对称布置的要求，通常选用2、4、6偶数组合，如图8-23所示。

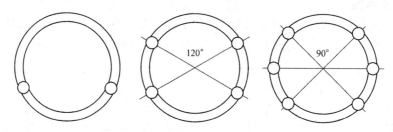

图8-23　主顶千斤顶布置示意图

主顶千斤顶的压力油由主顶油泵通过高压油管供给，其推进和回缩通过操纵系统控制。操纵系统的操纵方式有电动和手动两种，前者采用电磁阀或电液阀，后者采用手动换向阀。主顶千斤顶的油管按材质分有钢管、铜管、橡胶软管和尼龙管等；依据管的材料和压力的需要的不同，管接头可分为卡套式、薄壁扩口式和焊接式等形式。

第六节　顶进施工关键技术

一、顶进力计算

顶管施工中的顶进力指在顶管施工过程中推进整个隧道系统和相关机械设备向前运动的力。能否较为准确地确定顶进力，直接关系到顶管施工的施工效率。

顶管顶进时，影响顶进力的各种外界因素很多，但一般可简单认为顶进力 P 由迎面阻力 P_F 与隧道摩阻力 F 两部分组成，如图8-24所示。

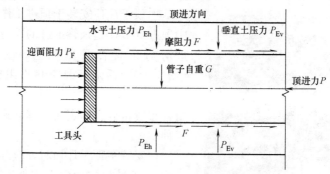

图8-24　顶力计算简图

现有的顶力计算公式多且乱，各公式适用条件也难以明确。顶力计算公式可分为理论公式和经验公式。理论公式一般在经典的土力学基础上引入很多简化假定，如未考虑设置触变泥浆润滑、中继环的使用引起的折减系数，计算结果往往偏大；经验公式根据实际工程得到，与实际情况较吻合，但由于不同地区的顶力变化情况不同，经验公式应根据实际情况做不同调整。

1. 理论公式

1）GB 50268—2008《给水排水管道工程施工及验收规范》中采用的公式：

$$P = f\gamma D_1 [2H + (2H + D_1)\tan^2(45° - \varphi/2) + w/\gamma D_1]L + P_F \qquad (8-7)$$

式中　P——计算的总顶力（kN）；

f——顶进时，管道表面与其周围土层之间的摩擦系数；

γ——管道所处土层的重度（kN/m³）；

D_1——管道外径（m）；

H——管道顶部以上覆盖土层的厚度（m）；

φ——管道所处土层的内摩擦角（°）；

w——管道单位长度的自重（kN/m）；

L——管道的顶进长度（m）；

P_F——顶管机的迎面阻力（kN）。

该公式最大的缺陷是在假设管断面为矩形的基础上推出来的，但实际上顶管管道的断面通常为圆形，而且圆形截面上的土压力分布与矩形截面也是不同的。

2）日本顶力计算公式

日本顶力计算公式认为，顶进阻力由管前刃脚的贯入阻力、管壁与土之间的摩阻力和管壁与土之间的粘结力三部分组成，即：

$$P = P_F + f(\pi D_1 q + w)L + \pi D_1 cL \qquad (8-8)$$

式中　q——管道上的垂直荷载（kN/m²）；

c——土的黏聚力（kN/m²）。

3）德国顶力计算公式

德国顶力计算公式认为，顶管的贯入阻力沿隧道开挖面均匀分布，管壁与土之间的摩阻力沿隧道周长均匀分布，即：

$$P = \frac{\pi D_1^2}{4}B + \pi D_1 L f_s \qquad (8-9)$$

式中　B——开挖面上单位面积迎面阻力（kN/m²）；

f_s——外壁单位面积的摩阻力（kN/m²）。

2. 经验公式

1）上海经验公式

上海市的经验公式采用触变泥浆顶管的经验，认为顶力可按隧道外侧表面积乘以 $8\sim12$kN/m² 计算，即：

$$P = (8\sim12)\pi D_1 L \qquad (8-10)$$

2）北京经验公式

北京市稳定土层中采用手工掘进法顶进钢筋混凝土管道，管底高程以上的土层为稳定土层，考虑土体的拱效应，允许超挖时，顶力可按下列条件计算：

在亚黏土、黏土土层中顶管时，管道外径为 1164～2100mm，管道长度为 34～99m，土为硬塑状态时，其覆盖土层的深度不小于 $1.42D_1$；土为可塑状态时，覆盖土层深度不小于 $1.8D_1$。顶力计算公式如下：

$$P = K_黏(22D_1 - 10)L \qquad (8-11)$$

在粉砂、细纱、中砂、粗砂土层中顶管时，管道外径为 $1278\sim1870mm$，管道长度为 $40\sim75m$，且覆盖土层的深度不小于 $2.62D_1$ 时，顶力计算公式如下：

$$P=K_{砂}(34D_1-21)L \tag{8-12}$$

式中　　P——计算顶力（kN）；

$\quad K_{黏}$——黏性土系数，在 $1.0\sim1.3$ 选用；

$\quad K_{砂}$——砂类土系数，在 $1.0\sim1.5$ 选用；

$\quad D_1$——管道外径（m）；

$\quad L$——计算顶进长度（m）。

3）德国经验公式

德国对钢筋混凝土管道在干燥土层中顶进时，顶力可按下式计算：

$$P=(2\sim6)\pi D_1L \tag{8-13}$$

4）英国经验公式

英国顶管协会认为，根据经验，对于长度为 L 的圆形隧道，总顶力可以按下式计算，即：

$$P=(0.5\sim2.5)\pi D_1L \tag{8-14}$$

二、注浆减阻

在顶管施工过程中，管节外壁与土层间的摩擦阻力是影响顶进力的一个很重要的因素。顶进距离越长，管壁所受的摩擦阻力越大。长距离顶管需要采取措施降低摩擦阻力。注浆减阻可以有效减小顶进过程中主顶千斤顶所需提供的推力，使得长距离顶管的施工成为可能。

注浆减阻技术通过向土层和隧道之间注入润滑浆液，使顶管外壁与土体颗粒间的固体摩擦变为顶管外壁与润滑浆液间的液体摩擦，减小顶管外壁的摩擦阻力，达到减少顶进力的目的。

膨润土是最常见的减阻泥浆原料，需与 CMC（粉末化学浆糊）或其他高分子材料配合使用。膨润土触变泥浆分散系中，膨润土的片状颗粒表面带负电荷，端头带正电荷。颗粒之间的电键使分散系呈一种特殊状态，即触变状态。静置的触变泥浆呈固态，一经触动（如摇晃、搅拌、振动、超声波或电流），颗粒之间的连接电键即遭到破坏，触变泥浆就随之变为流体状态；当外界触动因素停止作用，触变泥浆又变为固体状态。膨润土触变泥浆受剪切时，稠度变小，停止剪切时，稠度增加。膨润土独特的物理化学性质恰恰满足了顶管施工减阻的要求，广泛地应用于隧道建设中。

1. 泥浆套的形成及减阻机理

注浆时，从注浆孔注入的泥浆首先填补管节与周围土体之间的空隙，抑制地层损失的发展。泥浆与土体接触后，在注浆压力的作用下，注入的浆液向地层中渗透和扩散，先是水分向土体颗粒之间的孔隙渗透，然后是泥浆向土体颗粒之间的孔隙渗透。当泥浆渗入到一定厚度，泥浆流动速度变得非常缓慢，泥浆形成一种凝胶体，充满土体间孔隙。随着浆液的继续渗透，凝胶体与土体形成相互作用，形成致密的渗透块。在注浆压力的挤压下，渗透块越来越多，并相互粘结，形成一个相对密实、不透水的套状物，泥浆套由此形成。

泥浆套能够起到阻止泥浆继续向土层渗透的作用。若润滑泥浆能在隧道外周形成一个比较完整的泥浆套，则接下来注入的泥浆将完全留在隧道外壁与泥浆套的空隙之间。当隧道外壁与泥浆套之间充满泥浆时，顶管隧道在整个圆周上将被膨润土悬浮液所包围。由于浮力作用，隧道将至少变成部分飘浮，有效重量将大大减小，如图 8-25 所示。因此，当隧道外周能够形成一个比较完整的泥浆套时，顶管施工所需的顶进力将大大减小。

实际施工中，可能会遭遇到不利水文地质条件，环向空腔不连续、不均匀，泥浆流失及浆液压注不到位等不利情况，实际减摩效果会受到一定的影响。

2. 泥浆填补及支撑机理

合理的泥浆填补对完整泥浆套的形成、减少不利的土体运动有着重大的意义。由于顶管机的外径与管节外径并非完全相同，隧道管节与土体之间会留有一定空隙。调整顶管机姿态的纠偏操作也会使隧道与土体之间产生空隙。土体是一种松散体，若不进行任何处理，周围土体必将自发填补这些空隙，产生地面沉降。同时，顶管施工时，管节随顶管机一起向前顶进，给周围土体施加摩擦力，产生拖带效应，使得土体产生沿隧道顶进方向移动。当工作井内进行新管节吊放及安装时，千斤顶停止顶

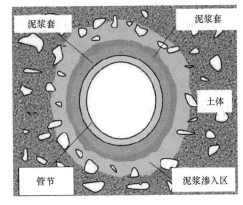

图 8-25 泥浆与土体相互作用

进，土体会产生部分弹性回缩，向顶进的反方向移动。以上这些土体的运动都是不利于工程安全的，应当尽量控制或避免，而合理的注浆则是一种有效的方法。

在已经形成完整泥浆套的顶管隧道中，泥浆的液压能够在各个方向上为隧道挡土挡水，有效地为地层提供支撑，使得地层稳定得到维持，地面沉降得到控制。泥浆套也避开了隧道结构与土体的直接接触，大大减小了隧道顶进对土体产生的摩擦力，减小了深层土体的移动。

3. 注浆工艺

根据注浆孔位置的不同，注浆工艺可分为管外注浆法和管内注浆法；根据注浆点是否移动，又可分为固定式注浆和移动式注浆。

管外注浆法一般是在顶管工作井前壁布置注浆孔，注浆孔固定，并与顶进方向一致，因此又称为固定式注浆。这种注浆工艺适用于短距离顶管。

管内注浆法是将注浆管引入隧道内部，在管节内壁开注浆孔进行注浆。由于管节和注浆孔都随着隧道的顶进而向前移动，因此这种注浆工艺又称为移动式注浆，多用于大口径长距离顶管。

注浆工艺主要有以下三个部分：

1）机尾的同步压浆

同步压浆是注浆减阻中最主要的部分，也是最重要的部分。同步注浆的主要目的是及时填充顶管机尾部土体与管节之间的空隙以及纠偏产生的空隙。控制注浆时，以注入泥浆的压入量为主，而不是以压力为主。泥浆的压入量约为理论空隙的 $2\sim3.5$ 倍，在软土中或纠偏动作小时少些；在砂性土中或纠偏动作大时多些。

2）沿线补浆

沿线补浆是注浆减阻中一种修复性注浆，其主要目的是对管节外周泥浆套的缺损处进行修补。在注浆减阻的过程中，很难一次就形成一个完整的泥浆套。要形成一个质量可靠的完整泥浆套，往往需要多次进行沿线补浆。

3）洞口注浆

洞口注浆是在洞口处进行的针对性泥浆填充，是注浆减阻的关键环节。洞口处泥浆套最不容易形成，也最容易破损。管节被顶入土体中时，如果没泥浆填充，土体会立即塌落而裹住管节，造成所需顶力飙升。洞口附近的地面沉降可以直接反映洞口注浆的质量。

4. 触变泥浆与顶进力之间的关系

顶管所需顶进力与泥浆套厚度、注浆压力以及地质条件等因素有关。

1）泥浆套厚度：泥浆套厚度应为建筑空隙的 6～7 倍，泥浆套的厚度过小，易造成顶管的顶进偏移量大于泥浆套厚度，隧道管壁直接与周围的土体接触，顶管所需顶进力飙升。

2）注浆压力：顶进力与注浆压力近似呈正比，注浆压力过大，则顶管所需推力也将同时增大；注浆压力过小，泥浆不能有效扩散到顶管周围，造成隧道管壁直接与土体接触，所需顶进力也很大。

3）地质条件：疏松地层中，地层失水、漏浆都很快，若不能及时补充足够的泥浆，顶管推力也会增大。

因此，在顶管施工中采取一切可能的措施来减小顶管偏移量、保证泥浆有足够稳定的厚度、及时补足泥浆，对于减小顶进力顺利施工具有重要意义。

5. 泥浆套厚度探测及预估

确定管节壁后泥浆套厚度的方法主要有现场勘测和理论估算两种。

1）现场勘测：现场勘测应根据具体顶管工程管节和地层的特点选择合适的勘测设备，如高频地质雷达及天线等。勘测断面应选在隧道关键节段，以保证该断面泥浆套质量可靠。

根据电磁波在泥浆介质中传播速度探测泥浆套厚度的计算方法如下：

$$\nu = \frac{C}{\sqrt{\varepsilon}} \tag{8-15}$$

$$d = \frac{(T_2 - T_1) \cdot \nu}{2} \tag{8-16}$$

式中　ν——电磁波在触变泥浆中的传播速度（m/s）；

　　　C——真空中的电磁波速（m/s）；

　　　ε——介质的相对介电常数；

　　　d——泥浆厚度（m）；

　　　T_1——电磁波在管节壁中传播所需的双程旅行时间（s）；

　　　T_2——管节外第一个触变泥浆边界面反射波的双程旅行时间（s）。

2）理论估算

对于泥浆在土体中渗透的距离，Jancsecz，Anagnostou 和 Jefferis 都提出过经验公式，其中 Jefferis 提出的公式考虑更全面，更符合实际工程。Jefferis 的经验公式如式（8-17）所示：

$$s = \frac{\Delta p d_{10}}{\tau_s} \cdot \frac{n}{1-n} f \tag{8-17}$$

式中　s——渗流距离（m）；

　　　Δp——泥浆压力与地下水压力之差 Pa，即 $\Delta p = p_{泥浆} - p_{水}$；

　　　d_{10}——有效粒径，小于该粒径的土颗粒质量占总质量的 10%；

τ_s——泥浆的流动阻力；

n——土体孔隙率；

f——考虑土体中渗流路径尺寸和弯曲程度的修正系数。

三、顶管纠偏

当前端管节顶进的方向或高程偏离设计轴线时，应及时调整顶管机和管节的姿态，使其回到设计轴线位置。这种迫使顶管机和管节返回设计轴线位置的操作过程，称为纠偏。及时测量、及时发现误差、及时做出正确地判断，并采用必要的纠偏方法，是管节按规定方向顶进的保证。表 8-6 为偏差产生原因，图 8-26 为纠偏方法。

纠偏原因　　　　　　　　　　　　　　　　　　　　表 8-6

影响因素		原因及措施
主观因素	结构部件加工	工具管及顶管管节的外形和垂直度、平整度，管节之间垫板的压缩性等不符合技术要求
	设备安装精度	导轨安装误差是顶管机始发阶段发生轴线偏差的主要因素。安装不当容易导致顶管机磕头、抬头等偏差；后背墙及主顶千斤顶的安装误差则容易导致顶进力发生偏心，引起轴线偏差
客观因素	土层过于坚硬	当土层过于坚硬时，土体对顶管机的挤入会造成相当大的阻力。一般来说，顶管机上半部格板布置得比下半部密，挤入阻力的合力往往将偏离顶管机中心，移向上方，但顶进力的作用点不会相应上移，将造成顶管机上仰，顶进路线发生向上的高程偏差
	土层过于软弱	当土层过于软弱或过于松散时，在顶管机的自重和上方覆土的荷载作用下，顶管机下俯，顶进路线将发生向下的高程偏差；另外，松软土层往往不能承受偏心顶力引起的径向推力，顶进极易产生轴线偏差
	土层不均匀	当遭遇土层不均匀，如倾斜层理或各层密度差别较大的土层时，顶管机会受到不均匀的迎面阻力和不均匀的四周土压力，容易造成轴线偏差
	覆土过浅	当覆土过浅时，上方覆土的竖向荷载变小，顶管机可能会向顶部松软部位翘起，导致顶管发生向上的高程偏差

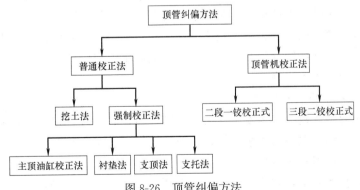

图 8-26　顶管纠偏方法

纠偏工具管是顶管施工的一项专用设备。顶进时，纠偏千斤顶以纠偏工具管后端管节的端面为后座，调节工具管的方向。

四、顶管接收技术

根据地层条件、地下水压力和地上建筑安全等级的不同，采用的顶管接收技术也有所不同。表 8-7 为针对不同地层条件、地下水压力和地上建筑安全等级情况下的顶管接收方法选用表，可作为顶管接收施工参考。

顶管接收方法选用表 表 8-7

影响因素			接收方法
地上建筑安全等级	地下水压力	地层	
一级	≤0.1MPa	松散的强透水地层（如中粗砂层等）	高密封要求钢套管接收
		弱透水层（如淤泥、淤泥质土、黏土、粉土等）	低密封要求钢套管接收
	>0.1MPa	任何地层	高密封要求钢套管接收
二、三级	≤0.1MPa	松散的强透水地层（如中粗砂层等）	低密封要求钢套管接收
		弱透水层（如淤泥、淤泥质土、黏土、粉土等）	洞口密封即可，无需钢套管接收
	>0.1MPa	任何地层	高密封要求钢套管接收

1. 传统顶管接收技术

当地上建筑安全等级为二、三级，在弱透水（如淤泥、淤泥质土、黏土、粉土等）、地下水压力较低的地层中进行顶管接收时，采用洞口密封装置即可。传统顶管接收技术施作步骤如下：

1）接收井准备；

2）测量与姿态调整；

3）各施工参数的调整；

4）三线控制法（DL、BL、SL）；

5）注浆措施，王城洞门与管节间间隙密封。

2. 钢套管接收技术

当进洞口周围为地下水水量丰富的砂层、淤泥、淤泥质土、黏土、粉土等稳定性差地层，同时地上建筑安全等级高的情况下，宜采用钢套管接收装置进行顶管接收。

针对不同地下水压力和不同的地层，采用的钢套管接收装置的密封要求有所不同。在高水压情况下，稳定性差地层里进行顶管接收对钢套管接收装置的密封要求更高；在低水压情况下，几乎不透水的淤泥、淤泥质土、黏土和粉土层等对钢套管接收装置的密封要求相对较低，但在相对松散的强透水地层，比如在低水压饱和粗粒类砂土层情况下，对钢套管接收装置的密封要求也很高。

1）低水压条件下钢套管接收技术

当地下水压力小，地上建筑安全等级为一级、同时地层为不透水地层或地上建筑安全等级为二、三级、同时地层为透水地层时，顶管接收施工地下水压力小，需要采用低密封要求的接收装置进行顶管的接收。

钢套管接收装置的接收方法是基于泥水平衡的原理，通过控制接收舱内的泥水压力，使接收舱里面的泥水压力与地层水土压力保持平衡，同时对出洞口进行密封处理，实现安全可靠地接收顶管机。本方法可有效防止接收端漏水漏泥现象，从而降低顶管接收的风险，并有效地节约顶管机接收的成本。

2）高水压条件下钢套管接收技术

当地下水压力较大时，无论在何种地层，洞口接收密封要求均很高，此外当地下水压力不大，但地上建筑安全等级为一级且地层为透水地层时，洞口接收密封要求也很高，此时应采用高密封要求的接收装置进行接收。同时，接收装置应进行如下改进：

(1) 接收孔口管上安装密封弹簧钢刷；

(2) 加长接收舱，并将其改为整体式；

(3) 上下半圆筒接合面和端盖接合面均采用两排螺栓加橡胶垫进行密封，同时接收舱内法兰连接缝隙处，使用锚固剂密闭缝隙，提高了接收舱的密封效果；

(4) 在伸出内衬墙的孔口管管壁上焊接注浆球阀；

(5) 接收舱顶部纵向预留探测孔，舱盖安装泄压阀。

这些改进措施大大提高了接收舱的密封性能，能很好地满足高水压情况下的顶管接收。

两种水压条件下，接收施工步骤相同：

(1) 测量与姿态调整；

(2) 钢套筒的平台；

(3) 钢套筒与工作井壁的连接；

(4) 各施工参数的调整；

(5) 三线控制法（DL、BL、SL）；

(6) 注浆措施。

第七节 矩形顶管技术

随着经济建设和社会发展需要，过街人行地道工程在城市交通建设中日益增多，而这类工程以矩形断面最为经济。此外，从断面利用率角度分析，矩形隧道远大于圆形隧道。对于地下管廊、地下道路等地下交通设施，矩形断面也是最适宜的断面形式，如图 8-27 所示。

与圆形顶管相比，矩形顶管具有以下优点：

1）矩形顶管隧道更适用于城市各类联络通道，下穿铁路、公路、立交隧道，地下共同沟等工程。

2）相对于圆形顶管，在有效空间大小相同、覆土深度相同的情况下，矩形顶管大大降低了下穿各类构筑物的坡度和深度。

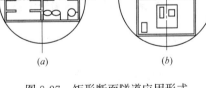

图 8-27 矩形断面隧道应用形式
(a) 共同沟；(b) 双层隧道

3）矩形顶管隧道的管节选择更多，可以现场浇筑，也可以预制，圆形顶管管节通常只能预制。

4）矩形结构能充分利用结构断面，提高断面利用率，相较于圆形顶管隧道，能节省约 20% 的空间。

根据施工经验，矩形管道和圆形管道的施工区别在于顶管机外形、切削方式及截面形状等。形成矩形截面切削方式主要有 3 种类型：

1）采用圆形顶管机对工作面实行分步切削或者全断面切削，管道的外部为圆形，内部为矩形；

2）顶管机外形为矩形，对工作面采用分步切削方式，管道外形与顶管机的断面一致；

3）顶管机外形为矩形，对工作面采用全断面切削形式，管道外形与顶管机的断面一致。

一、国外矩形顶管发展

20世纪70年代，日本最早开发了矩形顶管机，可用于建造地下铁道的区间、车站及水底隧道旁通道等。20世纪80年代后，各国掀起了开发异形断面顶管机的高潮，先后进行了矩形隧道、椭圆形隧道、双圆隧道、多圆隧道掘进机及施工技术的试验研究和工程应用。

目前，矩形顶管机械及工艺发展比较成熟的国家是日本。日本在20世纪80年代开发出了矩形隧道顶管机，并应用于多条人行隧道、公路隧道、铁路隧道、地铁隧道和排水隧道的施工中。1981年，名古屋和东京都采用4.29m×3.09m的手掘式矩形顶管机掘进了2条长分别为534m和298m的共同沟；名古屋还采用5.23m×4.38m的手掘式矩形顶管机掘进了一条长374m的矩形隧道。20世纪90年代，日本将遥控技术应用到顶管法中，操作人员在地面控制室中通过闭路电视和各种仪表进行遥控操作，对普遍采用人工开挖的顶管技术产生了重大革新。

图 8-28 DPLEX 曲柄轴偏心转动式矩形顶管机

图 8-29 组合刀盘矩形顶管机

日本将管片拼装法和顶管机配合使用，开发出2种典型的顶管施工工法：DPLEX (Developing Parallel Link Excavating Shield Method) 顶管施工法和 Takenaka 顶管施工法（由 Takenaka Ltd Company 研发），前者为多轴偏心传动顶管机，工作面上土层的切削是通过一个绕曲柄轴进行偏心转动的切削框架（或矩形切削刀盘）来实现的，如图8-28所示。后者为组合刀盘顶管机，主要用来施工矩形地下管道或通道，第1阶段借助常规圆形切削刀盘切削土层，第2阶段通过安装于切削刀盘后面的切削臂的钟摆运动或者小刀盘转动实现对圆形刀盘无法到达部位的切削，如图8-29所示。近年来，日本研发了伸缩臂式刀盘仿矩形顶管机，在刀盘转动过程中，圆形刀盘切削不到区域由刀排中会自动伸长的特殊切削臂进行切削。

二、国内矩形顶管发展

随着矩形顶管施工技术在我国研究应用的不断深入，国内已经有若干厂家能够自主设计、生产矩形顶管设备。从发展早期（1995 年）上海自行研制的 2.5m×2.5m 的可变网格式矩形顶管机（图 8-30），到发展中期（1999 年）成功用于地铁 2 号线陆家嘴车站 5 号出入口的 3.8m×3.8m 组合刀盘式矩形顶管机（图 8-31），再到 2014 年可用于长距离顶进的全断面切削矩形顶管机，我国矩形顶管制造技术已取得一定突破。其中，2014 年可用于长距离顶进的全断面切削矩形顶管机外径达 7.5m×10.4m（图 8-32），是目前世界上最大断面的矩形顶管机。

图 8-30　可变网格式矩形顶管机

图 8-31　组合刀盘式矩形顶管机

图 8-32　全断面矩形顶管机

国内部分矩形顶管工程整理如表 8-8 所示。

部分国内矩形顶管工程　　　　　　　　　　　表 8-8

年份	工程名	截面尺寸 (m×m)	顶程 (m)	顶管机	用途	地层
1995	上海浦东南汇航头地区试验工程	2.5×2.5	—	网格式顶管机	试验工程	—
1999	上海地铁 2 号线陆家嘴车站 5 号出入口人行地道顶管工程	3.8×3.8	62.25	组合刀盘土压平衡矩形顶管机	人行通道	灰色淤泥质粉质黏土
2004	上海市中环线虹许路北虹路下立交工程	3.42×7.85	130	土压平衡式矩形隧道顶管机	下穿公路隧道	淤泥质粉质黏土

续表

年份	工程名	截面尺寸 （m×m）	顶程 /(m)	顶管机	用途	地层
2004	宁波开明街—药行街地下人行通道	6×4	—	偏心多轴刀盘式土压平衡顶管机	地下人行通道	—
2006	上海轨道交通6号线浦电路站过街出入口顶管工程	6.24×4.36	42.7	土压平衡式矩形隧道顶管机	地铁站出入口	淤泥质粉质黏土
2008	苏州市齐门路北延下穿沪宁铁路工程	9.1×7.4	37	土压平衡式矩形隧道顶管机	下穿公路隧道	淤泥质粉质黏土
2010	上海轨道交通2号线东延伸段金科路顶管工程	4.2×6.9	49.1	多刀盘土压平衡顶管机	地铁站出入口	灰色淤泥质粉质黏土
2012	佛山市南海区桂城站过街通道工程	6.0×4.3	43.5	泥水平衡顶管机	过街通道	淤泥质土
2012	武汉地铁2号线王家墩东站Ⅳ号出入口顶管工程	4×6	62.4	多刀盘土压平衡顶管机	地铁站出入口	粉质黏土夹粉土
2012	郑州沈庄北路—商鼎路下穿隧道	6.9×4.2	—	大刀盘加行星刀盘土压平衡顶管机	下穿公路隧道	—
2013	宁波地铁1号线樱花公园站	6×4.3	—	多刀盘土压平衡顶管机	地铁站出入口	—
2014	内蒙古科技大学地下过街通道	5.5×3.5	—	多刀盘土压平衡顶管机	地下过街通道	—
2014	郑州纬四路下穿中州大道工程	10.4×7.5	—	大刀盘加偏心多轴小刀盘土压平衡顶管机	下穿公路隧道	—
2014	郑州市红专路下穿隧道工程	10.12×7.52 7.52×5.42	—	组合刀盘式矩形顶管机	下穿公路隧道	—

　　矩形顶管技术在我国还处于发展推广阶段，在设备研发方面吸收学习了国外较为先进的设计制造经验，加之国内相关研究、生产厂家的摸索开发，矩形顶管设备的设计与研发取得了较大进展，生产的矩形顶管机及相关配套设备基本能够满足国内矩形顶管施工的要求。在施工技术方面，矩形顶管与圆形顶管有相通之处，施工环节的各个阶段可以互相借鉴采用。但与圆形顶管相比，矩形顶管施工在工程实践中仍存在不少的问题，对相关施工企业的施工技术水平提出了新的要求。

参 考 文 献

[8-1]　朱合华，张子新，廖少明等.地下建筑结构[M].北京：中国建筑工业出版社，2011.

[8-2]　シールドトンネルの新技術研究会（代表鈴木章）.シールドトンネルの新技術[M].東京：土木工学社，1995.

[8-3]　杨林德.软土工程施工技术与环境保护[M].北京：人民交通出版社，2000.

[8-4]　张卫军.顶管掘进机选型分析[J].建筑机械，2006，(11)：100-101.

[8-5]　上海市工程建设规范.DG/TJ 08—2049—2008顶管工程施工规程[S].上海，2008.

[8-6]　张凤祥，朱合华，傅德明.盾构隧道[M].北京：人民交通出版社，2004.

[8-7]　葛金科，沈水龙，许烨霜.现代顶管施工技术及工程实例[M].北京：中国建筑工业出版社，2009.

[8-8]　山本稔.最新トンネルハンドブック[M].1999.

[8-9] 琚时轩．土压平衡盾构和泥水平衡盾构的特点及适应性分新［J］．工程机械，2007，38：20-22.

[8-10] 中国非开挖技术协会．顶管施工技术及验收规范（试行）［S］．北京：人民交通出版社，2006.

[8-11] 余彬泉，陈传灿．顶管施工技术［M］．北京：人民交通出版社，1998.

[8-12] 曹晓阳，李红兵．顶管施工用管材的比较和应用［J］．中国给水排水，2006，22（4）：47.

[8-13] 何维华．供水管网的管材评述［J］．给水排水技术动态，1998，（4）：48-65.

[8-14] 郭海红．玻璃钢夹砂管顶管的应用［J］．纤维复合材料，2004，（1）：54-55.

[8-15] 孙九成．铸铁管在顶管工程中的应用［J］．工业建筑，1985，（4）：49-55.

[8-16] 宁靖华，张士静，李容高．顶进施工用钢筒混凝土管的研制与应用［J］．特种结构，2005，22（3）：56-59.

[8-17] （美）A. P. 莫泽著，北京市市政工程设计研究总院《地下管设计》翻译组．地下管设计［M］．北京：机械工业出版社，2003.

[8-18] 中华人民共和国工业和信息化部．JC/T 640—2010 顶进施工法用钢筋混凝土排水管［S］．北京：中国建材工业出版社，2011.

[8-19] 韩选江．大型地下顶管施工技术原理及应用［M］．中国建筑工业出版社，2008.

[8-20] 何连．顶管设计及施工技术的研究［D］．哈尔滨建筑大学硕士论文，2000.

[8-21] 北京市政建设集团有限责任公司．GB 50268—2008 给水排水管道工程施工及验收规范［S］．北京：中国建筑工业出版社，2008.

[8-22] 马．谢尔勒著，漆平生，杨顺喜，李明堃译．顶管工程［M］．北京：中国建筑工业出版社，1983.

[8-23] 许其昌．给水排水管道工程施工及验收规范实施手册［M］．北京：中国建筑工业出版社，1998.

[8-24] 郝文峰．顶管工程设计中的顶力计算方法［J］．建筑设计，2004，33（4）：133-134.

[8-25] 魏纲，徐日庆，邵剑明，罗曼慧，金自力．顶管施工中注浆减摩作用机理研究［J］．岩土力学，2004，25（6）：930-934.

[8-26] 寇磊，朱新华，白云，彭佳湄．顶管管节壁后触变泥浆探地雷达探测研究［J］．地下空间与工程学报，2016，（02）：477-483.

[8-27] 马保松．非开挖工程学［M］．北京：人民交通出版社，2008.

[8-28] 高乃熙，张小珠．顶管技术［M］．北京：中国建筑工业出版社，1984.

[8-29] 彭立敏，王哲，叶艺超，杨伟超．矩形顶管技术发展与研究现状［J］．隧道建设，2015，35（1）：1-8.

[8-30] Kawai K，Minami T. Development of rectangular shield［J/OL］［R］. Kornatsu Technical Report，2001，47（148）：46-54［-2015-06-28］http：//www，komatsu，com/CompanyInfo/profile/report/pdf/148—08 E. pdf.

[8-31] 隧道网．泛谈矩形隧道的历史、现状与未来（二）中国矩形隧道的发展［EB/OL］. http：//www. tunnelling. cn/PNews/WeChatDetail. aspx weChatId＝38.

[8-32] 陈昂．软土类矩形盾构施工的扰动与变形问题研究［D］．同济大学，2017.

第九章　预制管段沉放施工

第一节　概　述

一、沉管法简介

沉管法：预制管段沉放法的简称，是在水底建筑隧道的一种施工方法，是一种重要的越江手段。

所谓沉管法，简单地说就是由若干预制的管段，分别浮运到现场，一个接一个地沉放安装，在水下将其相互连接并正确定位在已经开挖的水下沟槽内，其后辅以相关工程施工，使这些管段组合体成为连接水体两端陆上交通的隧道型交通运输载体。

沉管法隧道对地基要求较低，特别适用于软基、河床或海床较浅易于用水上疏浚设施进行基槽开挖的场所。由于其埋深小，包括连接段在内的隧道线路总长较矿山法和盾构法隧道显著缩短。

沉管断面形状可圆可方，选择灵活。基槽开挖、管段预制、浮运沉放和内部铺装等各工序可平行作业，彼此干扰较少。

随着沉管法隧道设计和施工中关键技术问题的逐步解决和日趋完善，沉管隧道受到越来越多国家的重视，逐渐成为有竞争力的跨越江河湖海的施工方法。

二、沉管法施工的历史

自 1910 年在美国底特律河下用沉管法修建第一条水下隧道算起已有沉管法 100 多年的历史。根据国际隧协的最新统计（截止于 2012 年），目前世界各国已建成沉管隧道约有 125 座，详见表 9-1，其中有公路、铁路（含地铁）、公路铁路两用隧道，其截面有矩形和圆形。

各国修建沉管隧道数量（单位：座）　　　　　　　　　　　　　　　　表 9-1

国家	美国	荷兰	日本	中国	加拿大	比利时	瑞典	丹麦	阿根廷	德国	英国	希腊	爱尔兰	古巴	西班牙	俄罗斯	法国	澳大利亚
数量	31	25	22	13	3	3	2	3	1	8	2	1	2	1	1	1	5	1

目前已建成的世界最长沉管隧道是美国旧金山快速交通隧道，全长 5825m，由 58 节管段组成；管段最宽的是荷兰德雷赫斯特隧道，宽度达 49m；单节管段最长的是荷兰海姆隧道，最长一节为 268m；博斯普鲁斯海峡隧道则是有史以来最深的海底隧道，最大深度

达到 58m。

在 20 世纪沉管技术经历多次革新，1958 年古巴建成完全预应力沉管隧道，60 年代荷兰发明了 GINA 止水带，荷兰、日本等国分别在 60、70 年代发明或推出了灌囊法、压砂法和压浆法。抗震方面，日本则取得不少进展，研发出来的接头形式较以往有较大的允许挠度和纵向位移。

国内外部分沉管隧道的建设规模和关键技术见表 9-2。

国内外部分沉管隧道简介表

表 9-2

国内外	序号	隧道名称	地点	完工年份	宽×高(m×m)	隧道长度(m)	节段长度(m)	管段数
国外	1	底特律沉管隧道	美国	1910	17×9.4	782	78.2	10
	2	厄勒海峡隧道	丹麦	2000	42×8.5	3510	175.2	20
	3	釜山-巨济连线隧道	韩国	2010	26.46×9.97	3240	180	18
	4	博斯普鲁斯海峡隧道	土耳其	2010	15.3×8.6	1387	98.5～135	11
国内	1	珠江隧道	广州	1993	33×8.15	457	22～120	5
	2	常洪隧道	宁波	2002	22.8×8.45	395	95～100	4
	3	外环隧道	上海	2003	43×9.55	736	100～108	7
	4	大学城隧道	广州	2010	23×8.7	491	70～107	6
	5	海河隧道	天津	2014	36.6×9.8	255	85	3
	6	港珠澳大桥沉管隧道	中国香港、珠海、澳门	2017	37.95×11.5	5664	81.5～180	33

三、沉管法在我国的应用和发展

国内香港地区是沉管法应用最为集中的地区，在 1997 年之前就已陆续建造了红磡海底隧道、九龙地铁隧道、东区海底隧道、西区海底隧道以及新机场铁路隧道等 5 条沉管隧道。

除香港以外，国内采用沉管法建成的隧道主要有：1994 年建成的广州珠江隧道，1995 年建成的宁波甬江隧道，这两条大型隧道的建成，标志着我国已完全掌握了用沉管法修建水下隧道的技术，缩短了我国隧道工程技术同世界水平的差距。除此之外还有国内首条桩基础沉管隧道宁波常洪隧道，规模为亚洲第一、世界第三的上海外环线沉管隧道，国内首条高震区沉管法施工的河底隧道天津海河隧道，广州大学城沉管隧道。目前在建的规模最大的港珠澳大桥沉管隧道代表着当今世界沉管施工的最高水平，该隧道的施工规模与工艺创新详见后续章节。

四、沉管法施工的工艺流程

沉管法施工的一般工艺流程如图 9-1 所示，其中管段制作、基槽浚挖、管段的沉放与水下连接、管段基础处理、回填覆盖是施工的关键，直接影响到水下

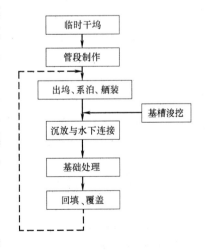

图 9-1 沉管隧道的一般工艺流程图

隧道的质量与安全，因此在本章将对上述施工关键步骤进行详细说明。

第二节　管段生产

一、管段预制场地类型

矩形钢筋混凝土预制管段一般在干坞中制作。

干坞是用于预制混凝土管段的场所，管段需要在干坞内预制、存放、舾装，然后起浮、拖运、沉放以及对接。干坞尽管是临时工程，但由于规模大、工程费用高、对工期影响大，同时受到场地、通航等条件的制约，所以干坞方案比选在沉管隧道设计中具有举足轻重的作用，甚至会影响到沉管法修建隧道方案的成败。因此，合理选择干坞尤为重要。

干坞根据其规模，可以分为：

1）小型干坞，每次预制 1～2 节管段；

2）中型干坞，每次预制 3～5 节管段；

3）大型干坞，每次预制 6 节及 6 节以上管段。

干坞根据其构造形式，一般分为固定式干坞和移动式干坞两类。

1. 固定式干坞

固定式干坞根据与隧道位置的关系又可分为轴线干坞和另选位置干坞。

1）轴线干坞

轴线干坞就是将干坞布置在隧道轴线岸上段主体结构位置。国内已建成的广州珠江沉管隧道，宁波甬江沉管隧道、宁波常洪沉管隧道和天津海河隧道采用的都是轴线干坞方案。

该方案的主要优点：

（1）将干坞与隧道岸上段相结合，减少了施工场地的占用，同时岸上段和干坞共用一部分基坑开挖和支护，可以减少一部分工程费用。

（2）管段从坞内拖出后直接沿隧道纵向浮运，减少航道疏浚费用。

但轴线干坞又具有以下几方面的主要缺点：

（3）由于干坞和岸上段主体结构相干扰，不能形成沉管段与岸上段同步施工，可能会导致工期增加。

（4）管段沉放只能从一端往另一端进行，无法两端往中间对称沉放。

（5）干坞规模较大，而岸上段结构规模相对较小，节省的工程费用有限。

2）另选轴线干坞

另选轴线干坞就是在隧道轴线以外选择合适的位置建造干坞。另选轴线干坞方案的最大优点是岸上段结构、管段制作以及基槽开挖等关键性的工序都可以实现同步施工，从而可以最大限度地节省工期。

2. 移动式干坞

移动式干坞就是修造或租用大型半潜驳作为可移动式干坞，在移动干坞上完成管段的预制，然后利用拖轮将半潜驳拖运到隧道附近已建好的港池内下潜，实现管段与驳船的分离，再将管段浮运到隧道位置完成沉放安装工作（图9-2）。

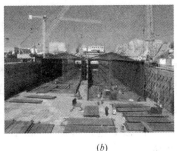

(*a*)　　　　　　　　(*b*)　　　　　　　　(*c*)

图9-2　移动式干坞示意图

2005年完成设计的广州市仑头生物隧道（大学城隧道）是世界上第一座采用移动干坞方案的沉管隧道。

移动干坞方案和固定干坞方案相比，它主要具有以下几方面的优点：

1）省去了固定干坞本身的建造时间（一般的固定干坞都需要半年左右的建造工期），一开工就可以直接进行管段的预制，有利于节省工期。

2）在半潜驳上进行管段的预制，可以大大节省岸上施工场地的占用，尤其当施工场地紧张时更具优势。

3）管段预制完成后，可以通过半潜驳运载管段到隧道附近，由于半潜驳的吃水深度比管段小，可以大大节省航道的疏浚费用，有利于降低工程造价。

同时移动干坞方案又具有如下缺点：

1）半潜驳的数量有限，施工工期长。移动干坞方案所需的最基本设备半潜驳除了要满足管段预制所需的平面尺寸、船体刚度、载重能力等要求外，还要满足能够注水下潜使船面潜至水面以下不小于一定距离的功能。若管节规模较大，国内现有满足规模的大型半潜驳数量有限，租用费用高；若重新建造，造价和建造工期耗时较多，通常难以满足施工需要。

2）造价太高。当沉管段规模较小、节数不多（一般不多于4节）时，移动干坞方案在造价上具有一定的优势；但是当沉管段规模较大、节数较多时，其造价优势不复存在。

二、管段结构及制作

1. 管段结构形式

沉管隧道有两种主要结构形式：钢壳管段和混凝土管段。

1）钢壳管段

所谓钢壳管段就是先预制钢壳，然后将钢壳滑行下水，接着在水中于悬浮状态下浇筑混凝土。钢壳管段的横断面，一般是圆形、八角形或花篮形。钢壳管段的优点是：

（1）横断面接近圆形，沉设完毕后，荷载作用下所产生的弯矩较小，因此在水深较大时，比较经济；

（2）管段的底宽较小，基础处理的难度不大；

（3）管段外的钢壳既是浇筑混凝土的外模，又是防水层，这样的防水层，在浮运过程中，不易碰损；

（4）钢壳的预制可在船厂内进行，充分利用船厂设备，工期较短，在管段数量较多时工期的优势更为显著；

（5）钢壳管段长度可达百米以上，特别适合于深海地区或风浪较大的航运条件。

钢壳管段的缺点是：

（1）圆形断面的空间常不能充分利用，且管段的规模较小，一般为二车道；

（2）由于车道上方必须空出一个限界之外的空间，车道的路面高程不得不相应地压低。带来的结果是使隧道的深度增加，基槽的浚挖量加大；

（3）在钢壳下水时，以及于悬浮状态下进行混凝土浇筑时，应力状态复杂，必须加强结构，耗钢量大提高了管段自身造价；

（4）钢壳存在焊接拼装的问题，防水质量不保证；沉设完毕后，如有渗漏不易修补；

（5）钢壳本身的防锈问题未能完善的解决；

（6）管段的规模适用二车道，对于多车道隧道而言不经济。

2）混凝土管段

混凝土管段一般在临时干坞中预制，制作完成后往干坞内灌水使管段浮起，然后拖运管段至隧址沉设，混凝土管段的横断面多为矩形。

混凝土管段的优点是：

（1）隧道横断面空间利用率高，建造多车道隧道（4～8 车道）时，优势显著；

（2）车道部位高，路面最低点的高程亦高，隧道的全长相应较短，所需浚挖的土方量较小。

（3）不用钢壳防水，大量节约钢材；

（4）利用管段自身防水的性能，在沉设完毕后能做到隧道内无渗漏水。

混凝土管段的缺点：

（1）制作管段时，要对混凝土施工工艺作必要的调整，并用一系列的严格措施保证干舷（管段浮在水上时，水面与管顶间的高差称为干舷）和抗浮安全系数；

（2）普通的混凝土难以防水，因此常需另加充分的防水措施。

2. 管段制作

1）管段制作控制要点

在干坞中制作矩形钢筋混凝土管段的基本工艺，与陆上的大型钢筋混凝土构件的工艺相类似。但是由于沉管施工的特殊性，预制的管段采用浮运沉放的施工方式，而且最终是埋设在河底水中，因此对预制管段的对称均匀性和水密性要求较高。

（1）管段制作时对称性控制

管段制作时对称性控制是为了确保矩形管段在浮运时有足够的干舷。

干舷：管段在浮运时，为了保证稳定，必须使管顶面露出水面，其露出高度称为干舷。具有一定干舷的管段，遇风浪发生倾斜后，会自动产生一个反倾力矩，使管段恢复平衡。

矩形管段在浮运时的干舷只有 10～15cm，仅占管段全高 1.2%～2%。如果管段垂度变化幅度稍大（超过 1%以上），管段常会浮不起来。故需严格控制混凝土混合物的密度及其均匀性，在浇筑混凝土的全过程中实行严密的实时监控。此外，如果管段的板、壁厚度的局部偏差较大，或前后、左右的混凝土密度不均匀，管段就会倾斜。因此需采用大刚度的模板，模板的制作与安装须达到以毫米计的高精度要求。

（2）管段制作时水密性控制

管段制作时水密性控制的目的是为了确保管段的防水性能，使隧道投入使用后无渗漏。可采取的措施有：外防水、柔性防水、管段的自身防水。

① 外防水

早期的钢壳管段，钢壳既作为施工阶段的外模，又是管段的防水层。20 世纪 40 年代，矩形钢筋混凝土管段开始应用于沉管隧道，仍采用钢壳管段的防水措施，即四边包裹钢壳。50 年代，逐渐改为三边包裹钢壳，顶板上的钢壳改由柔性防水层代替。自 1956 年台斯隧道以后，又发展为单边钢板防水和三边柔性防水，即只保留底板之下的钢板，其他三边采用柔性防水。近年来又有大量施工实例运用高强度 PVC 板代替底钢板，从而解决了钢板锈蚀的问题。从外防水的发展趋势来看，施工变得更加简便，而防水效果越来越好。以下简单介绍一下单边钢板防水。

早期采用的钢壳防水在 70 年代以后已不再常用，因为钢壳防水存在缺点不少，如耗钢量大，焊接质量不易保证，防锈问题未切实解决，钢板与混凝土之间粘接不良等。而仅在管段底板下用钢板防水的工例则越来越多。防水钢板基本上不用焊接（至少不用手焊），而是用拼接贴缝的办法，因而不存在焊接质量问题。

拼接缝有两种做法：

a. 先嵌石棉绳，再用沥青灌缝，最后在缝上封贴两层卷材。

b. 在接缝处用合成橡胶粘接约 20cm 宽的钢板条贴封。防水钢板一般为 4～6mm 厚，比防水钢壳的厚度薄很多，且省去大量的加强筋及支撑，因此防水钢板的单位面积用钢量仅为钢壳的 1/4 左右。钢板的锈蚀速率一般估计为：海水中 0.1mm/年，淡水中 0.05mm/年。

② 柔性防水

柔性防水包括卷材防水和涂料防水。

a. 卷材防水

卷材防水是用胶料把多层沥青卷材或合成橡胶类卷材胶合成的粘式防水层。

最初的柔性防水层是使用沥青油毡，以织物卷材为主，这种卷材强度大，韧性好。尤其是 50 年代发展起来的玻璃纤维布油毡更适于沉管隧道，这种玻璃纤维布油毡以玻璃纤维布为胎，浸涂沥青制成，性能优越，价格仅稍高于沥青油毡。

60 年代建成的丹麦利姆福特水底道路隧道首次采用合成橡胶卷材作为防水材料，该隧道用的是异丁橡胶卷材，厚度仅 2mm。

卷材的层数视水头大小而定，当水底隧道的水下深度超过 20m 时，卷材层数达 5～6 层之多，若精心施工，三层亦已足够。

卷材防水的主要缺点是施工工艺较为烦琐，且在施工操作过程中稍有不慎就会造成"起壳"从而导致返工。

b. 涂料防水

涂料防水的操作工艺比卷材防水简单得多，而且在平整度较差的混凝土面上也可以直接施工。

但目前涂料在管段防水上尚未普通推广，因为它的延伸率还不够。在沉管隧道的结构设计中，容许裂缝开展宽度为 0.15～0.2mm，防水设计的容许裂缝开展宽度为 0.5mm，防水涂料尚不能满足这项要求。

③ 自身防水

自 20 世纪 60 年代初期以来，荷兰等国家对水底隧道管段自身防水进行了一系列的试验和研究，并取得了可喜的成果。1973 年以后陆续开工的荷兰弗拉克、基尔-海姆斯玻尔以及波特莱克等四条水底道路隧道均采用超越传统的防水办法，应用无外防水的隧道结构并取得了良好的效果。目前提高管段自身混凝土的抗渗性，充分发挥管段自身防水能力在管段制作时水密性控制方面占较为主导的地位。

提高管段自身防水的措施在于控制管段混凝土在浇筑凝固过程中产生的裂缝，裂缝会造成管段的渗漏。裂缝产生的原因主要是变形，这些变形包括温度（水化热、气温、生产热、太阳辐射）、湿度（自身收缩、失水干缩、炭化收缩、塑性收缩等）以及地基变形。为了解决"变形引起的裂缝问题"，实际施工中采用了多种措施配合使用。这些措施主要涉及混凝土配合比的构成、降低底板和侧墙之间温差、施工期间的特殊措施，以及接缝防水等。

A. 混凝土的配比

a. 选用合适的水泥

水泥的化学成分对水化热有较大影响，在水泥中掺入水硬性胶结剂（如火山灰、煤灰、石粉、火山岩及矿渣）可以减少水化热。

b. 减少水泥用量

在满足混凝土强度和渗透性要求前提下，尽量减少水泥用量，大多数情况下，混凝土的水泥用量为 250～300kg/m³。

c. 使用粗骨料

当使用粗骨料时，如果颗粒尺寸级配合适，就可以减少细粒材料（水泥等）的用量。为保证钢筋周围混凝土的密实度，所用的混凝土浆需限制最大粒度。同时为获得合理的工作性能，要求使用一定数量的细粒材料，除水泥之外，还可采用石粉、火山灰、冰川河砂等。

d. 减少掺入水量

较低的水灰比可降低单位时间的水化热量，但也会降低混凝土工作性能，掺加增塑剂和加气剂能改善工作性能。

B. 降低温差

已冷却和凝固的底板混凝土与新浇筑正处于水合阶段的边墙混凝土有温差。水合作用使边墙和顶板升温，使尚未凝结的混凝土产生膨胀变形，当混凝土凝固并冷却下来时会发生收缩，如果冷却不均匀或受到已凝固底板的约束，边墙在与底板结合处就会出现竖向裂缝。

通过各种方法可以减少侧墙、底板和顶板中心部位与外层间以及两侧施工缝间的温差，主要方法有以下几种：

a. 冷却降低混凝土浆液的初始温度

通过降低混凝土浆液的最高温度并延长其凝固时间。在日本多摩川，川崎航道沉管隧道实际施工中，使用专用设备向砂中喷液氮，待砂冷却后再与其他材料混合，这样可使混凝土浇注温度下降 100℃，有利于控制水泥水化热引起的裂缝。

b. 冷却侧墙新浇的混凝土

在侧墙中埋设冷却管，其目的在于使底板和侧墙之间的温度曲线变得平缓，从而减小温度应力，控制裂缝。冷却管的工作原理是用一套自动冷却系统泵送冷却水，通过预埋在侧墙内的管道系统实行冷却（图 9-3）。

c. 加热底板

加热底板也可以有效地降低底板和侧墙之间的温差。瑞典利尔霍尔姆斯维肯隧道通过在用做底板预应力钢筋的纵向钢缆管内通循环热水的办法加热底板，效果很好。但这种方法很少采用，通常与冷却侧墙混凝土的方法联合使

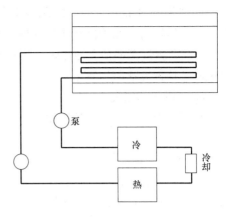

图 9-3　冷却流程图

用，即冷却水通过侧墙管道被加热后再循环通过预埋在底板中的管道，使之冷却，这样可以节省能源。

C. 施工中的措施

a. 拆除模板的时间延至管段温度降到适当程度。顶板新浇筑的混凝土上覆盖一层隔热性能较好的木模板，以降低侧墙内外层及侧墙与底板的温差。

b. 用连续浇筑整个管段的方法，可以圆满解决不同时间浇筑所导致的混凝土温差问题。这种方法在荷兰已用于阿姆斯特丹-莱茵运河下面建造的一条虹吸输送道结构、通过荷兰水道河口的管道隧道以及通过新运河河底下的鹿特丹地铁隧道。但这些隧道的规模都较小。整体浇注的方法对大型隧道管段可能很难实现。

D. 接缝防水

a. 施工缝

底板和侧墙之间纵向施工缝是防水的薄弱环节，大多数情况下安装一根铁带确保防水效果，并在施工过程中实时监测。

b. 伸缩缝

伸缩缝的密封通常由两部分组成：内缝一般由橡胶止水带或钢边橡胶止水带组成，如图 9-4 所示。外缝由聚氨基甲酸酯油灰或双角形橡胶带组成，如图 9-5 所示。

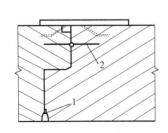

图 9-4　内缝组成
1—堵排空隙；2—橡胶-金属止水带

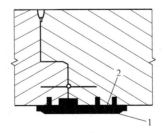

图 9-5　外缝组成
1—水密盖层
2—油毛毡衬条

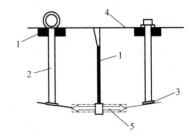

图 9-6　改进钢边橡胶止水带
1—聚苯乙烯；2—套管；
3—泡沫橡胶；4—底板顶部；
5—橡胶-金属止水带

211

因橡胶-金属止水带周围的混凝土含有从混凝土分离出的粗骨料所造成的空隙，故需采用第二道密封。在美国汉姆铁路隧道施工中，使用了一种改进的钢边橡胶止水带（见图9-6），在金属带端部粘上泡沫带，用钢管压紧，然后向钢边橡胶带周围的混凝土中注入环氧树脂，这种方法防水效果很好，可以省掉外密封层。

c. 管段间的接缝

利用水力压接法所用的胶垫形成第一道防水防线，再利用 Ω 形止水带作第二道防水防线。

2）节段式管段制作

节段式管段制作，即是将沉管隧道管段分为多个管节分段施工，节段间采用柔性连接，施工期间通过张拉纵向临时预应力索将多个管节连接成一个整体。

采用节段式制作的优点在于：

（1）多个工作面同时作业，便于流水化施工，配合工厂化制作，效率提升明显。

（2）分段施工，减少单次混凝土浇筑量，降低水化热对管段质量的影响，更有利于对管段质量的把控。

（3）节段间采用柔性连接，降低了应力集中可能造成的影响，受力性能更好。

如港珠澳大桥沉管隧道，将180m长管节分为22.5m长的8个节段工厂化预制流水生产，所有预制作业在厂房内24小时连续进行，每个节段在固定的台座上浇筑、养护72小时后，向前顶推22.5m，空出浇筑台座，下一节段与刚顶出的节段相邻匹配预制，如此逐段预制逐段顶推，直至完成全部8个节段浇筑，见图9-7。

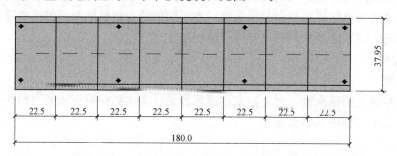

图9-7　港珠澳大桥沉管隧道节段式管节生产分段示意图（单位：m）

3）端封门设置

在管段浇筑完成模板拆除后，为了便于水中浮运，需在管段的两端离端面 50～100cm 处设置封墙。

封墙可用木材、钢材或钢筋混凝土制成。木质封墙多用于早期的沉管隧道中，如美国的波谢隧道（Poseg，1928 年建成）等均曾采用。以后逐渐改用钢板封墙和钢筋混凝土封墙。

采用钢筋混凝土封墙的好处是变形小，易于防渗漏，但拆除时比较麻烦。而钢封墙在运用防水涂料解决了密封问题后，它的装、拆均比钢筋混凝土封墙方便得多。

此外封墙上须设排水阀、进气阀和出入人孔，排水阀设在下面，进气阀设在上面，人员出入孔应设置防水密闭门。

4）压载设施

20世纪40年代以后，几乎所有的沉管隧道预制管段都是自浮的，因此在沉放时需加载。加载下沉时，可用碎石和砂砾（美国沉放方式）来压舱，亦可用水（荷兰沉放方式）来压舱。用水来压载比较方便，一般采用的较多。

在封墙安装之前，需先在管段内设置容纳压载水的容器。以前采用小型浮筒充作水箱的较多，现在多改用拼装水箱，便于装拆。

水箱的容量及数量取决于管段干舷的大小、下沉力的大小以及管段基础处理时抗浮所需的压重大小。

5）检漏与干舷调整

管段在制作完成之后，须进行检漏。如有渗漏，可在浮运出坞之前及时发现，进行补救。一般在干坞灌水之前，先往压载水箱里加水压载，然后再往干坞内灌水。有的施工过程在干坞灌水之后，还进一步抽吸管段内的空气，使管段中气压降到0.6个大气压，待灌水24~48小时后，工作人员由人孔进入管段内部对管段的所有外壁（包括顶底板）进行一次仔细的水底检漏。如发现渗漏，则需将干坞内的水排干，进行修补；若无问题，即可排出压载水，让管段浮起。

经检验合格后浮起的管段，还要在坞中检查四边的干舷是否合乎规定，或是否有倾侧现象，如有则可通过调整压载加以解决。

在一次制作多节管段的大型干坞中，经检漏和调整好干舷的管段，还需再加压载水，使之沉在坞底，使用时再逐一浮起拖运出坞。

第三节　基槽浚挖

一、沉管基槽的断面形式

沉管基槽的断面（图9-8）主要由三个基本尺度确定，即底宽、深度和边坡坡度。

图9-8　沉管基槽断面

沉管基槽的底宽，一般比管段底宽大4~10m。这个宽裕量应视土质情况、基槽搁置时间、河道水流情况及浚挖设备精度而定。

沉管基槽的深度，为管顶覆盖层厚度、管段高度和基础处理所需超挖深度三者之和。

沉管基槽边坡的稳定坡度，与土层的物理力学性质相关。因此针对现场的实际土质情况，采用不同的坡度，表9-3为不同土层稳定坡度的参考数值。此外，基槽的留置时间、水流情况等也是影响边坡稳定的重要因素。

不同土层稳定坡度的参考数值 表 9-3

土 层 分 类	稳定坡度
硬土层	1：0.5～1：10
砂砾、紧密的砂夹黏土	1：10～1：1.5
砂、砂夹黏土、较硬黏土	1：1.5～1：20
紧密的细砂、软弱的砂夹黏土	1：20～1：30
软黏土、淤泥	1：30～1：50
稠软的淤泥、粉砂	1：80～1：10

二、沉管基槽浚挖

在沉管隧道的施工中，水中浚挖所需费用占整个工程造价的 5%～8%，可它却是一个关键的工程项目。当浚挖作业现场的通航环境较为复杂时，挖泥船在主航道作业时经常要松缆让航，施工难度较大，作业效率客观影响近 30%，因此浚挖直接影响到工程能否顺利、迅速地开展。

浚挖的工作内容一般有：沉管的基槽浚挖、航道临时改线浚挖、出坞航道浚挖、浮运管段线路浚挖、舾装泊位浚挖。其中，沉管基槽的浚挖最为重要。国外往往通过全面了解现场的地质资料、水力水文资料及生态资料后，确定合理的基槽断面和浚挖方式。

三、浚挖方式

1. 浚挖设备的选择
水底浚挖通常选用挖泥船施工，目前国内外挖泥船大致有以下几种：

1）绞吸式挖泥船

这种挖泥船利用绞刀绞松水底土，通过泥泵作用，从吸泥口、吸泥管吸进泥浆，经过排泥管卸泥于水下或输送到陆上去。其特点是：

（1）对土质的适应性好；

（2）生产效率高；

（3）浚挖成本低；

（4）不需泥驳配合工作。

2）链斗式挖泥船

这种挖泥船是用装在斗桥滚筒上能连续运转的一串泥斗挖取水底土，通过卸泥槽排入泥驳。施工时需泥驳和拖轮配合。一般泥斗容量为 0.1～0.8m³，这种挖泥船的特点是：

（1）生产率比较高；

（2）浚挖成本较低；

（3）能浚挖硬土层；

（4）开挖后的泥面平整度较高；

（5）定位锚缆较长，作业时水面占位较大。

3）自航耙吸式挖泥船

带有泥仓的自航吸泥船，也称开底船。挖泥时可不妨碍其他船舶的航行，适用于在航道、运河等船舶航行密集的地点挖泥。工作时，一边以 2～3 节的速度航行，一边用泥泵将水底的泥砂从称作耙头的吸泥口经过船侧吸泥管的耙臂泵吸到自身的泥仓内，满载后航行到抛泥区，打开泥门将泥砂卸入水中。有的船还可以将本船的排泥管与陆上排泥管连接起来，利用本船的泥泵，直接把泥砂输送到吹填场地去。

4）抓斗挖泥船

利用吊在旋转式起重把杆上的抓斗，抓取水底土。然后将泥土卸到泥驳上运走。当土质较硬时可使用重型抓斗。一般不能自航，靠收放锚缆移动船位。施工时需配备拖轮和泥驳，这种挖泥船的特点是：

（1）挖泥船构造简单，造价低；

（2）船体尺寸小，长与宽均显著小于其他挖泥船；

（3）浚挖深度大且易于加深；

（4）施工效率高。

5）铲扬式挖泥船

亦称铲斗挖泥船，这种挖泥船是用悬挂在把杆钢缆上和连接斗柄的铲斗，在回旋装置操纵下，推压斗柄，使铲斗切入水底土壤内进行挖掘，然后提升铲斗，将泥土卸入泥驳。这种挖泥船适用于较硬的土层，不需锚缆定位，水面占位小，但该挖泥船造价高，浚挖费用亦高。

6）定深反铲式挖泥船

反铲式挖泥船和陆地上使用的反铲挖掘机很相似，通常被用来浚挖海床，可以通过在轮船或者驳船上安装挖掘机来制造这种挖泥船。

反铲挖泥船一般都很大，这种船舶的主要特征就是拥有反铲挖泥机这种固定装置，增加了挖泥的稳定性和施工作业时的安全性。挖掘时吊杆臂可以延伸到挖泥船的前方并且伸到水下面，铲斗将朝着船的方向运动，河道底部的沉淀物被反铲挖掘机清除。

通常反铲式挖泥船具有结构简单、重量轻、成本低、工效高等特点，可以在水位较浅，水底地形复杂的恶劣环境下生产工作，被船工们誉为近海航运的"清道夫"，其最大水下开挖深度可以达到 30m。

定深反铲式挖泥船是具有定深和反铲功能的挖泥船，由于其可以通过设定的深度对河底进行挖泥作业，最大限度地减少对河床底部的扰动和浮泥现象的产生。

上述 6 种挖泥船的适用范围见表 9-4。

6 种挖泥船的适用范围　　　　　　　　　　　　　　　　表 9-4

	硬土	砂砾	粉砂	砂	软土
链斗式挖泥船	●	●	●	●	●
绞吸式挖泥船	●	●	●	●	●
自航耙吸式挖泥船			●	●	●
抓斗挖泥船	●	●	●	●	●
铲扬式挖泥船	●	●			
定深反铲式挖泥船	●	●	●	●	●

注：在浚挖作业中，土的硬度划分如下：

黏性土　软土 $N=4～8$，硬土 $N=20～40$

砂性土　软土 $N<10$，硬土 $N=30～50$

7）其他浚挖设备

上述六种挖泥船均只适用于土层，当浚挖作业遇到岩层时需采用碎岩船、凿岩船。

此外在离岸条件下的沉管隧道，可采用如下设备进行挖槽：

（1）漂浮型设备：只能在浅水中和基槽深度有限时使用。

（2）半沉型设备：受波浪的影响比漂浮型设备小，因此使用范围略大一些。

（3）自行调高的行走挖槽平台：限制在水深 70m 以内的条件下使用，不易受风浪影响。

（4）全沉型设备：可在海底行走或在轨道上移动，施工精度高，不受水深限制。

2. 浚挖船队组成

浚挖施工时，挖泥船需由附属船只配合，组成船队进行作业。附属船只包括：拖轮、顶推轮、泥驳、运输船、发电船、起锚船等。

3. 浚挖方式及浚挖程序的确定

国外通常在选择浚挖方案时考虑以下三方面的因素：

1）使用技术成熟、生产率高、费用低的浚挖方式；同时为了降低造价，通常充分使用已有浚挖设备，避免采用需重新定制的设备；

2）选用对航道影响最小的浚挖方式；

3）选用对环境影响较小的浚挖方式。

通过对环境、经济和技术等多方面的探讨，按其效果和费用仔细权衡不同方案以求得最佳选择。

浚挖作业一般分层、分段进行。在基槽断面上，分几层逐层开挖；在平面沿隧道轴线方向，划分成若干段，分段分批进行浚挖。

例如，香港地铁隧道基槽浚挖作业分两个阶段进行，第一阶段挖到离最终设计标高 1m 处，这一阶段使用高效率的链斗式挖泥船挖出大量土石；第二阶段采用大小不同的抓斗挖泥船挖至基底。

此外，管段基槽浚挖亦分粗挖和精挖两次进行，这样可以避免因最后挖成的管段基槽暴露过久，产生沉积过多的回淤，造成影响沉放施工的情况发生。在 1969 年建成的比利时肯尼迪水底道路隧道就曾有过这样的教训，其沉管基槽一次全部挖成，由于回淤量大而快，最后不得不留一艘生产率为 $100m^3/h$ 的大型吸砂船来清除回淤。这项清淤工作一直到管段沉放完毕才结束。而悉尼港隧道基槽浚挖采用了粗挖和精挖两次开挖的方式，粗挖在管段沉放的 9 个月前开始，精挖在管段即将沉放前进行，这样避免了大量回淤的产生。

第四节　管段的沉放与水下连接

一、管段的沉放

1. 管段的沉放方式

管段的沉放在整个沉管隧道施工过程中，占有相当重要的地位，沉放过程的成功与否直接影响到整个沉管隧道的质量。

到目前为止，所用过的沉放方法有多种，这些方法适用于不同的自然条件、航道条件、沉管本身的规模以及设备条件，可以概括为：

1）吊沉法

（1）起重船吊沉法

最初的沉管隧道为钢壳型，规模较小，故早期采用起重船吊沉法。沉放时用2～4艘100～200t起重船提着预埋在管段上的3～4个吊点，逐渐将管段沉放到基槽中，如图9-9所示。

（2）浮箱吊沉法

荷兰柯恩隧道和培纳勒克斯隧道首创了以大型浮筒代替起重船的吊沉法，后来又出现了以浮箱代替浮筒的浮箱吊沉法。浮箱吊沉法的主要设备为四只100～150t方形浮箱，分前后两组，每组以钢桁架联系并用四根锚索定位，管段本身另用六根锚索定位，如图9-10所示。随着技术的发展，浮箱吊沉法得到了优化，由前后两只大浮箱或改装的驳船代替原先四只小浮箱，并完全省掉浮箱上的锚索，使水上作业大为简化，如图9-11所示。

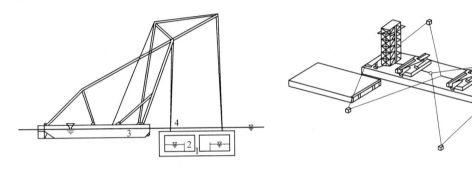

图 9-9　起重船吊沉法

1—管长；2—水箱；3—起重船；4—吊索

图 9-10　双浮箱吊沉法

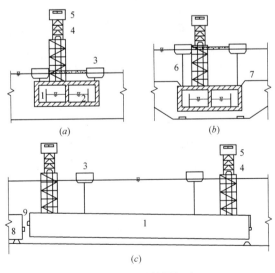

图 9-11　四浮箱吊沉法

（a）沉放前；（b）加载下沉；（c）沉放定位

1—管段；2—压载水箱；3—浮箱；4—定位塔；5—指挥室；

6—吊索；7—定位索；8—已沉放管段；9—鼻式托座

2）扛吊法

扛吊法亦称为方驳扛吊法。基本概念就是用二副"扛棒"来完成吊沉作业，如同用两副扛棒搬运大方木。主要分为四驳扛吊法和双驳扛吊法。

（1）双驳扛吊法

美国和日本多采用"双驳扛吊法"（也称双壳体船法），这种方法采用两艘船体尺度较大的方驳船（长 60～85m，宽 6～8m，型深 2.5～3.5m），船组整体稳定性优于四只小方驳组成的船组，施工时可利用这一特点把管段的定位锚索省去，而改用对角方向张拉的斜索系于双驳船组上，如图 9-12 所示。

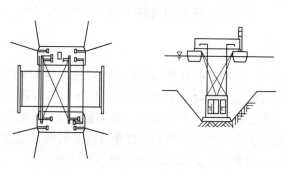

图 9-12 双驳扛吊法

（2）四驳扛吊法

四驳扛吊法采取四艘方驳，左右二艘方驳之间架设由型钢或钢板梁组成的"扛棒"，用它来承受吊索的吊力。前后二组方驳可用钢桁架联系，构成一个船组。驳船组及管段分别用六根锚索定位，如图 9-13 所示。

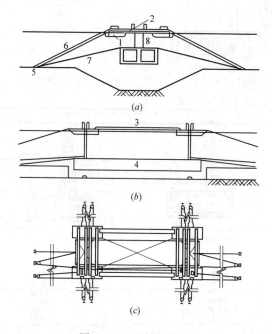

图 9-13 四驳扛吊法

（a）方驳与管段定位；（b）管段沉放（立面图）；（c）管段沉放（平面图）

1—方驳；2—扛棒；3—纵向联系桁架；4—管段；

5—锚块；6—方驳定位索；7—管段定位索；

8—吊索

3）骑吊法（SEP 吊沉法）

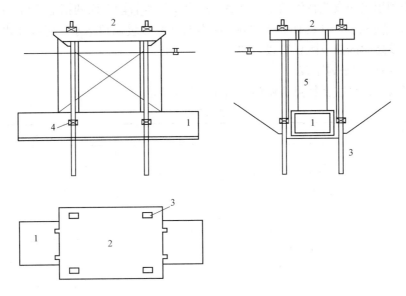

图 9-14 骑吊法（SEP 吊沉法）

1—管段；2—作业台；4—钢腿；4—钢腿夹固器；5—吊索

骑吊法的主要沉放设备为水上作业平台（SEP，Self-Elevating Platform），故亦称为 SEP 吊沉法。其方法是将管段插入水上作业平台下，使水上作业平台"骑"在管段上方，将其慢慢吊放下沉，如图 9-14 所示。

4）拉沉法

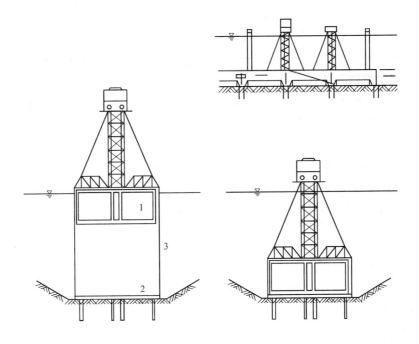

图 9-15 拉沉法

1—管段；2—水底桩墩；3—拉索

拉沉法利用预先设置在沟槽中的地垄，通过架设在管段上面的钢桁架顶上的卷扬机牵拉锚碇地垄上的钢索，将具有 200～300t 浮力的管段缓缓地拉下水。管段在水底连接时，以斜拉方式使之靠向前节既设管段，如图 9-15 所示。

5）各种沉放方法的比较

上述沉放方法的主要特点、使用范围如表 9-5 所示。

沉放方式比较

表 9-5

沉放方式		主要设备及特点	适用范围
起重船吊沉法		起重船	小型沉管
浮箱吊沉法	四浮箱吊沉法	四只 100～150t 的浮箱（自备发电机组）；设备简单，且浮箱无须定位锚缆，因而水上作业简化	适用于小型管段的沉放
	双浮箱吊沉法	以两只大型钢浮箱或改装驳船取代四只小浮箱，使操作进一步简化	适用于大宽度的管段沉放
扛吊法	四驳扛吊法	四艘小型方驳（自备发电机组）；设备费用小	普遍用于小型管段的沉放
	双驳扛吊法	两艘大型方驳（自备发电机组）；船组稳定性好，设备费用大	一般只有具备下列条件之一时，才予采用：①工程规模大，沉设管段较多；②计划准备建设多条沉管隧道；③沉设完毕后，大型方驳可改为他用
	骑吊法（SEP 吊沉法）	水上作业平台；稳定性好，能经受风浪袭击，但设备费用大	适用于在港湾或流速较大的内河沉设管段
	拉沉法	以预先设置在基槽中的水下桩墩作为地垄；无须方驳，也不用浮箱，但设置水底桩墩的费用较大	目前已基本不用

2. 沉放时的锚碇方式

与管段沉放作业密不可分的是管段定位作业，沉放方法的选择很大程度上受到定位方法的影响，定位作业主要由锚碇系统完成。常用的锚碇方式有"八字形"和"双三角形"。

1）"八字形"

"八字形"锚碇系统通常在沉埋基槽轴线两侧设置一排大型锚碇块，两排锚碇块呈对称埋设，锚碇块与管段之间由锚链连接，如图 9-16 所示。这种方法借鉴了大船锚泊的经验，从八个不同的方向将管段拉住，不但安全可靠，而且施工简单。但是这种"八字形"锚碇系统所占水域较大，特别是在管段轴线方向，对航道有不利影响。

2）"双三角形"

由于"八字形"锚碇系统对航道有不利影响，因此可以采用图 9-17 所示的"双三角形"锚碇系统，其优点是所占江面的水域宽度仅为管段的长度，因而对航道的影响较小。

3. 管段沉放

以下以浮箱吊沉法为例，介绍一下管段沉放施工。

1）自然条件分析

管段沉放时对自然条件的要求为：

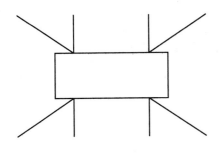

图 9-16　八字形锚碇系统

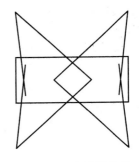

图 9-17　双三角形锚碇系

风速：<10m/s；

波高：<0.5m；

流速：$<0.6\sim0.8$m/s；

能见度：1000m。

为此，施工前对沉放阶段的水位、流速、气温、风力等水文气象条件进行资料收集分析，选择最佳时机。施工时一般安排在夜间进行现场准备，翌日高潮平潮时进行管段就位，午前低潮后进行沉放作业，午后结束沉放、对接作业。

2）沉放作业前准备

（1）基槽

沉放的前两天需对基槽进行全面细致的验收，保证沉管就位时无任何障碍。验收的方法是派潜水员到水下摸查，对影响沉放的浅点均由潜水员进行清理。对基槽碎石上有可能沉积的树枝、垃圾等，沉放前都需派潜水员认真清除。

（2）交通标志

在沉放之前事先和港务、港监等部门商定航道管理有关事项，并及时通知有关各方做好准备。水上交通管制（临时改道）开始之后，抓紧时间布置好封锁标志（浮标、灯号、球号等），同时在沉放位置用锚碇块上设置浮标。

（3）设备、动力情况检查

管段沉放前应对管段内部的水泵、闸阀、加载水箱、管路系统、定位千斤顶及油压系统、发电机、通信联络系统、测量定位系统等进行检查，及时排除故障，确保沉放工作顺利进行。

（4）GINA 橡胶止水带保护装置的撤除

在沉放前撤除 GINA 橡胶止水带的保护装置。

（5）应急措施的准备

对沉放过程中可能发生的紧急事件（例如：气候突变）做好预防工作，确保沉放工作万无一失。

（6）锚碇系统的设置

在沉放、对接过程中，管段将不可避免地受到风、浪、流等外力的作用，因此在管段位置调整和沉放定位时都要通过测量塔上的卷扬机拉紧或放松定位缆加以控制。锚碇块的结构需根据模型试验加以确定。锚碇块的位置用玻璃钢浮筒表示，使用时可通过钢丝绳将锚链吊出水面。在正式使用前，需对锚碇块进行拉力测试。

（7）管段沉放前的定位

① 系定位缆

当管段拖运到沉放位置后，按图 9-18 的步骤系六根定位缆。

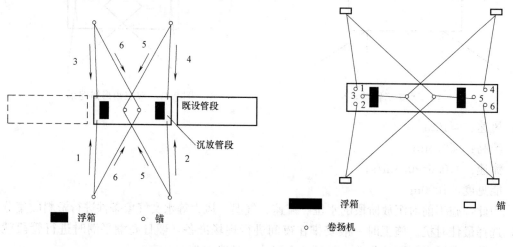

图 9-18　沉放系缆步骤　　　　　　　　图 9-19　定位示意图

② 设备布置

每个测量塔上有定位用卷扬机三台，每个钢浮箱上有沉放用卷扬机 2 台，还有紧缆用卷扬机 4 台。

③ 定位调节方法

通过测量塔上的卷扬机卷紧或放松定位缆绳对管段的位置进行调节，如图 9-19 所示。

④ 定位精度

当位置误差在 10cm 以内时，即可进行沉放作业。

（8）管段负浮力计算

管段需有一定的负浮力才能下沉，负浮力（即浮箱所受的力）是靠向管内水箱加压载水获得的，负浮力的表达式为：

$$F = W + \sum P_i - V \times \gamma_h$$

其中，W 为管段自重；$\sum P_i$ 为压载水重量；V 为管段的排水体积；γ_h 为随深度变化的江水重度。上式亦可用抗浮安全系数来表达：

$$K = (W + \sum P_i)/V \times \gamma_h$$

式中，K 为抗浮安全系数，在沉放、对接阶段一般取 1.01。

3）沉放作业步骤

（1）初次下沉

在利用六根定位缆调节好管段位置后，与已沉管段保持 10m 左右的距离，先往管内压重水箱灌水给管段下沉提供足够的负浮力，然后通过钢浮箱上的卷扬机控制沉放速度使管段下沉，直到管底离设计标高 4m 左右为止，下沉时随时校正管段的位置。

（2）靠拢下沉

先将管段向前平移，至距已沉管段 2m 左右处，然后再将管段下沉到管底离设计标高

1m 左右，并调整好管段的纵向坡度。

（3）着地下沉

先将管段平移至距已沉管段约 0.50m 位置处，校正管段位置后，即开始着地下沉。最后 1m 的下沉，通过钢浮箱上的卷扬机控制下沉速度，尽量减少管段的横向摆动，使其前端自然对中。着地时先将前端搁在"鼻式"托座上，通过鼻托上的导向装置，自然对中。然后将后端轻轻搁置到临时支座上，整个沉放步骤如图 9-20 所示，至此即可进入管段的对接作业。

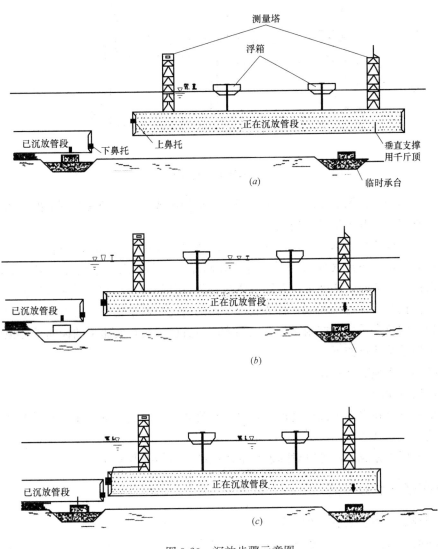

图 9-20 沉放步骤示意图

（a）初步下沉；（b）靠拢下沉；（c）着地下沉

4）沉放操作说明

沉放作业的时间选择应充分考虑沉放作业的进度，尽量保证沉放作业的最后阶段在平潮期进行，沉放作业时操作需谨慎小心，充分考虑管段的惯性影响，每一步操作完成后应等管段恢复静止，然后再进行下一步的操作；靠拢下沉和着地下沉的过程中，除常规测量仪器、水下超声波测距仪进行不间断地监测外，尚需由潜水员进行水下实测、检查测量管段的相对位置和端头距离；沉放过程中需对水的容重进行不间断的量测，并根据水的容重调整压载水，确保有足够的负浮力，避免发生管段沉不下去的现象发生。

5）水下体外定位调节

为减少水流和波浪对定位精度的影响，管节沉放初步就位后可以使用体外定位系统对平面位置精确调整（图 9-21）。

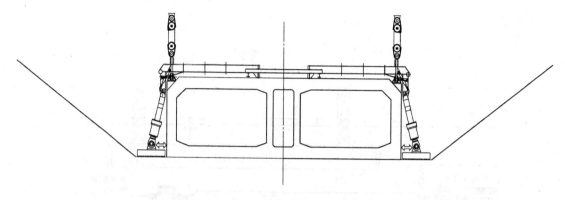

图 9-21　体外定位调节系统

通常管节体外定位调节系统由 2 个"门"形框架组成，分别安装在管节的接头端和尾端，框架与管节上的起重吊耳相连接。

当隧道管节放置到基础上后，体外定位系统将投入使用。当移动隧道管节时，接头端和尾端两侧体外定位系统底座将提供支撑，并确保管节不会因为水流和波浪产生侧向位移。在轻微提升管节时，体外定位系统底座将依靠下部的碎石基础提供地基反力。

当管节被提升后，可以在减少管节底部摩擦的情况下调整管节，管节向前移动则由安装在管节顶部的拉合千斤顶控制，管节尾端横向位置由安装在底座上的横向千斤顶调整。

体外定位系统特点如下：

（1）结构上无须额外开孔；

（2）可反复使用；

（3）坐底沉放和水力压接全过程消除表层水流和波浪影响，可以在沉放驳上遥控实施千斤顶伸缩，安全高效；

（4）水力压接完成后，可以对隧道管节的尾端进行精确调整定位。

二、水下连接（水力压接）

1. 水下连接（水力压接）的发展

沉管隧道"对接"施工的概念来自水力压接法的发明。在发明水力压接法之前，沉管隧道的管段与管段之间、管段与两岸连接井之间是通过连接（即用水下混凝土的方法），而非对接的办法使整个隧道贯通。水下混凝土的方法不仅工艺复杂，施工难度大，而且每当隧道发生变形后立即开裂、漏水。由于水下混凝土施工时的诸多不便，交付使用后质量又得不到保证，因此在 20 世纪 50 年代末，加拿大台司隧道的设计和施工中，丹麦工程师利用水的压力开发了一种巧妙的水力压接法。这种方法利用作用在管段上的巨大水压力使安装在管段前端面（即靠近既设管段或竖井的端面）周边上的一圈胶垫发生压缩变形，形成一个水密性相当良好可靠的接头。其后根据水力压接的原理，荷兰发明了 GINA 垫圈改善了胶垫的性能，使水力压接更加完善。自此以后，几乎所有的沉管隧道都采用了这种简单、可靠的水下连接方式。

2. 水力压接简介

由于水力压接法施工工艺简单，且基本上不用水下作业，又能适应较大的沉陷变形，并保持接头间的不漏水，解决了沉管隧道管段间连接的难题，所以在沉管隧道施工中得到普遍运用。

水力压接法就是利用作用在管段上的巨大水压力使安装在管段前端面（靠近既设管段或连接井的端面）周边上的一圈胶垫发生压缩变形，形成一个水密性相当可靠的管段接头。其具体方法是在管段下沉就位后，先将新沉管段拉向既设管段并紧密靠上，这时胶垫产生了第一次压缩变形，并具有初步止水作用。然后将既设管段侧封端墙与新沉管段侧封端墙之间的水（此时与河水隔离）排走。排水之前，作用在新沉管段两端的水压力是平衡的；排水之后，作用在结合端封端墙上的水压力变成一个大气压的空气压力，于是作用在自由端封端墙上的数千吨的巨大水压力就将管段推向前方，使胶垫产生第二次压缩变形，具体见图 9-22，经二次压缩变形的胶垫，使管段接头具有非常可靠的水密性。

3. 水力压接法施工

以下介绍一下拉合千斤顶安装在管顶的水力压接施工。

1）压接作业前准备工作

（1）杂物清除

由潜水员清除 GINA 橡胶止水带四周及对接端端面上的杂物，确保 GINA 橡胶止水带的完好无损。

（2）拉合千斤顶的安装

在管段就位后，用浮吊吊起拉合千斤顶，由潜水员负责安装到管段的拉合台座上。

（3）设备调试

启动拉合千斤顶油缸，由潜水员观察拉合千斤顶是否能够顺利工作。

（4）位置微调

先收紧沉放吊缆，提供沉放时总吊力的 1/2，以减少拉合时的摩擦阻力；然后通过定位缆微调管段位置，控制管段对接时的精度。

2）压接操作步骤

（1）初步止水

启动拉合千斤顶油缸并控制拉合速度，使 GINA 尖头压缩；此时通过定位系统对管段进行精细的微调，使轴线误差符合设计要求；再继续拉合到初步止水，即使 GINA 尖头再压缩。

（2）二次止水

当初步止水结果得到潜水员检查认可后，由已沉管段内的操作人员打开已沉管段侧端封门上的进气阀和排水阀，将接合端端封门间的水排掉，利用自由端的巨大水压力使 GINA 橡胶止水带进一步压缩，如图 9-23 所示。

3）压接操作说明

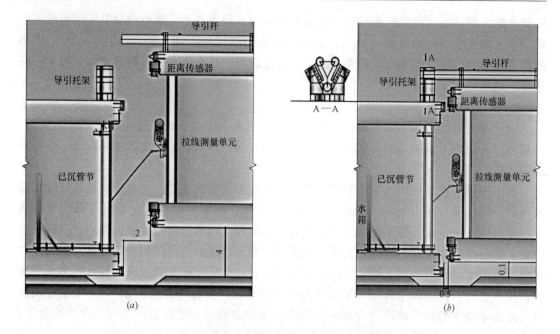

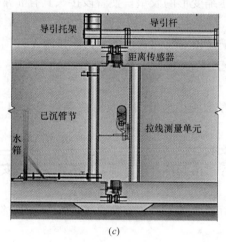

图 9-22　水力压接示意图

初步止水后，打开已沉管段侧端封门下部的排水阀，排出前后两节管段端封门之间被 GINA 橡胶止水带所包围封闭的水。排水阀经管道接至已沉管段的水箱中去。排水开始后不久，须即打开安设在已沉管段端封门顶部的进气阀，以防端封门受到反向的真空压力。当水位降低到接近水箱里的水位时，须即开动排水泵助排，否则水位不能继续下降。排水完毕后，作用到整个 GINA 橡胶止水带上的压力便等于作用在新沉管段自由端上的全部水压力。对接时，在拉合作业之前、之后均须由潜水员下去检查 GINA 橡胶止水带的接触情况。拉合之后和压接之后均须测量复核。拉合之后，如果发现连接误差超过容许值，可用拉合千斤顶及设在新沉管段后端支座上的垂直千斤顶进行微调校正。但在压接之后，如不符合精度要求，则难以靠千斤顶进行微调校正，此时只能灌水返工，重新微调、压接。

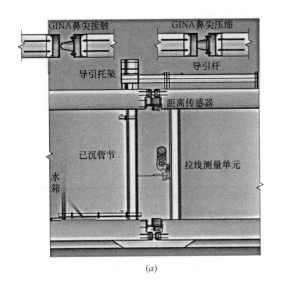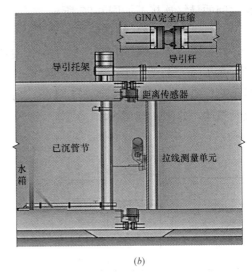

图 9-23 GINA 压缩示意图

三、最终接头

最后一节管段要在两头端面都采用水力压接法是不可能的，因此最后一个端面连接处（即最终接头）不得不采用其他方法。迄今为止，沉管隧道最终接头采用过的施工方法有：干地施工方式、水下混凝土施工方式、防水板施工方式、接头箱体施工方式、V 形（楔形）箱体施工方式。

1. 接头施工方式

1）干地施工方式

当最后一节管段沉放完毕之后，即采用围堰的方法，如图 9-24 所示，将最后一节管段和连接井之间的间隙与外界的水隔开，然后将围堰内的水抽干，在干地（无水）的情况下用现浇钢筋混凝土的办法完成最终接头。

2）水下混凝土施工方式

在最终接头部位设水下模板，浇筑水下混凝土，如图 9-25 所示。

3）防水板式施工方式

最终接头的两个端面之间通常留下 1～2m 左右的空隙，在其中设置适当的支撑（通常放进若干楔形块固定），以避免排水时引起轴向力释放而对已经接合的接头产生不利影响。然后把装有橡胶圈的钢封板从管段外侧将接头包住，这就形成第一道防水线。接着将端封墙之间的水抽干，利用水力压接的原理使防水钢板与管壁密贴，这时防水钢板的内侧（即最终接头空间）是干的。然后打开最终接头的两个端面钢封门上的人孔，进入到最终接头空间，进行现浇混凝土施工，见图 9-26。

4）接头箱体施工方式

日本多摩川隧道在处理竖井与管段之间的最终连接时采用了新的方法：预先估算间隙的长度，把它作为一段沉管（短段沉管）来看待，在竖井内制做完成，当最后一节管段沉放就位后，先用千斤顶将短段沉管与最后一节管段拉合，然后进行水力压接完成管段与竖

227

井之间的最终连接，如图 9-27 所示。

　　5）V 形（楔形）箱体施工方式

　　在日本大阪南港沉管隧道施工中，发明了一种新的最终接头施工方式——V 形（楔形）箱体施工方式。这种方式是根据最终接头的实际间距，制作 V 形（楔形）钢壳，然后用起重船将钢壳插入最终接头部位，通过水力压接使 V 形（楔形）钢壳与原有管段形成一整体，如图 9-28 所示。

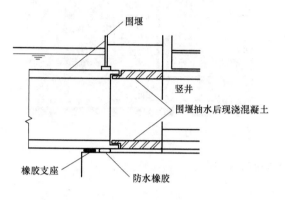

图 9-24　干地施工方式

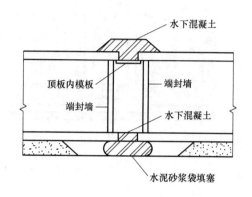

图 9-25　水下混凝土施工方式

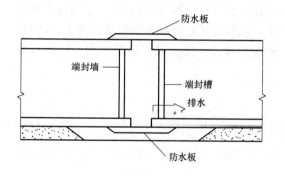

图 9-26　防水板式施工方式

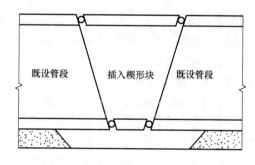

图 9-27　V 形（楔形）箱体施工方式

2. 接头构造

　　管段结合之后，进行接头部分的施工。

　　按照结构上的性能，接头可分为刚性接头和柔性接头。所谓刚性接头，就是接头部位的刚度与管段本体的刚度相当；所谓柔性接头，就是接头部位的刚度小于管段本体的刚度。

　　通常利用水下混凝土进行接合时，几乎全部是刚性接头；利用水力压接结合的接头既可以采用刚性，亦可以采用柔性。采用刚性，是在结合截水构造（通常为 GINA）的内侧用钢筋把两个管段连接起来，然后浇捣混凝土，形成与沉管管段本身等强度的钢筋混凝土结构（见图 9-29）。采用柔性接头是为了吸收不均匀沉降、地震和温度变化等而产生的变形，可通过焊接型钢、钢板或者设置纵横向剪力键、拉锁而实现，这样的接头构造能够适应前后、上下、左右任意方向移动。

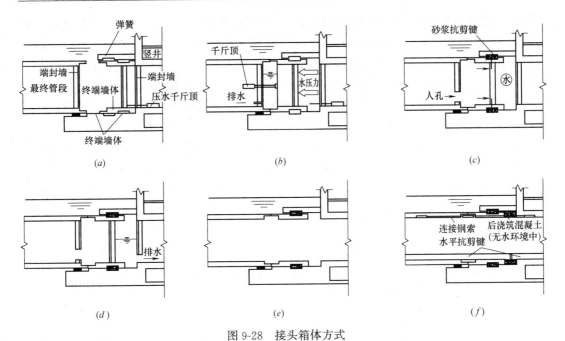

图 9-28 接头箱体方式

（a）最后一节管段沉放；（b）短段管段水力压接；（c）砂浆抗剪键注入砂浆；（d）短段管段与竖井间排水；
（e）拆除端封墙；（f）连接钢索，后浇筑混凝土，水平剪力键设置

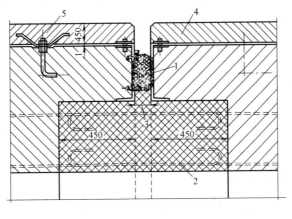

图 9-29 先柔后刚接头形式

第五节　沉管基础及回填覆盖

一、沉管基础处理的原因

沉管隧道的基础是指位于隧道下方、承受来自隧道本身、回填、管顶保护层以及回淤荷载的土层，该土层从隧道底部一直往下至非压缩性地层。

在一般建筑中，常因地基承载力不足而构筑适当的基础。而在水下沉管隧道中，情况有所不同。沉管隧道的显著特点是其基础所承受的荷载通常较低，作用在基础之上的荷载

一般不会超过 $30kN/m^2$，且多数沉管隧道的开挖深度在 10m 左右，这一深度的垂直初始应力大小约为 $100kN/m^2$。因此，放置了沉管隧道后其基础土层中的应力值将相应减小。

而在基槽开挖过程中，不论是使用哪一种类型的挖泥船，挖成后的槽底表面总有相当程度的不平整。这种不平整，使槽底表面与沉管底面之间存在着很多不规则的空隙。这些不规则的空隙会导致地基土受力不均匀而局部破坏，从而引起不均匀沉降，使沉管结构受到局部应力以致开裂。

由此可见，沉管隧道的基础处理一般不是为了提高地基的承载力，而是为了解决基槽开挖时出现的不平整以避免产生不均匀沉降。为了清除槽底表面与沉管底面之间存在的有害空隙，进行基础处理—垫平（使管段底与地基之间的空隙填充密实），是第一位考虑因素，承载力是第二位考虑因素。

通常沉管隧道基础包括：

1）基础垫层（例如砂流法垫层或碎石整平层）。

2）压缩性土层（黏土层、砂层、换填的砂/碎石层、桩、CDM 或 SCP 加固后的土层）。

3）低压缩性的密实砂层或基岩。

隧道基础的主要功能：

1）为隧道结构提供刚度均匀的支撑，将隧道荷载传递到持力土层。

2）控制隧道的地基沉降和不均匀沉降。

3）在纵向为隧道从硬土向相对软的土或从相对软的土向硬土实现合理过渡。

在隧道浅埋段，隧道下方不是桩基础的部分，该部分的土非常软弱，如果不经过处理则存在承载力问题。这部分土需要经过换填或加固处理，以降低沉降量，同时解决承载力的问题，因为这部分的隧道位于基槽内且荷载不大。深埋段隧道基础落在压密土体支撑的基槽上，所以对于深埋段隧道来说，也没有承载力不足的问题。

基础方案的选择应该基于以下几点：

1）将沉降量级（或目标沉降）控制在隧道结构设计能接受范围内的可能性。

2）地震下的响应。

二、常见的基础处理方法分类

沉管隧道的基础处理方法，以消灭不规则空隙为目的，可分为两类：一类是先铺法，即在管段沉设之前，先铺好砂、石垫层；另一类是后填法，先将管段沉设在预置在沟槽底上的临时支座上，随后再补填垫实。

先铺法、后填法的具体代表工法归纳如下：

先铺法——刮铺法；

后填法——喷砂法、砂流法、灌囊法、压浆法、压混凝土法。

此外当地基土需特别处理时，还可采用水下混凝土传力法、砂浆囊袋传力法、可调桩顶法。另外亦采用过桥台法，不过这些方法的运用极个别。

三、常见的基础处理方法

1. 碎石刮铺法

刮铺法主要工序如下：浚挖基槽时，先超挖 60～90cm，然后在槽底两侧打设数排短桩以安设导轨用，以控制高程和坡度，通过抓斗或刮板船的输料管将铺垫材料投放到槽底，再用简单的钢刮板或刮板船刮平。所用的铺垫材料根据水流速度不同而变化，在水流缓和地区为 1/4～1.5 英寸（0.6～3.8cm）；在水流湍急地区卵石粒径可达 6 英寸（15cm）。刮铺的精度一般为：刮砂±5cm，刮石±20cm。

2. 喷砂法

为了克服刮铺法在管段较宽时施工困难的缺点，20 世纪 40 年代初，在荷兰的 Mass 隧道施工时，发明了喷砂法。就是从水面上用砂泵将砂、水混合料通过伸入管段底下的喷管喷注，填充管底和基槽之间的空隙，如图 9-30 所示。

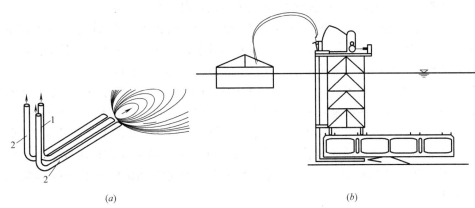

图 9-30 喷砂法作业图

（a）喷砂法；（b）喷砂法作业

喷砂作业需一套专用的台架，台架顶部突出水面。台架可沿铺设在管顶面上的轨道做纵向前后移动。在台架的外侧悬挂着一组（三根）伸入管段底下空隙中，喷射管做扇形旋移前进。在喷砂进行的同时，经两根吸管抽吸回水。从回水的含砂量中可以测定砂垫层的密实程度。喷砂时从管段的前端开始，喷到后端（亦称自由端）时，用浮吊将台架吊移到管段的另一侧，再从后端向前端喷填。

喷砂法所用的平均粒径一般控制在 0.5mm 左右，砂-水混合材料的含砂量为体积的 10%，有时可以在较短时间内增加到 20%。施工速度约为 2000m³/h，当管段底面积为 3000～4000m² 时，喷砂工作完成时，可能会产生 5～10mm 的沉降，通车以后的最终沉降量一般在 15mm 以内。

喷砂法的喷砂设备还可以在喷砂开始之前喷水把基槽面上的回淤土或松散的扰动土块清除干净。

3. 砂流法

为了弥补喷砂法的不足，在设计横越韦斯特谢尔德河的沉管隧道（荷兰）时发明了砂流法。砂流法可省去河上的喷砂台架（不影响航运），也可省去喷砂法用的浮吊（价格便宜），不必像喷砂法那样为移动管子而要求隧道管段下面约有 1m 的空间，减少了挖方量，对砂粒径要求比喷砂法低。

砂流法的原理是依靠水流的作用将砂通过预埋在管段底板上的注料孔注入管段与基底间的空隙。脱离注料孔的砂子在管段下向四周水平散开，离注料孔一定距离后，砂流速度大大降低，砂子便沉积下来，形成圆盘状的砂堆，随着砂子的不断注入圆盘的直径不断扩大，高度也越来越高。而在圆盘的中心，由于砂流湍急砂子无法沉积，形成一个冲击坑。一段时间以后，圆盘形砂堆的顶部将触及管段底面，砂盘中心压力使得砂流冲破防线，流向砂积盘的外围坡面。这样的过程不断重复着，砂积盘的直径越来越大。砂流就是以这种方法填满整个管段下面的空隙。见图9-31。

为了保持砂流的流动，需要有一定的压力梯度，也就是说，圆盘中心冲击坑内的水压必须比砂积盘边缘的水压高，而砂流本身的压力下降是线性的。冲击坑内的水压通常限制在1000～3000kN以内，过高的水压会使沉管向上抬起，这就需要增加更多的压重水，施工费用也相应增加。而另一方面，砂流压力太小使砂盘的直径受到限制，这就意味着要增加更多的注料孔。因此，需经试验确定砂流压力以得出最经济的方案。

运用砂流法得到的管段基础质量与运用喷砂法得到的相当。砂流最后停止时留下未能填满的冲击坑和砂流槽这种微小缺点，可以通过减小其注料过程后期的流量来消除，从理论上说，填满整个基底面积是可能的，并在实际施工中得到了验证。

通常砂流法的施工如图9-32所示，填料从隧道的一头泵送到另一头。停泊在河堤边的灌送装置由安装有一些水泵和一台操纵吸料管的起重机的浮舟组成。注料孔内装有外裹橡胶钢球的球形阀门，当水泵入孔内时，迫使球阀往下打开，让砂水混合料通过，砂流一旦停止，底部水压又强迫球阀复位。在有些施工中，为了避免在隧道底板应用止水的球阀，所以不从管段内部进行灌砂，而是通过预埋在隧道底板混凝土内的管道，从管段外部来灌砂（图9-33）。

砂流法施工过程中某些方面已实现了信息化施工。例如，含砂量的记录值可用来控制经过吸嘴喷头的水量，从而保持含砂量不变；控制喷口处的压力，只要作用于隧底的向上压力超过某一限值，砂水输送泵会立即自动关闭。

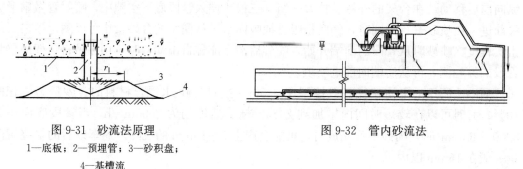

图9-31　砂流法原理
1—底板；2—预埋管；3—砂积盘；
4—基槽流

图9-32　管内砂流法

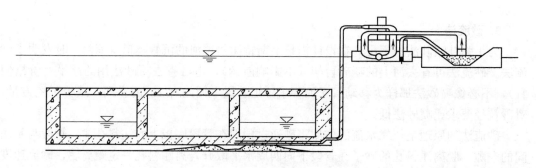

图9-33　管外砂流法

4. 压浆法

压浆法的施工的步骤为：在浚挖基槽时先超挖 1m 左右，然后铺垫 40～60cm 厚的碎石垫层，碎石垫层的平整度±20cm 即可。在管段沉放到位后，沿着管段两侧及后端抛堆砂、石以封闭管底周边。然后从隧道内部用通常的压浆设备，通过预埋在管段底板上的压浆孔，向管底空隙压注混合砂浆，如图 9-34 压浆法所示。混合砂浆由水泥、斑脱土、砂、和外加剂组成。掺加斑脱土的目的是增加砂浆的流动性，同时还可节约水泥，混合砂浆的强度只要不低于地基土体的原有强度即可。压浆的压力不宜过大，以防顶起管段。

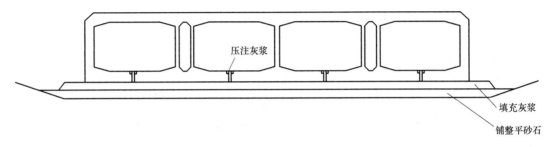

图 9-34　压浆法

5. 基础处理方法的综合比较

上述基础处理方法优、缺点如表 9-6 所示。

基础处理方法的比较

表 9-6

基础处理方法	优　点	缺　点
刮铺法	(1)能够清除积滞在基槽底的淤泥，使砂砾或碎石基础稳定； (2)圆形断面或宽度较窄的矩形断面沉管隧道运用最多的基础处理方式	(1)需加工特制的专用刮铺设备，如用简单的钢犁施工，精度难控制，作业时间亦较长； (2)须按规定高程和坡度在水底架设导轨，要求具有较高的精度，否则会影响到基础处理的成败，所以在水底用潜水员架设导轨时费工、费时； (3)刮铺完后，回淤或坍坡的泥土常覆盖到铺好的垫层上，必须不断地加以清除，直到管段沉设开始为止； (4)刮铺作业时间比较长，作业船在水上停留占位时间较长，对航运影响较大； (5)在流速大、回淤快的河道上，施工困难
喷砂法	(1)施工效率高； (2)容易清除基槽底的淤泥	(1)喷砂法所用的喷砂台架常常干扰通航； (2)喷砂系统设备费用昂贵； (3)喷砂法需要相当昂贵的粒径相对的粗砂； (4)在地震时砂的液化问题没有解决，为此要用水泥作结合材料，产生粒度调整的问题
砂流法	(1)施工效率高； (2)无须喷砂法所需昂贵的喷砂台架； (3)不受气象，水文条件制约	(1)沉管基础范围内的淤泥无法清除，会导致沉管产生较大的沉降； (2)在地震时存在砂的液化问题，为此要用水泥作结合材料，产生粒度调整的问题； (3)砂流时要用压力，为避免沉管段的上浮，必须通过试验确定出口的压力

续表

基础处理方法	优　点	缺　点
压浆法	(1)施工效率高,不受气象水文影响; (2)无地震液化担忧对淤泥可通过浆液粘接作用形成满足要求下卧层	(1)在压浆时为取得适当流动的灰浆,需要进行实验; (2)压浆时要用压力,为避免沉管段的上浮,必须通过试验确定出口的压力

四、回填覆盖

在管段沉放完毕后,在管段的两侧和顶部回填、覆盖以确保隧道的永久稳定。回填的材料选择级配良好的砂、石。为了使回填材料紧密地包裹在沉管管段上面和侧面不致散落,需要在回填材料上面再覆盖块石、混凝土块。

回填覆盖采用"沉放一段,覆盖一段"的施工方法,在低平潮或流速较小时进行。

参 考 文 献

[9-1]　刘青. 沉井结构侧壁土压力分布研究 [D]. 西安建筑科技大学,2010.

[9-2]　王涛. 沉井群的设计与施工 [D]. 河海大学,2006.

[9-3]　上海市建设和管理委员会科学技术委员会,上海城建(集团)公司. 外环沉管隧道工程 [M].
　　　　上海:上海科学技术出版社,2005.

第十章　管幕-箱涵顶进施工

随着城市交通的快速发展，大断面浅埋式下立交通道已日益增多。作为一种适用于软土地层的新型地下工程暗挖技术，管幕-箱涵顶进工法有着独特的优点，它避免开挖及地表环境的影响破坏，且具有不必降低地下水和大范围开挖，对周边环境，如地面交通、管线和房屋等影响小，箱涵穿越区域沉降变形控制严格等优点，该工法可适用于软土地层。故对于穿越铁路、机场联络通道、高速公路、穿越繁忙的街道、建筑密集或者环境保护要求严格的大跨度大断面地下通道等特殊条件下的地下工程施工，管幕-箱涵顶进工法相对其他工法具有非常大的优势。

管幕-箱涵推进工法最早于 1971 年出现在日本 Kawase-Inae 穿越铁路的通道工程，Iseki 公司为此研制了专门的施工设备。以后近 40 年里，作为一种新型的非开挖技术，该施工工艺发展日趋成熟，并形成了多种各具特色的施工工法，如日本的 FJ 工法、ESA 工法、中国大陆首创的 RBJ 工法等等。国内外采用该工法已经成功修建了许多浅埋式大断面隧道或地下通道，比如 1991 年日本近几公路松原海南线松尾工程中，采用 ESA 工法推进大断面箱涵，箱涵宽 26.6m，高 8.3m，推进长度达到 121m；2000 年，日本大池-成田线高速公路线下地道工程采用 FJ 箱涵推进工法施工穿越高速公路，其大断面箱涵宽 19.8m，高度 7.33m，施工推进长度 47m；上海中环线北虹路下立交工程更是在中国大陆的首次应用，首创采用 RBJ 工法推进，箱涵结构宽 34.2m、高 7.85m 为当时世界第一，管幕段长 126m，推进距离为世界第二，该项目工程还最终获得了 2006 年国际非开挖协会大奖。其他成功的著名施工案例还有：台湾复兴北路穿越松山机场地道工程、日本公路松原海南线桧尾工程、新加坡城市街道下修建地下通道工程、北京地铁 10 号线穿越京包铁路框架桥工程以及厦门市高崎互通下穿穿鹰厦铁路隧道工程等，均取得了良好的效果。

第一节　概　　述

管幕-箱涵顶进工法利用小口径顶管机和钢管，在拟建箱涵位置的外周逐根顶进钢管，形成封闭的水平钢管幕。管幕可设计成各种形状，如半圆形、圆形、门字形、口字形等。然后在该钢管幕的围护下推进箱涵，边开挖边推进，以此形成大断面地下空间。如图10-1所示。

该施工工法对软土地层的大断面地下通道工程，尤其是浅埋式不能明挖的大断面或超大断面地下通道施工更具优势，比如穿越铁路、高速公路、机场跑道、建筑密集或者环境保护要求严格等的大跨度大断面地下通道。

总的来说，管幕-箱涵顶进施工方法具有以下特点：

（1）水平钢管幕中，钢管之间一般采用锁口相连，管幕顶进结束后向锁口内压注止水浆液，形成密封、隔水的水平钢管帷幕。于是地表变形较小，且有利于保持开挖面稳定。

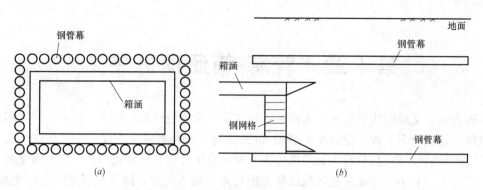

图 10-1　上海北虹路管幕-箱涵施工工艺示意图

(a) 管幕-箱涵横断面图；(b) 箱涵顶进示意图

对于地层渗透系数较小的地层，可以不设置锁扣。

（2）根据工程需要，针对不同断面的地下空间，水平钢管幕能在结构外围构筑不同的形状和面积，适用范围广。

（3）钢管幕顶进技术采用高精度的方向控制，实时监控和调整管幕的姿态，有效控制钢管幕的姿态精度，施工质量有保证。

（4）采用微机控制的液压同步顶进控制系统，自动地远程控制箱涵顶进中各个顶进油缸的顶进速度，实时反映箱涵姿态、顶进力、伸长量，使箱涵推进处于同步可控状态。

（5）在箱涵外壁与钢管幕之间压注特殊的泥浆材料，使得箱涵顶进阻力明显减小，又能有效地控制地面沉降。

（6）箱涵前端的网格式工具头能维持软土地层开挖面的稳定，不需要在箱涵顶进前水平加固管幕内的土体，具有显著的经济效益。

（7）施工完毕的暗埋段结构可作为箱涵顶进的后靠结构，不需对后方土体进行加固，施工工序合理，受力体系安全可靠。

（8）所有施工工艺和流程，不影响各类地下管线、道路交通、地面的各类建筑，施工无噪声、无环境污染。

在下面的章节里，将重点介绍管幕-箱涵施工工艺流程、钢管幕顶进施工技术、钢管幕的锁口和密封处理、箱涵顶进施工技术、箱涵顶力估算与后靠结构设置以及具体的工程案例。

第二节　施工工艺流程

通常情况下，管幕-箱涵顶进施工包含了钢管幕施工和箱涵顶进施工两部分，可分为以下五个施工步骤：

（1）构筑管幕-箱涵顶进始发井和接收井，对始发洞口和接收洞口土体进行加固；始发井和接收井也可以利用已建地道暗埋段结构的端头井；

（2）将钢管按一定的顺序分节顶入土层中，钢管之间设有锁口使钢管彼此搭接，形成管幕；

（3）钢管锁口处涂刷止水润滑剂，并通过预埋注浆管在钢管接头处注入止水剂，使浆液纵向流动并充满锁口处的间隙，防止开挖时地下水渗入管幕内；

（4）在钢管内压注低强度混凝土，以提高管幕的刚度，减小开挖时管幕的变形；管幕内可以间隔充填混凝土；

（5）在管幕的保护下，推进箱涵；首节箱涵前端设置网格工具头，以稳定正面土体。在管幕内实现全断面开挖，箱涵推进可以单向推进或双向推进。边开挖边推进，最终形成从始发井至接收井的完整地下通道。

具体来说，管幕-箱涵顶进工法包括了多个流程，如图 10-2 所示。

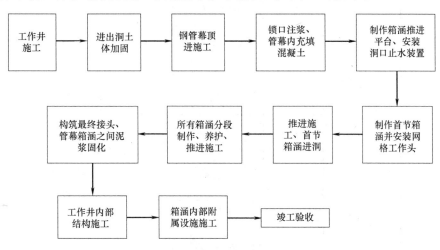

图 10-2 管幕箱涵工法总体施工流程图

第三节 钢管幕顶进施工技术

钢管幕以顶管技术为基础，但又不完全等同于顶管。单根钢管幕的顶进施工主要分为以下几个步骤：工作井施工、准备顶进设备、机械井内就位、掘进机始发、钢管顶进、钢管焊接、顶管机始发，最后单根钢管幕顶进完成。如图 10-3 所示。

一、钢管幕顶进的机头选型

在顶管掘进机机头的选型过程中，应注意以下几点：

（1）收集和掌握顶管沿线的工程地质资料，并重点了解顶管机头所穿越的有代表性的土层特性，画出地质纵剖图。

（2）根据顶管所处的工程地质、管道穿越的土层地质情况、覆土深度、管径、工程环境与场地、地面建筑与地下管线、对地表变形的控制要求等因素，合理选择顶管机头。

（3）选择的顶管机头，应能保证工程质量、安全和文明施工的要求，采取相应的措施和施工技术，正确熟练的操作，以期达到顶管的预期效果。

由于顶管掘进机在顶进施工过程中，破坏了原有地层的压力平衡，因此它在施工中还有一个主要作用是不断地建立新的压力平衡。按照压力平衡方式，管幕顶管掘进机一般可

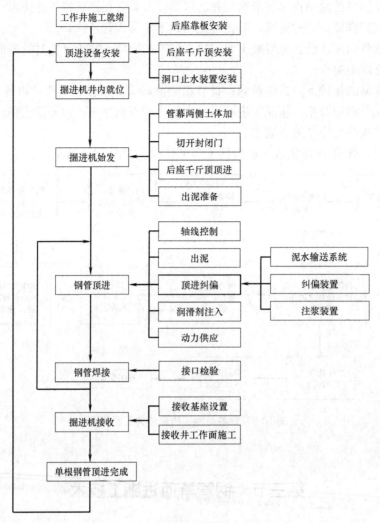

图 10-3　单根钢管幕施工流程图

分为土压平衡以及泥水平衡型。由于管幕的直径较小，所以多采用泥水平衡顶管掘进机。如果顶管的沿线可能存在地下不明障碍物，宜选择二次破碎泥水顶管掘进机。

　　泥水平衡式顶管施工技术是以含有一定量黏土，且具有一定相对密度的泥水充满顶管掘进机的泥水舱，并对其施加一定的压力，以平衡地下水压力和土压力的一种顶管施工方法。泥水平衡式顶管掘进机是在机械式顶管掘进机的前部设置隔板，在刀盘切削土体时给泥水施加一定的压力，同时使开挖面保持稳定，并将切削土以流体的方式输送出去。这种形式的顶管掘进机构造包括刀盘切削机构、循环泥水用的排送泥水机构、以及将一定性质的泥水输送到开挖面上的配泥机构等。

　　二次破碎型泥水平衡式顶管掘进机的切削机构由切削刀盘和安装在前端的切削刀头构成。如图 10-4 所示。

　　搅拌机构设置在泥土室内，以防止泥土室吸入口的堵塞及稳定开挖面。搅拌机构主要包括切削刀盘（刀头、轮辐、中间横梁）、在泥土室下方的排泥口及入口附近设置的搅拌装置和铣刀背面的搅拌叶片。

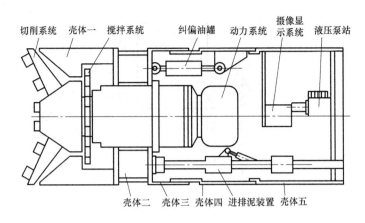

图 10-4　二次破碎型泥水平衡顶管掘进机

二、钢管幕的始发和接收施工技术

当管幕段所处的土层为流塑状的软土时，往往其含水量大，强度低，在始发掘进前，为保证管幕钢管始发和接收洞口的稳定性及防水要求，应对洞门采取加固措施，并对附近土体进行改良。应对洞口经过改良后的土体进行质量检测，合格后方可始发掘进。同时应制定洞门围护结构破除方案，采取适当的密封措施，保证始发安全。管幕顶进的洞口加固应一并考虑后续箱涵推进时始发和接收洞口的加固要求。

洞门围护结构破除后，必须尽快将顶管掘进机推入洞内，使刀盘切入土层，以缩短正面土体暴露时间。掘进机始发时，由于处于改良加固土体区域，正面土质较硬，在这段区域施工时，平衡压力设定值应略低于理论值，推进速度不宜过快。掘进机始发易发生磕头现象，可采用调整后座主千斤顶的合力中心，加密偏差的测量，后座千斤顶纠偏等措施。

在掘进机顶进的过程中，为有效地防止地下水、润滑泥浆流入工作井内，应在洞口设置有效的止水装置。单根管幕管口止水措施如图 10-5 所示。其中压板与地下围护墙体的连接强度及接触面的密封应良好，橡胶密封板采用窗帘橡胶板，法兰为双层交错口型，避免被钢管两侧锁口角钢剪切破坏。

当掘进机头将要到达接收工作井时，必须对管幕轴线进行测量并作调整，精确测出机头姿态位置，保证掘进机准确进入接收洞门，并控制掘进速度和开挖面压力。在接收工作井一侧，当洞门混凝土清除后，管道应尽快向前推进，缩短接收时间。

三、姿态控制

当钢管幕外侧加装锁口时，由于锁口的影响，顶管顶进过程中，易造成姿态和管轴线的偏差，当钢管幕顶进偏差大时，会导致锁口角钢变形和脱焊，管幕无法闭合。在顶进过程中，需要严格控制顶管的水平、高程和旋转方向的顶进精度。具体可采用以下多方面的措施来保证顶进的高精度。

1）掘进机头的精度控制

在掘进机内增加倾斜仪传感器示踪，通过机内的倾斜仪传感器，实时掌握掘进机的倾角和旋转角度，以便操作员及时了解机头姿态和纠正偏转角度；为掘进机装备激光反射纠

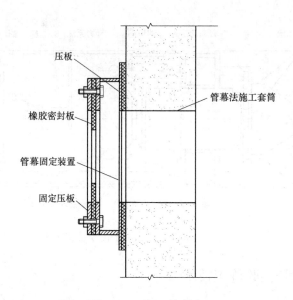

压板

管幕法施工套筒

橡胶密封板

管幕固定装置

固定压板

图 10-5　洞口止水装置

偏系统（RSG），利用激光发射点把掘进机头本体偏移量、应纠偏量和纠偏量等分别显示在操作盘的电视屏上，便于操作员勤测勤纠，保证钢管在顶进的任何时候的轴线偏差量都在容许的范围内；必要时，可开发计算机轨迹控制软件来指导施工。

2）改善掘进系统的构造措施

钢管幕顶进过程中容易产生机头偏转。在机头内安设偏转传感器，使操作人员能及时了解机头的微小偏转情况，并采用改变刀盘转向的方法加以调整。当刀盘反转无效时，可采用在机内一侧叠加配重的方法予以纠偏；对钢管幕顶进，由于后续钢管幕是焊接而成，仅依靠机头纠偏导向，并不能较好地引导整体钢管幕的顺利直行。可将机头设计为三段二铰形式，具有二组纠偏装置，以满足纠偏的要求。另外，适当提高掘进机的长径比，可提高纠偏动作的稳定性。

3）改善钢管幕施工方法

钢管幕顶进作业应以最终横断面中轴线为基准对称进行，合理的钢管顶进顺序，有利于控制管幕的累积偏差在允许的范围内和控制钢管幕的顶进沉降。施工时要求仔细研究顶管途经的地质情况，避免由于土层变化，引起顶管开挖面的失稳，从而造成顶管的偏差，由于正面土体失稳会导致管道受力情况急剧变化、顶进方向失去控制、正面大量迅速涌水，故顶进过程中，需要严格监测和控制掘进机开挖面的稳定性。在顶进过程中，尽量使正面土体保持和接近原始应力状态是防坍塌、防涌水和确保正面土体稳定的关键，同时开展全面、及时的施工监测，监测内容包括钢管应力、钢管变形、地表沉降、管线沉降、周围建筑物的变形以及顶管掘进机的姿态及开挖面的稳定等。

四、顶进顺序

众所周知，不管采用何种顶管机械，顶管施工中都不可避免地对土体产生扰动，在钢管周围形成塑性区从而对上部土体产生沉降。

根据数值模拟计算结果，钢管幕顶进顺序将对管幕变形和地表沉降产生较大的影响。

从力学角度考察，如果先施工完底排管幕，地面沉降已经产生，再施工顶排钢管时则对底排管幕的影响很小，如果先施工顶排管幕，周围土体受到扰动形成塑性区而产生沉降，在施工底排管幕时将再一次产生沉降，而这种沉降不是均匀的，从而使得顶排管幕纵向不均匀变形加剧，将影响钢管幕和箱涵之间的建筑空隙。如图 10-6 所示。

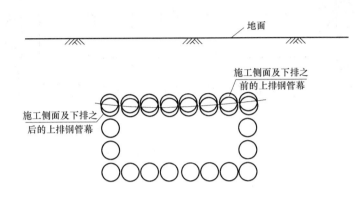

图 10-6 下排管幕施工是对上排管幕影响

因此，从上述沉降规律来看，施工时，为保持地表横向沉降左右接近对称以及钢管幕的整体沉降控制精度，应先施工底排钢管幕，再施工两侧和顶排管幕较好；水平管幕宜由左右两侧向中轴分别呈对称顶进。对于竖向的钢管幕，为减小竖向排列相邻管幕顶进对地表变形的影响，应先顶下管再顶上管。同时，为了使工作面清晰，避免相互干扰，可采用多个掘进机头向工作井两侧分开对称施工。

以图 10-7 中矩形钢管幕断面为例，长 18.2m，宽 6.7m，钢管直径 0.8m。管幕配置为上下各 22 根，左右各 7 根，钢管幕顶进长度 85m。采用 4 台掘进机头，设置 10 根钢管为基准管幕（图中带阴影的部分）。施工时，可将 1、2 号机头先施工下排管幕，从中间基准管向两侧对称施工，再将 3、4 号机头施工两侧管幕从下部基准管向上施工。待下部和两侧管幕施工完毕后，4 台机头同步施工上排管幕（3、4 号机头从两侧基准管向内，1、2 号机头从中间基准管向外）。

管幕施工完毕后，应立即进行管幕间压注水泥浆或双液浆填充，将管幕连接为整体。

五、地面沉降控制

根据施工场地的地质情况，预先对顶管经过的土层进行仔细的分析，掌握其物理及力学性质，预测顶进过程中可能会遇到的情况，合理对顶管掘进机进行改进，以适应地层的特点。

在顶进技术措施上，可采取以下一些措施，控制并减少地面沉降。

1）选择开挖面稳定性高的机头，以便有效控制地表沉降。

2）严格控制顶进的施工参数，并根据地面的监测数据实时进行调整。

3）选择尽可能小的顶管机与管外壁形成的建筑空隙，使得既有利于泥浆套的形成，又不致使空隙过大造成沉降。针对小直径钢管幕的特点，建筑空隙宜为 5mm。

4）严格控制顶进时的纠偏量，尽量减少对周围土体的扰动。一般纠偏控制角度小

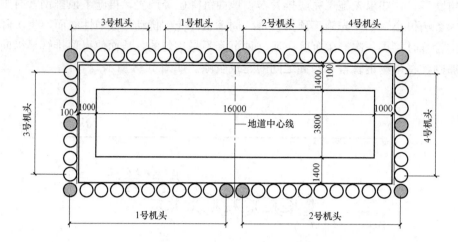

图 10-7 钢管幕顶进顺序示意图

于 0.5°。

5）根据土层情况，控制顶进速度。

6）控制浆液的压注，保证连续、均匀的压注，使管外壁与土体间形成完整的泥浆润滑套。

7）采取可靠的措施保证钢管幕锁口之间及工作井洞口处的密封性能。

8）管幕顶进结束后，立即用纯水泥浆固化管外壁的膨润土泥浆，以加固管外壁土体，控制钢管幕顶进的后期沉降。

另外，加强沉降监测也是施工中对地面沉降控制的有力手段。可以对施工进行全过程的监测，依靠监控数据指导施工。监测工作由专业人员实施，各监测内容的初始值的获得，其测值次数不少于 3 次，顶管进入监测区域每 2 小时至少测量一次，必要时连续观测。监测人员对每次的监测数据及累计数据变化规律进行分析，及时提供沉降、位移观测曲线图。密切注意监测值的变化情况，当出现异常时，及时分析，采取措施处理。并在施工组织设计时，编制明确的应急预案，当钢管顶进过程中，沉降量过大时可根据沉降量调整顶进参数，必要时停止推进，调整土压力和泥水压力控制值，并采取相应的跟踪注浆措施。超量压注润滑浆液，提高管周土体的应力，减少沉降量，以及根据正面土压力值，调整正面出土量。

六、钢管幕内填充混凝土工艺

当管幕顶进完成，并对锁口部位压注堵漏材料后，在箱涵顶进前，除了监测用钢管以外应对全部钢管幕内填充低强度混凝土。可采用无收缩、免振捣混凝土填充，以加大管幕纵向的刚度，避免管幕局部出现应力集中而屈服。充填混凝土也可以间隔进行。施工前应对管幕的整体刚度进行验算。

在钢管幕注浆前，清洗管内污物、润湿内壁，仔细检查钢管幕内表面光滑情况，管内不得留有油污和锈蚀物。工作井内钢管，离端口一定距离处焊接钢闷板一块，钢板上埋设透气管。另一侧工作井钢管，离端口一定距离处焊接钢闷板一块。混凝土泵入方向宜从下游向上游压送。在泵送过程中，密切注意压力情况，同时结合灌注混凝土方量及透气孔是否出浆等，决定是否停止灌注混凝土。灌注混凝土结束后，封闭透气孔。

监测用钢管幕在箱涵推进完成后再填充混凝土。

第四节　钢管幕的锁口设计与密封处理

管幕法工程经过不断的改进和发展，组成管幕的材料有钢管、方形空心钢梁和纵向可施加预拉力方形空心混凝土梁（PRC-method）。钢管之间的接头类型也有很多（见图10-8），最常用的接头类型为角钢锁口。

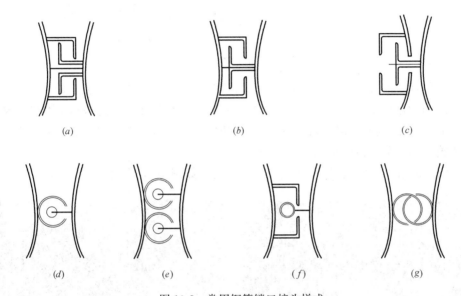

图 10-8　常用钢管锁口接头样式

锁口的主要作用是增强钢管幕之间的横向连接，当锁口空隙内注入固化剂后及形成水密性止水帷幕。对于圆形及马蹄形的管幕断面，锁口所形成的刚度对抑制地面变形有重要的意义，对于大断面矩形管幕截面，锁口主要起到密封止水作用，其力学作用与钢管的纵向刚度相比不明显。钢管之间的锁口仍然具有一定的抗拉强度，主要与角钢的强度和刚度有关，与填充的水泥浆强度相关性较小。同时，锁口的抗弯强度与灌注的水泥砂浆强度有关，水泥强度越高，抗弯能力越强。

目前，双角钢锁口类型，即图10-8中（a）、（b）两种样式，应用最为广泛。该种类型的锁口抗弯强度最大，在现场制作时也易于加工，管幕顶进时也易于控制。多根钢管形成管幕时，锁口具体样式如图10-9所示。每根钢管左、右两侧分别焊接2根不等边角钢，形成不同形式的承口和插口。

在钢管幕施工完毕后，应在锁口内部注浆，封闭锁口，使钢管幕连为整体，并具有一定的密封性，达到充填止水的目的。注浆施工时，注浆孔应设置在钢管右侧插口位置上，可布置为$\phi 25@3000$，当土层渗透性良好时，可适当提高间距。止水材料浆液配方应采用单液注浆材料。注浆压力不宜过大，具体可为$0.05\sim0.1$MPa。采用间隔孔压注方法，单号孔压浆，双号孔打开，最后再压注双号孔，使锁口浆液充满。当钢管幕埋深较小时，须

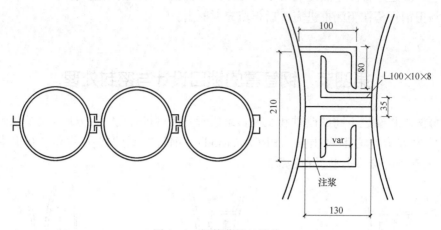

图 10-9 钢管幕锁口接头

防止地表冒浆现象的发生，应派专人观察，并适当减少注浆压力，以免影响周围环境。

　　钢管之间的锁口密封性对管幕的止水效果有着决定性作用，同样也对后续箱涵推进过程中开挖面水土压力稳定和地表位移有着重要影响，因此为了避免渗水通道的产生，应采取以下措施增强管幕锁口的止水效果。

　　1）管幕顶进前，在顶管机头两侧加设注浆孔，如图 10-10 所示。

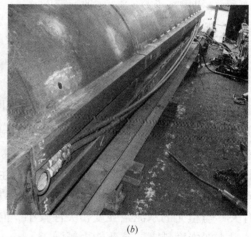

(a)　　　　　　　　　　　　　　　　　　　　　　(b)

图 10-10 机头增设注浆孔

　　2）顶进前，在钢管锁口处预先充填泡沫塑料，见图 10-11。

　　3）钢管锁口处涂刷止水润滑剂，在钢管顶进时可起到润滑作用，在顶进完成后，其又可称为止水作用的凝胶，通过预埋注浆管注浆止水，如图 10-12 所示。

　　4）压注聚氨酯浆液。在相邻二管道顶进结束后，采用纯水泥浆或者掺入粉煤灰的水泥浆作为固化触变泥浆，保证钢管幕周围有足够的连接强度。固化触变泥浆完成后，实际上已经对锁口线产生了止水效果。但为使开挖以后的锁口线不致产生渗漏泥水现象进一步针对锁口部位预留的注浆孔压注聚氨酯浆，以起到防渗堵漏的作用。

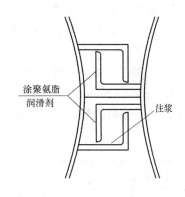

图 10-11 锁口处充填泡沫材料　　图 10-12 锁口处涂刷止水润滑剂

涂聚氨脂润滑剂　注浆

锁口注浆全部完成后，还必须预留足够的跟踪注浆孔，以便在挖土、支撑过程中对局部锁口渗漏点进行堵漏。

第五节　箱涵顶进施工技术

箱涵顶进可以看成是一个大的顶管，一项大型的矩形的网格式顶管。所不同的是该箱涵在已建钢管幕内顶进，比在无管幕情况下顶进要安全可靠。

一、土压平衡式工具头结构形式

除传统的网格式工具头外，管幕-箱涵隧道还可以采用大断面的土压平衡式工具头进行隧道掘进。

如在上海市田林路下穿中环线新建工程中，就采用了这种土压平衡箱涵掘进机头。该机头挖掘尺寸为 19840mm×6420mm，机头部分全长 10615mm。掘进机头采用框架式四段拼装，每段由外壳板、连接板、前胸板、后环板及其加强筋板组合成为框架式结构。相邻各段之间用螺栓连接，现场安装成整体。掘进机结构件安装完成后，与后面的混凝土箱涵浇筑成一整体，如图 10-13（a）、（b）所示。

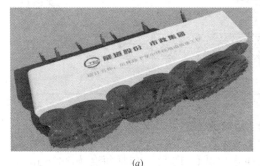

（a）　　　　　　　　　　　　　　（b）

图 10-13　土压平衡式箱涵掘进机

（a）全断面；（b）箱涵顶进示意图

　　箱涵掘进机刀盘配置上共有三种规格，采用错层分布，分别为 3 套 ϕ6360mm 面板式中间支承型大刀盘，4 套 ϕ2170mm 幅条式中心支承型小刀盘以及 4 套 ϕ1300mm 幅条式中心支承型小刀盘。

　　掘进机的整个刀盘的切削面积，占挖掘总面积的 92%，刀盘正面布置如图 10-14 所示。其中，每套 ϕ6360mm 大刀盘额定扭矩 4070kN·m，每套 ϕ2170mm 小刀盘额定扭矩 255kN·m，每套 ϕ1300mm 小刀盘额定扭矩 67kN·m。

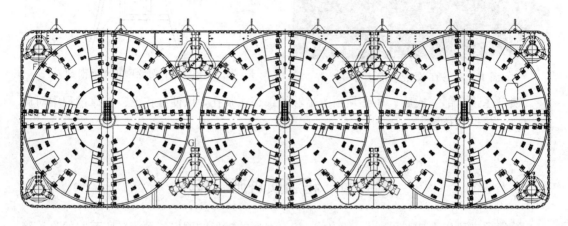

图 10-14　刀盘正面布置

　　箱涵掘进机出土方式采用螺旋机配合皮带机的形式，主要采用 4 套螺旋输送机，均匀分布，最大出土量 700m³/h。螺旋机出口处布置有皮带机，切削进土舱内的土体通过螺旋机输送至机内皮带机上，然后通过皮带机接力传输至地道暗埋段外，通过土方车外运，如图 10-15 所示。

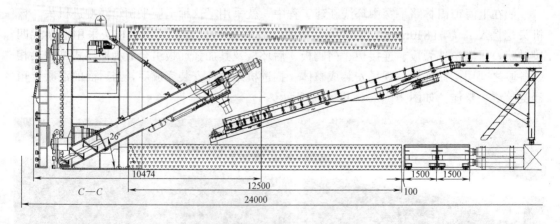

图 10-15　箱涵顶进渣土运输示意图

　　箱涵掘进机具备土体改良功能：掘进机正面注水口共计 16 路（包括每套 ϕ6360mm 大刀盘上的 4 路注水口，和每套 ϕ2170mm 小刀盘上的 1 路注水口），并安装有多个搅拌棒。箱涵顶进时，通过注入水、膨润土、泡沫等添加剂，能够实现箱涵正面土体塑性和流动性的改良；通过搅拌棒搅土，能够有效防止土舱内土体淤积。

二、始发洞口土体改良

1. 始发洞口土体加固

大断面箱涵始发时，由于要凿除始发工作井的连续墙，拆除内支撑凿开连续墙后，洞口处管幕内的土体就有可能失稳。为了保证洞口土体的稳定性，需要对工作井外侧土体进行加固。这项加固工作在管幕顶进前就应完成。即便采用管幕内土体不加固推进方案，箱涵始发段一定程度范围内的土体也必须进行加固。如图 10-16 所示。

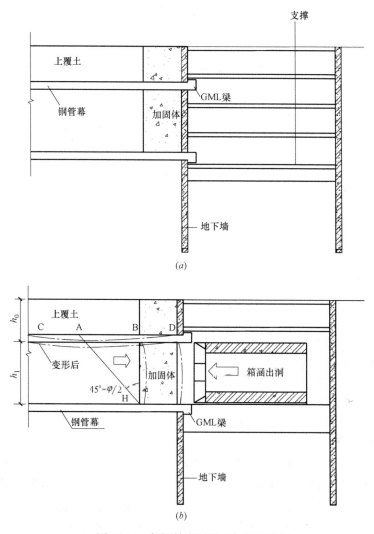

图 10-16　箱涵始发段洞口加固示意图

一般情况下，把加固体作为重力式挡土墙，在施工前需要验算加固体的稳定性和强度，以此确定始发洞口的加固范围。

以始发段土体采用水泥土搅拌桩＋压密注浆为例，靠近工作井一定长度内采用水泥土搅拌桩加固，后续则采用压密注浆加固，如图 10-17 所示。验算时，可采用简化 Bishop 条分法进行稳定性验算。

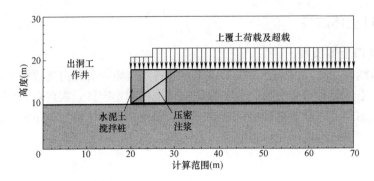

图 10-17　始发段加固土体计算简图

对搅拌桩加固区段，加固后土体黏聚力和摩擦角参数可由下式计算：

$$C=(1-m)C_s+mC_p$$

$$\varphi=\arctan\left[(1-m)\tan\varphi_s+m\tan\varphi_p\right]$$

式中，C_s、φ_s 为原状土的黏聚力、内摩擦角；C_p、φ_p 为水泥土桩的黏聚力、内摩擦角；m 为面积置换率。

最后，采用简化毕肖普条分法计算加固稳定性。计算结果整体稳定安全系数 K 应大于 1。

$$K=\frac{\sum\dfrac{1}{m_{\beta i}}(c_i\Delta l_i\cos\beta_i+W_i\tan\varphi_i)}{\sum W_i\sin\beta_i}$$

式中　K——整体稳定安全系数；

$$m_{\beta i}=\cos\beta_i+\frac{\tan\varphi_i+\mathrm{ain}\beta_i}{K}$$

c_i——第 i 土条黏聚力；

φ_i——第 i 土条内摩擦角；

W_i——第 i 土条重力；

Δl_i——第 i 土条沿滑动面滑弧长；

β_i——第 i 土条处，滑动弧与水平面的夹角。

2. 洞口止水装置

洞口止水装置是安装在 GML 梁上。当箱涵始发的最初阶段，上排钢管幕因加固体的作用，所以不会下沉。但随着继续推进，悬臂尺寸的加大，上部土体及附加荷载作用在上排管幕上，必然会引起管幕下沉。为了确保箱涵推进过程中管幕的稳定，在管幕伸出围护墙的部分施做 GML 梁，用以将管幕连成整体，并与侧墙、底板和第二道混凝土梁连成一体。GML 梁的布置图如图 10-18 所示。

止水装置应安装在 GML 梁上，止水装置的预埋钢板与 GML 梁用钢筋锚固牢。为了能达到良好的止水效果，洞口设置两道止水装置，如图 10-19 所示。止水装置主要由弹簧钢板和橡胶止水板和压板组成，用螺栓沿 GML 梁一周固定。在 GML 梁和两道止水装置间预留一定量的注浆孔，在止水装置不能达到预期的目的时，可通过注浆孔向第一、二道袜套之前的空隙处注入止水泥浆。

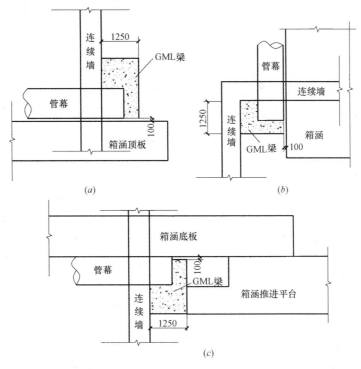

图 10-18　管幕 GML 梁示意图

（a）上排管幕处；（b）侧排管幕处；（c）下排管幕处

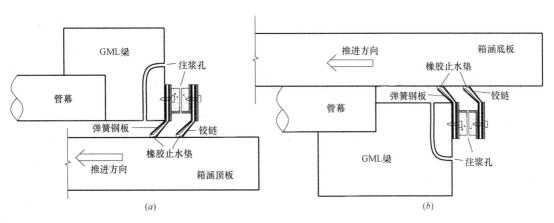

图 10-19　箱涵止水装置示意图

（a）箱涵顶板处；（b）箱涵底板处

三、箱涵始发和接收工艺及要点

由于箱涵始发段土体进行了加固，地下墙拆除后能保证基坑的稳定性，因此，箱涵始发可分地下墙拆除和加固体挖掘二个阶段。

为减小振动，确保开挖面的稳定性，对钢筋混凝土地下连续墙可采用分层分块爆破拆除。具体分为以下几个步骤：

（1）将地下墙的外层钢筋剥出，沿工具管刃脚位置割断，以消除钢筋对抛离物的阻挡。

（2）将周围一圈钢板尽可能割断清除和剥出钢筋，保证钻孔到位，以保证周边爆破效果。爆破采用水平孔、宽孔距布孔。

（3）推进第一节箱涵靠近地下连续墙一定距离，并快速分层分块爆破拆除地下墙。

（4）地下墙拆除后，迅速推进工具头并顶住加固面，使开挖面无支撑状态时间达到最短，确保开挖面稳定性。

四、特种泥浆润滑套施工工艺

在箱涵顶进时，在箱涵周围注入合适的泥浆，形成泥浆套，主要起支撑、润滑、止水三大作用。由于箱涵与管幕之间存在建筑空隙，若不及时填充这一空隙，必然对地表产生影响，发生沉降，因此，管幕与箱涵之间需要填充浆液达到支撑稳定土体的目的。箱涵在顶进的过程中，理论上摩阻力随顶进长度的增加而增加，而箱涵最大承受顶力是受到始发井后靠最大承受顶力限制的，为了大大降低顶进阻力，泥浆套起到润滑作用，保证箱涵顺利顶进。最后，泥浆套具有一定的压力且含有专用止水剂，可对接触土体起到水土保持的作用。

对于大断面且推进距离长的箱涵，需要保证前段工具头及始发洞口不漏浆，才能形成完整的泥浆套，因此，可采用钠基特种复合泥浆，可极大改善泥浆套的触变性、润滑性和止水效果，有利于箱涵推进过程中，箱涵与管幕的支撑、润滑、和止水作用。

在满足工程要求的物理力学指标的特种泥浆外，还需要该泥浆满足环保要求，在箱涵推进中，泥浆可能会向地表渗漏，浆液的化学成分对周围环境的影响应尽可能地小。

同时，为了防止箱涵顶进时，不发生渗漏泥水的现象，在触变泥浆固化完成后，要利用预留的注浆孔向钢管幕外侧压注水泥浆或双液浆。并要预留足够的跟踪注浆孔，以便在箱涵顶进过程中对局部渗漏点进行二次注浆。

泥浆系统对于箱涵推进施工尤为重要，施工时，还应设置必要的应急措施，以控制施工风险：

（1）箱涵推进过程中，如发现开挖面有泥浆渗漏，应及时提高泥浆漏斗黏度。

（2）当开挖面泥浆渗漏严重时，及时加入止水剂泥浆，加入量视开挖面泥浆漏失情况及时调整。

（3）箱涵推进力量过大时，及时向箱涵底部注入支撑、润滑的泥浆。

（4）箱涵推进过程中，如地面有沉降或隆起报警，应及时提高或降低泥浆漏斗黏度和泥浆静切力。

（5）注浆泵应有2~3台备用泵，在箱涵推进过程中，当浆液压力达不到要求时及时增加注浆量。

五、推进油缸的布置

箱涵推进油缸的数量由推进阻力计算，油缸的布置由施工要求确定，一般都布置在箱涵的底排，这是因为，在顶进过程中要放入垫块，只有布置在底板上，垫块放置才比较简单易行。

1）顶进油缸数量按下式计算

$$N = P/R$$

式中，P 为推进阻力设计值；R 为单个油缸设计顶进力。

2）顶进油缸布置

顶进油缸一般布置在箱涵底板，为了便于箱涵的水平姿态控制，顶进油缸沿着箱涵中心线对称布置并且使油缸数量向两边扩散。另外，为便于推进管理，油缸一般事先进行编组。

3）油缸编组

假设根据推进阻力设计值 P 以及单个油缸设计顶进力 R，油缸总数为 80 只。可分成 10 组，每组 8 个，如图 10-20 所示。在油缸之间还应用槽钢分割。油缸上方还应铺设跑道板，以保护油缸。在安装时，油缸位置应正确就位，偏差小于 3cm，油缸上的油口位置应便于高压油管的安拆。并在下部槽钢两侧焊钢楔，避免油缸左右移位。作为出土通道处的油缸夹缝中，还应设置钢支柱，以满足土方车的通行要求。

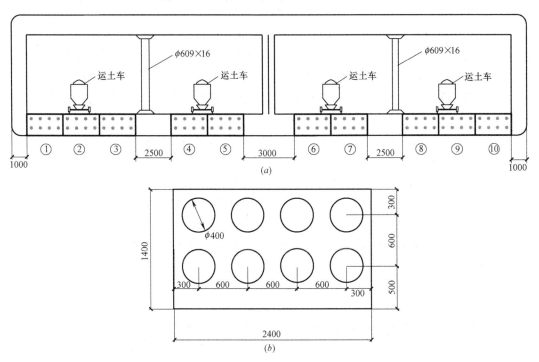

图 10-20 箱涵主顶油缸布置示意图
（a）主顶油缸布置平面；（b）各组油缸千斤顶布置详图

六、箱涵液压同步推进系统与姿态控制

液压同步顶进技术是一项新颖的建筑施工技术。采用固定刚性支撑、推进器集群、计算机控制、液压同步滑移原理，结合现代化施工方法，将成千上万吨的箱涵在地面分段拼装、累积顶进到预定位置。在顶进过程中，不断控制箱涵的运动姿态和应力分布，并进行微动调节，实现箱涵的同步累积顶进和快速施工，完成人力和现有设备难以完成的施工任

务，使得大型箱涵的顶进施工过程既方便快捷，又安全可靠。

大型箱涵液压同步顶进技术是为适应大型施工工程的需要而出现，和以往的大型箱涵或其他建设设施顶进技术相比，它具有科技含量高，实用性强，可靠性高等特点，箱涵推进重量和推进距离不受限制，且设备体积小，推力/自重比大。

1. 系统组成

箱涵液压顶进计算机同步控制系统主要包括：顶进液压缸组、液压泵源、就地控制器、顶进状态检测系统（容栅测距传感器，液压缸行程传感器，油压传感器等）、网络传输系统以及可视化主控系统等。如图 10-21 所示。

系统采用网络化集中控制，由一台主控制器和五台就地控制器组成二级控制，为分层群控方式。就地控制器与主控制器联机运行，全部控制操作均在主控制器和主控计算机上进行。为了监视系统的运行状态，可连接多台监视计算机，通过交互的人机界面显示和记录系统当前的运行状态和控制参数。控制系统组成。

在积累顶进过程中，刚性固定支撑在现场是固定不动的，为油缸提供反向作用力。推进器油缸组（组1、组2、...、组 N）的油缸一端顶在刚性固定支撑上，另一端顶在箱涵上，依靠固定支撑提供的反向作用力，伸缸推动箱涵前进。推进器油缸组的液压动力系统离油缸比较近，便于驱动油缸。所有的现场控制器可以根据现场条件放置在距推进器油缸组比较近的地方，便于控制。传感器组安装在箱涵横断面的两边，跟随箱涵前进。考虑到操作方便和安全可靠，主控制器单独放置，它与多个现场控制器之间采用有线网络实现数据通信。

积累顶进的过程是由计算机控制系统启动，控制所有的油缸伸缸，通过隔板推动箱涵顶进，主控系统根据位移传感器组反馈的位移信号和油压传感器的压力信号进行同步控制调节，直到持续推动箱涵同步地走完一个油缸行程，然后计算机控制所有的油缸缩缸。推进器油缸组全部缩缸完成后，在油缸与隔板之间的空隙中放入长度为一个油缸行程的垫块。然后再次启动计算机控制系统，控制所有的油缸伸缸，通过垫块和隔板推动箱涵前进。这样不断地在油缸与箱涵之间放入垫块，推动箱涵不断向前顶进。

2. 同步顶进控制系统

顶进控制系统是箱涵液压同步顶进系统的核心部分，这套系统主要包括五大部分，即：主控系统、现场控制系统、泵站控制器及其网络通信系统，包括油缸和泵站在内的顶进液压系统以及容栅传感器构成的检测系统。如图 10-22 所示。

主控系统是同步顶进控制系统的核心部分，主要负责控制信号采集和处理、同步控制调节以及人机信息交换。主控系统主要包括 PC 监视系统、主控制器、面板控制器和多个 Anybus 总线共享模块。

现场控制系统是同步顶进控制系统的中间控制环节，负责整个控制现场，任务量大，控制要求高，通常由两个就地控制系统组成。每个就地控制系统具有两个主要功能：第一是负责就地设备的控制和管理，通过接收来自主控系统的控制信息，经过处理后发送给泵站控制器；第二是采集现场的传感器信号，包括容栅传感器的位移信号和压力传感器的油压信号。

泵站控制器主要负责现场执行机构的驱动和控制，包括伸缩缸电磁阀、定量泵电机、变量泵电机和变频器调速控制，同时与就地控制系统实时交换数据信息，主要是接收执行

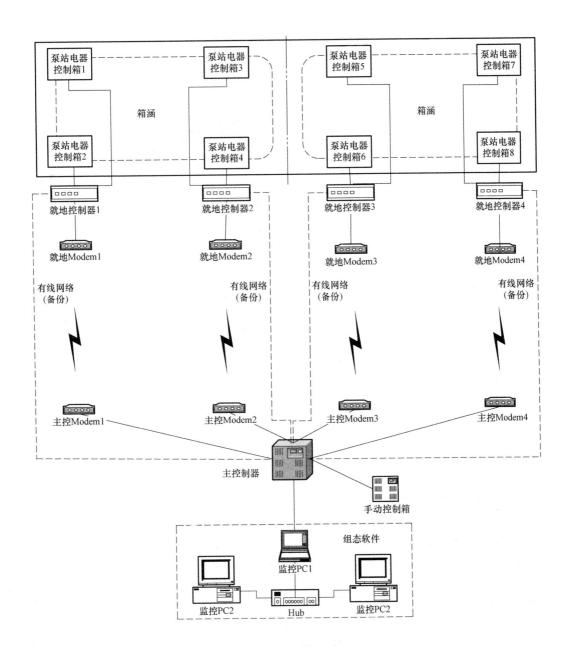

图 10-21　箱涵液压顶进计算机同步控制系统组成

机构控制信息和采集现场反馈信息。

　　同步顶进控制系统的通信主要包括三大部分，第一是主控系统与现场控制系统之间的通信；第二是就地控制系统与容栅传感器之间的通信，第三是嵌入式多 CPU 系统中多 CPU 之间的通信。

　　同步顶进控制研究主要包括信号采集的传感与检测、控制策略、人机界面以及电磁兼容性四部分，这些是大型箱涵液压同步顶进控制的核心技术。

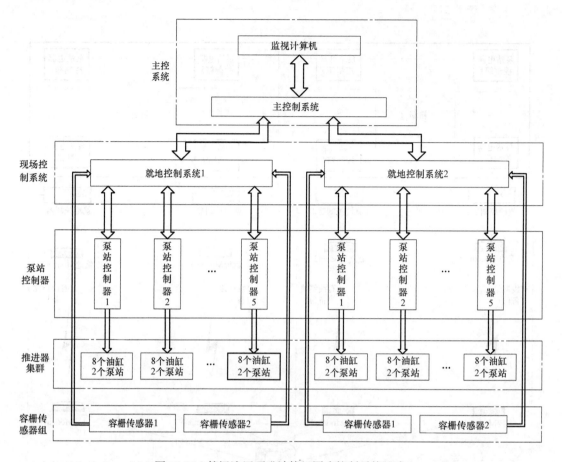

图 10-22 箱涵液压顶进计算机同步控制系统组成

3. 同步顶进控制系统工作原理

首先就地控制器接收检测信号，包括：通过油压传感器检测设备液压缸组的顶进油压；通过顶进液压缸行程传感器检测到每个液压缸的伸缩状态；通过布置在箱涵上下左右四个角的容栅测距传感器检测箱涵顶进姿态。然后通过有线或无线网络传输到主控制器，主控制器接收网络传输信号后，一方面通过可视化人机界面显示系统运行状态，另一方面根据操作人员的意图，通过手动控制箱以及当前的工作状态形成主控指令，再通过网络传输到就地控制器，最后就地控制器根据主控指令，控制液压泵源中各种电磁阀，即控制各组液压缸的动作，同时进行变频器调速，调节各组液压缸的运动速度，最终实现同步顶进系统的进程控制，以保证箱涵顶进的同步。

4. 网络化的远程集中控制

箱涵顶进过程中需要进行顺序动作控制、协调控制、姿态控制、受力均衡控制及自动操作控制，系统控制范围很大，输入、输出信号多。液压缸集群控制所传递的信息多为短帧信息且信息交换频繁，要求有较高的实时性和良好的时间准确性，有较强的容错能力。

为提高系统的可靠性、准确性，必须采用网络化的集中控制方式。网络化集中控制可将箱涵推移过程的监视和控制移至地面进行，其优点在于：

（1）控制可靠性高、准确性好，各分系统能充分协调工作；

（2）操作人员在地面即能完成监视和操作，方便简单；

（3）具有良好的监视特性，网络化集中控制可通过多台计算机同时监控顶进系统运行情况、箱涵测控点位移曲线、顶进负载大小、推移进程等参数；

（4）通过直观的人机界面，参观人员在地面即能观看箱涵的推移过程。

控制系统中每个就地控制器控制 2 组泵站（每组泵站包含一个定量泵和一个变频泵）和 2 组液压缸组（每组液压缸组包含 10 台液压缸及其电磁阀等控制部件）；就地控制器接收从相应传感器输入的液压缸状态、油压、测量点位移等数据，同时与主控制器进行数据通信，向主控制器发送液压缸状态、油压、位移、当前步序号反馈、PWM 值以及报警等信号；又从主控制器接收控制步序号、位移差值、PID 初值及增益、变频泵 PWM 手动值等控制信号；再通过数据分析处理，向每组泵站和阀组、变频器输出控制信号。通过网络化的集中控制，能够将如此多的测量信号和控制信号进行很好的协调，使控制效率和可靠性得到极大提高。

5. 可视化人机界面

人机界面是液压顶进控制系统的重要组成部分，直接负责人机信息交流。控制系统的运行状态通过界面显示传递给操作者，实现从控制系统到操作者的信息传输。操作者通过操作面板和人机界面操作控制系统，将决策信息传递给设备，实现从操作者到控制系统的信息传输。该人机界面通过 PC 机的 USB 串行口与主控系统有着良好的通信功能，通过这一人机界面可以实现控制系统软件的模块化设计、调试，同时可以监视控制系统的运行，并实时地对控制系统的运行做出调节和控制。

软件部分主要包括组态软件，主控制器的控制程序。主控部分的功能：

（1）由监控计算机或手动操作箱发出对液压系统的控制指令（泵电机的启停，液压缸的动作步序，坐标差值反馈，变频泵调节值，PID 调节值等）；

（2）接收就地控制器返回的数据（当前运行状态，坐标值，液压缸位移值，负载行程值，泵油压信号，比例阀 PWM 值等）；

（3）用组态软件在 PC 机或工控计算机上形象地显示各种数据，很直观地反映当前系统的状态。组态软件（HMI-Human and Machine Interface）是一种工业实时监控的控制软件，它具有动画效果、实时数据处理、历史数据和曲线并存功能，同时具有多媒体功能和网络功能。

在箱涵顶进过程中，液压顶进控制系统不仅具有高效、可靠的同步调节能力，实现箱涵姿态和速度控制，而且实时控制能力比较强。大型箱涵液压顶进同步控制系统为管幕法箱涵顶进施工奠定技术基础，具有重要意义。

七、箱涵姿态控制

箱涵顶进中姿态控制包括水平向姿态及高程姿态控制。对箱涵的水平向姿态控制，在始发推进阶段，其主要靠推进平台两侧的导向墩限位装置实现；推进 10m 之后，主要通过液压同步推进系统和底排两侧主推进油缸的纠偏控制，必要时可通过开挖面两侧网格的挖土方式调整。对箱涵的高程控制，在底排无管幕状况下，箱涵推进普遍具有向下"叩头"的趋势，而在有底排管幕情况下，有关计算进一步证明，箱涵更具有向下的趋势，这有利于箱涵贴着底排管幕推进的姿态。总的来说，箱涵的姿态控制主要依靠自动测量技术和计算机液压同步控制技术。

1. 水平姿态控制

刚开始顶进时，箱涵在推进平台上顶进，极易发生方向偏差，而开始顶进段的姿态控制极为重要，对后续箱涵顶进起决定作用，因此，必须在箱涵入洞前，控制好推进方向，避免发生误差。

施工时可采用设置导向墩的方式，控制箱涵的顶进，导向墩的设置如图 10-23 所示。

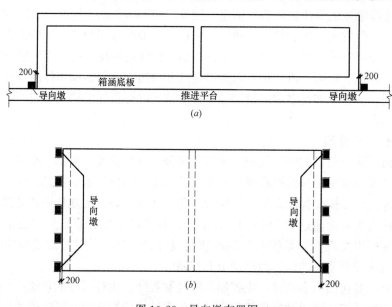

图 10-23　导向墩布置图
(*a*) 剖面图（横断面）；(*b*) 平面布置图（俯视）

箱涵进入土体后，水平向的姿态控制通过调整左右两侧顶力或调整网格挖土的方法实现。根据对首节箱涵切口及尾部平面偏差的测量结果可以计算出箱涵中线的平面偏差及转角，据此结果进行纠偏，如使左侧顶进量增大可使左边的油缸伸长量加大或者左侧适量挖土，在顶进过程中，为了保证工程精度，纠偏的原则是勤测勤纠、微量纠偏。

2. 高程姿态控制

箱涵姿态控制包括箱涵"低头"和"抬头"两个方面的控制。当箱涵进入管幕内部时，由于管幕的作用，只要箱涵切口处没有集中力作用，底排管幕不产生沉降，箱涵"低头"的可能性较小，而在无管幕内顶进箱涵，往往是"低头"，这是管幕内箱涵顶进的优点。因此，主要是计算和控制箱涵顶进中"抬头"现象的发生，尤其是第一节箱涵易于发生"抬头"现象。

3. 测量控制技术

姿态控制需要有可靠的测量数据，随着箱涵推进，随时要测定箱涵姿态，动态反映箱涵情况。测量内容包括顶进过程中的轴线偏差控制和高程坡度控制及箱涵的旋转控制。其中包括了方向引导和精度控制两部分。

在箱涵顶进过程中。在箱涵内布设四个棱镜（箱涵前部尾部各两个），每次通过测量棱镜的三维坐标（X、Y、Z），再计算出箱涵的实际姿态（轴线、高程偏差以及箱涵的旋转数据）。对于两孔箱涵，箱涵内部有中隔墙，因此必须在工作井内架设两台仪器才能同时测出四个棱镜的坐标。

箱涵施工的地面控制测量由于在地面进行，其测量精度容易提高，应保证地面控制测量的误差对箱涵贯通的影响最小，甚至忽略不计，通过采用高精度测量仪器与增加测回数的方法提高地面控制点的精度，用其测量井下的固定控制点，可使其误差对箱涵贯通的影响 $m_1 \leqslant \pm 1cm$。

控制顶进方向的地下控制测量起始方向为井下固定的导线点，因此测定井下导线点的位置和方位至关重要。为保证定向测量的精度，

采取以下措施：

（1）井下仪器墩及井壁上的后视方向点安装牢固，不允许有任何的松动，并且全部用强制归心装置固定仪器及后视棱镜，这样可保证仪器和棱镜的对中精度达到 0.1mm。

（2）定向测量的角度使用全站仪测量，4 个测回观测取平均，以提高照准精度。

（3）大箱涵顶进时，保证箱涵中空气湿度和温度对测量的影响不会太大（折光影响）。可采用三角高程测量方式满足测量精度要求，准确测定箱涵的高程。

（4）地下控制测量的误差对箱涵贯通的影响可由下式得出：

$$m_3 = [s] \times (m_\beta / \rho'') \times \sqrt{\frac{(n+1.5)}{3}}$$

式中，$[s]$ 为导线全长；m_β 取 $\pm 2''$，为角度测量误差；n 为导线边数，

八、箱涵的地表变形控制

同开挖面的稳定性控制技术一样，地表变形控制是管幕-箱涵工法成败的关键。对于管幕内软土进行加固的工程，地表变形控制较为容易，因为加固后的土体能够给管幕提供支点，充分发挥钢管幕的作用。对于管幕内软土不进行加固的工程，地表变形对开挖面的挖土工况非常敏感，管幕也因没有较好的支撑点而不能充分发挥梁的作用，另外，因为箱涵挤土推进，地表隆起量也是关注的重点。

九、箱涵外壁的泥浆固化

当箱涵推进结束后，注入纯水泥浆，在箱涵周围形成水泥浆套承担上部荷载。箱涵四周每隔一定距离设有一道注浆断面，水泥浆仍采用该注浆孔，由注浆压力和注入量控制地表变形，使地面的隆起控制在 3cm 以内，待水泥浆凝固后，相当于每隔一定距离即形成一道横向支撑梁，即使梁之间有部分泥浆未固化，由于管幕作用，可以把荷载传递至箱涵而不至于引起较大的工后沉降。

第六节 箱涵顶力估算与后靠结构设置

一、顶力计算方法

箱涵推进阻力来自于开挖面的迎面阻力以及箱涵壁与土体的摩阻力。摩阻力由三部分

组成：上部摩阻力、两侧摩阻力以及箱涵底部摩阻力。迎面阻力可采用极限平衡理论计算。如没有形成完整的泥浆套，箱涵与土体之间的摩阻力计算按照法向应力与摩擦系数进行计算。如能形成完整的泥浆套，则摩阻力与压力无关，与泥浆的特性有关。

箱涵上部压力的计算有两种情况：考虑拱效应和不考虑拱效应。埋深较大时需要考虑拱的效应，但对于浅埋式大断面箱涵，上部不能形成拱效应，所以只计算上部土体的自重。

二、顶力计算公式

箱涵顶进顶力计算公式如下：

$$P = K(P_F + F)$$

式中 P——总顶力（kN）；

P_F——迎面阻力（kN）；

F——箱涵周围的摩阻力（kN）；

K——安全系数，对于黏性土，$K = 1.0 \sim 1.5$；无黏性土，$K = 1.5 \sim 2.5$。

1. 摩阻力 F 计算

如图 10-24 所示，摩阻力有上部阻力、侧壁摩阻力、底面摩阻力等。

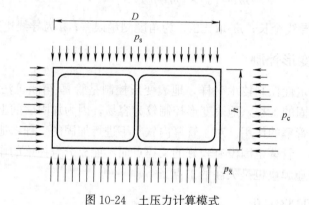

图 10-24 土压力计算模式

上部阻力：

$$F_s = \mu_s \cdot P_s \cdot A_s = \mu \cdot \gamma H \cdot A_s$$

底部摩阻力：

$$F_x = \mu_x \cdot p_x \cdot A_x = \mu_x \cdot (\gamma H + P_{box}) \cdot A_x$$

两侧的摩阻力：

$$F_c = \mu_c \cdot P_c \cdot A_c = \mu_c \cdot A_c \cdot \gamma (H + h/2) \tan^2(45° - \varphi/2)$$

总的摩阻力：

$$F = F_s + F_x + F_c$$

其中，μ、P、A 分别表示摩擦系数、正压力和面积，下标 s、x、c 分别表示上面、下面和侧面。

对于能形成完整泥浆套的情况下，单位面积摩阻力与压力无关，是常数。箱涵底部仍然和底排管幕接触，计算公式不变。

$$F_s = f \cdot A_s; \quad F_c = f \cdot A_c$$

摩阻力计算的难点在于确定摩擦系数，可通过试验确定或者查阅相关手册。

2. 挤土推进迎面阻力计算

箱涵在顶进过程中，其前端面附近将受到土体阻抗，即产生正面阻力，如图 10-25 所示。其中，R_n 表示正面阻力合力，p_1、p_2 分别表示箱涵前端顶面、底面刃脚 A、B 处的正面土压力，h_1 为箱涵外包高度即 AB 段长度，h_2 为顶部管幕下缘至箱涵顶面的距离，h_3 为顶部管幕上缘至地面的距离，d 为管幕的钢管直径。

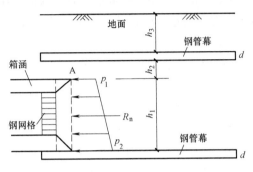

图 10-25 箱涵与管幕纵剖面示意图

由土力学理论易知，正面阻力的大小与前端面处的正面土压力有关，因此应根据相应土压力的性质来确定其计算方法。一般来说，在箱涵顶进并开挖土体的施工过程中，根据箱涵推进速度的不同以及箱涵与前方土体的相对运动状况，前方土体一般处于 3 种状态。它们分别是：

情况一：箱涵顶进速度较慢的超挖状态，从网格后端挤出土体体积大于因箱涵顶进而产生隆起土体的体积，此时箱涵前方土体瞬时表现为沉降。

情况二：箱涵顶进速度较前者略快的均衡状态，从网格后端挤出土体体积基本等于因箱涵顶进而产生隆起土体的体积，此时箱涵前方土体瞬时表现为不沉降也不隆起。

情况三：箱涵顶进速度较快的欠挖状态，从网格后端挤出土体体积小于因箱涵顶进而产生隆起土体的体积，此时箱涵前方土体瞬时表现为隆起。

根据土压力理论，在这 3 种情况下，箱涵前端 A、B 面上的土压力应分别有各自的算法，即情况一时应按主动土压力计算，情况二时可按静止土压力计算，情况三时应按被动土压力计算。每种情况的具体计算方法分别叙述如下。为了叙述方便，顶部管幕下缘处的土体竖向压应力用 p_s 表示，土体重度用 γ 表示，D 表示箱涵横截面外包宽度，k_a、k_0、k_p 分别表示主动土压力系数、静止土压力系数、被动土压力系数。

（1）情况一

$$p_1 = k_a(p_s + \gamma h_2) - 2c\sqrt{k_a}$$
$$p_2 = p_1 + k_a\gamma h_1 = k_a[p_s + \gamma(h_1 + h_2)] - 2c\sqrt{k_a}$$
$$R_n = (p_1 + p_2)h_1/2 \cdot D$$

（2）情况二

$$p_1 = k_0(p_s + \gamma h_2)$$
$$p_2 = p_1 + k_0\gamma h_1 = k_0[p_s + \gamma(h_1 + h_2)]$$
$$R_n = (p_1 + p_2)h_1/2 \cdot D$$

（3）情况三

$$p_1 = k_p(p_s + \gamma h_2) + 2c\sqrt{k_p}$$

$$p_2 = p_1 + k_p \gamma h_1 = k_p[p_s + \gamma(h_1 + h_2)] + 2c\sqrt{k_p}$$

$$R_n = (p_1 + p_2)h_1/2 \cdot D$$

在箱涵以较慢的速度顶进过程中（相当于情况一），由于顶部管幕要发挥一定的承载作用，所以，在这3种情况下，p_s的大小是不同的。具体地说，在情况一时，由于管幕的承载作用而使p_s比原始状态有所减小；而在情况二时，由于箱涵前方土体即不沉降也不隆起，所以顶部管幕不发挥承载作用，因而此时的p_s值即为原始状态之值；在情况三时，虽然顶部管幕限制其下方土体向上隆起的作用，p_s值比初始状态大。根据土力学理论，3种土压力系数间的关系为：$k_a < k_0 < k_p$。

在这3种情况下，情况一时的正面阻力最小，情况二时接近主动状态，情况三时最大，考虑上覆土的荷载转移。可见，箱涵网格前端的挖土状态直接影响着正面阻力的大小，箱涵以较缓慢的速度推进时所受的正面阻力最小，于是此时所需的推力也就最小。因而，从对箱涵施加推力大小的角度考虑，以较缓慢的速度推进箱涵是最为合理的。

三、箱涵后靠结构设置

在箱涵推进后靠设计中，可能会出项两种情况，即加固体作为后靠以及暗埋段作为后靠，对于以加固体为后靠，进行了有限单元分析，结果表明增加加固宽度可明显降低基坑水平位移，但宽度增加到一定时，降低效果会逐渐减弱。加固长度范围增大，水平位移减小，但没有增加宽度效果好，不够经济。

另外，如果采用暗埋段作为箱涵顶进油缸的后靠结构，需验算暗埋段所提供的摩阻力大于油缸顶力，计算公式应为箱涵底板和侧面的接触面积的摩阻力之和，本工程计算结果表明可以保证暗埋结构的整体稳定性，一般而言，暗埋段都很长，所以所提供的顶进阻力是满足的；同时，尚应对暗埋结构进行局部抗压验算，以满足强度要求，验算公式参见混凝土结构设计规范，根据作用力与反作用力原理，若箱涵顶进过程中涵体局部稳定，则可以判断相应的暗埋混凝土结构局部亦稳定。

参 考 文 献

［10-1］ 张春生，刘蕴琪. 采用管棚法穿越公路的隧洞工程［J］. 华东水电技术，1998，1：28-32.

［10-2］ 陈赐麟. 管棚法浅埋暗挖工艺穿越铁路［J］. 市政技术，1998，2：50-55.

［10-3］ Fang, C. Q., Li, X. H. Prediction of Ground Settlement Induced by Pipe Jacking in Shallow Underground Soils［J］. J. Journal of Jiangsu University of Science and Technology（Natural Science）. 1999，120：5-8.

［10-4］ Xiao, S. G., Xia C. C., Zhu H. H., Li, X. Y. Vertical deformation prediction on upper pipe-roof during a box culvert being pushed within a pipe-roof［J］. J. Chinese Journal of Rock Mechanics and Engineering. 2006，25（9）：1887-1892.

［10-5］ 熊谷镒. 台北复兴北路穿越松山机场地下道之规划与设计［J］. 福州大学学报（自然科学版），1997，25（增）：56-60.

［10-6］ Yamazoyi T，Yomura J，Takahara Y，et al. The application of ESA construction method in Kayio project of Matubara Kayinan Line ［J］. Civil Construction，1991，32：2-12.

［10-7］ 钟俊杰. 新型的地下暗挖法——管幕工法的设计与施工 ［J］. 中国市政工程，1997，（2）：45-46.

［10-8］ Robert N C. Software Engineering Risk Analysis and Management ［M］. New York：McGraw-Hill Book Company，1989.

［10-9］ Kaneke M，Sibata Y，Katou K. The construction of large section tunnel under highway using FJ method in Oosawa Narita Line ［J］. Civil Construction，2003，41：2-9.

［10-10］ Kim Jeong-Yoon，Park Inn-Joon，Kim Kyong-Gon. The study on the application of new tubular roof method for underground structure ［J］. Tunneling Technology，Symposium（Korean），2002，3（4）.

［10-11］ 沈桂平，曹文宏，杨俊龙等. 管幕法综述 ［J］. 岩土工程界，2006，9（2）：27-29.

［10-12］ 袁金荣，陈鸿. 利用小口径顶管机建造大断面地下空间的一种新手段——管幕工法 ［J］. 地下工程与隧道，2004，（1）：23-26.

［10-13］ 熊诚. 大截面矩形顶管施工在城市地下人行通道中的应用 ［J］. 建筑施工，2006，28（10）：776-778.

［10-14］ 魏纲，徐日庆，郭印. 顶管施工引起的地面变形计算方法综述 ［J］. 市政技术，2005，23（6）：350-354.

［10-15］ 孙钧，虞兴福，孙旻等. 超大型"管幕-箱涵"顶进施工：土体变形的分析与预测 ［J］. 岩土力学，2006，27（7）：1021-1027.

［10-16］ 马锁柱. 大直径超前管幕施工沉降试验研究 ［J］. 铁道工程学报，2006，6：64-66.

［10-17］ 姚先成，潘树杰. 管棚支护技术在超浅埋隧道施工中的应用 ［J］. 施工技术，2004，23（10）：43-44.

［10-18］ 刘辉. 浅埋暗挖法修建地下工程应用分析 ［J］. 铁道工程学报，2005，86（2）：38-40.

［10-19］ Yoshiaki GOTO. Field observation of load distribution by joint in pipe beam roof ［J］ 土木学会论文集，1984，344（I-1）：387-390.

［10-20］ Yasuhisa B. Construction Methods of the Structures Passing through under Railway Lines ［J］. Japanese Railway Engineering，1987，3（101）：6-9.

［10-21］ Tan W. L. and Ranjith P. G. Numerical Analysis of Pipe Roof Reinforcement in Soft Ground Tunneling ［C］//In：Proc. of the 16th International Conference on Engineering Mechanics，ASCE，Seattle，USA，2003.

［10-22］ Shimada，Hideki，Khazaei，Saeid，Matsui，Kikuo. Small diameter tunnel excavation method using slurry pipe jacking ［J］，Geotechnical and Geological Engineering. 2004，22（2）：161-186.

［10-23］ 黄其雷. 既有线铁路下穿箱涵带土顶进施工 ［J］. 铁道标准设计，2003（2）：39-40.

［10-24］ 丁明. 顶管注浆减阻技术 ［J］. 非开挖技术，2003，20（3）：35-38.

［10-25］ 万敏，白云. 管幕箱涵顶进施工中迎面土压力研究 ［J］. 土木工程学报，2007，40（6）：59-63.

［10-26］ 魏新江，魏纲. 水平平行顶管引起的地面沉降计算方法研究 ［J］. 岩石力学，2006，27（7）：1129-1132.

［10-27］ 虞兴福. 城市浅埋隧道工程地表变形及其智能预测研究 ［D］. 上海：同济大学博士学位论文，2005.

［10-28］ 冯海宁，龚晓南，徐日庆. 顶管施工环境影响的有限元计算分析 ［J］. 岩石力学与工程学报，

2004，23（7）：1158-1162.

[10-29]　黄宏伟，胡昕. 顶管施工力学效应的数值模拟分析［J］. 岩石力学与工程学报，2003，22（3）：400-406.

[10-30]　Vafacian M. Analysis of soil behavior during excavation of shallow tunnel［J］. Geotechnical engineering，1991，22（2）：257-267.

[10-31]　Musso G. Jacked Pipe Provides Roof for Underground Construction in Busy Urban Area［J］，Civil Engineering—ASCE，1979，11（49）：79-82.